Die
Förderung von Massengütern.

Von

Georg von Hanffstengel,
Leipzig,
Dipl.-Ing, Privatdozent an der Kgl. Techn. Hochschule zu Berlin.

I. Band.

Bau und Berechnung der stetig arbeitenden Förderer.

Mit 414 Textfiguren.

Springer-Verlag Berlin Heidelberg GmbH

1908

ISBN 978-3-662-37593-8 ISBN 978-3-662-38374-2 (eBook)
DOI 10.1007/978-3-662-38374-2

Softcover reprint of the hardcover 1st edition 1908

Vorwort.

Die Ausbreitung und technische Vervollkommnung der Förderanlagen hat sich so rasch vollzogen, daß die Literatur mit der Praxis nicht hat Schritt halten können. Statt daß, wie es sonst in Deutschland zu geschehen pflegt, beim Auftauchen der ersten bahnbrechenden Erfindungen sich die Theorie des neuen Gegenstandes sofort bemächtigt hätte, machte hier die sich überstürzende Entwicklung auch nur eine schulgerechte Ordnung des Stoffes bisher unmöglich. Die Literatur hat sich im wesentlichen auf eine mehr oder minder regellose Beschreibung der jeweils im Vordergrunde des Interesses stehenden Neuerungen beschränkt, wenn auch verschiedene Einzelgebiete, z. B. der Bau von Verladekranen, eine gründlichere, systematische Behandlung erfahren haben. Unter diesen Umständen hoffe ich, daß meine Arbeit einem wirklichen Bedürfnis abhelfen wird. Sie soll dem Praktiker bei der Erweiterung und logischen Einordnung seiner Kenntnisse sowie der richtigen Nutzbarmachung seiner Erfahrungen zur Seite stehen und wird hoffentlich auch für den Unterricht an technischen Lehranstalten ein brauchbares Hilfsmittel abgeben.

Der erste Band behandelt die stetige Förderung, Gegenstand des zweiten wird die unstetige Förderung — Förderung in Einzelmengen — sein. Bei der Einteilung des Stoffes sind durchweg praktische Gesichtspunkte maßgebend gewesen. Die Einteilung nach den Förderrichtungen — wagerecht, senkrecht, vereinigt —, die meinen Arbeiten in Dinglers polytechnischem Journal (1902 bis 1904) zugrunde lag, und die auch in der 19. Auflage der „Hütte" (1905) Anwendung gefunden hat, erscheint zwar theoretisch richtig, ist aber für ein Konstruktionshandbuch zu verwerfen, weil sie zuweilen die allernächst verwandten Bauarten voneinander trennt. Nicht einmal die beibehaltene Haupteinteilung in stetig und unstetig arbeitende Förderer ist in dieser Beziehung völlig einwandfrei.

Bei der Auswahl und Behandlung des Stoffes und besonders bei Ausführung der Zeichnungen habe ich mich bemüht, das jeweils Wesentliche einer Konstruktion vom Unwesentlichen zu trennen, und daher vielfach schematische Skizzen an Stelle von Konstruktionszeichnungen verwandt, jedoch unter Beibehaltung der richtigen Verhältnisse, damit sich das Auge nicht an falsche Formen gewöhnt. Ich glaube, daß dieses Vorgehen für die Verständlichkeit des Buches von Vorteil ist und dem Praktiker das Auffinden des Gesuchten erleichtert. Übrigens drängt die Natur des Gegenstandes auf eine solche Behandlungsweise hin.

Mit Rücksicht auf die Bedürfnisse der Praxis habe ich diejenigen Einzelgebiete, auf denen ein freier Wettbewerb besteht, ausführlicher dargestellt als solche, die noch mit einem Schutzwall von Patenten umgeben sind.

Über die Berechnung der Förderer, insbesondere des Kraftverbrauches, konnte ich nicht in allen Fällen so eingehende und zuverlässige Angaben machen, wie ich gewünscht hätte. Das Transportfach ist noch auf dem Wege, sich zu einer Wissenschaft zu entwickeln, und es ist für den einzelnen immer nur möglich, einen Teil der Schwierigkeiten aus dem Wege zu räumen. Und wenn ich auch über Mangel an Entgegenkommen seitens der Fachgenossen betreffs konstruktiver Angaben nicht klagen kann, so habe ich doch mit meinen Bemühungen, zuverlässige Daten über Kraftverbrauch u. dgl. zu erhalten, wenig Erfolg gehabt. Ich glaube dies aber nicht sowohl auf Geheimnistuerei als auf wirklichen Mangel an Erfahrungen schieben zu sollen.

Wo es mir nicht möglich war, positive, sichere Angaben zu machen, bin ich doch bestrebt gewesen, alle Lücken aufzudecken und die Punkte zu zeigen, an denen der Versuch einsetzen muß. Zu meiner Rechtfertigung darf ich noch hervorheben, daß es wohl im allgemeinen schwieriger und für die Entwicklung eines Faches wichtiger ist, richtig zu fragen, als richtig zu antworten.

Durch Aufnahme zahlreicher Tabellen, die insbesondere auch Preise enthalten, glaube ich nicht nur den Bedürfnissen des Praktikers, sondern auch denen des Studierenden entgegengekommen zu sein. Denn bei fast allen Aufgaben des Transportfaches drängen sich wirtschaftliche Fragen auf, ohne deren Lösung das Ganze nicht korrekt behandelt werden kann. Selbstverständlich schwanken die Angebote der Firmen mit dem Beschäftigungsgrad, doch sind die vorliegenden Preisangaben für Vergleichsrechnungen, die beispielsweise die Entscheidung zwischen zwei Fördersystemen unterstützen sollen, im allgemeinen ausreichend.

Die Genauigkeit der Rechnungen ist grundsätzlich niemals weiter getrieben worden, als für den beabsichtigten Zweck nötig erschien.

Eine Reihe von Figuren habe ich aus meinen Arbeiten in

Dinglers polytechnischem Journal 1902 bis 1904 und 1906, sowie in der Zeitschrift des Vereines deutscher Ingenieure 1906 übernommen. Im übrigen ist die Literatur nur spärlich benutzt und in jedem Fall die Quelle angegeben worden.

Verschiedene schematische Figuren sind aus meinen früheren Arbeiten in die „Hütte“ übergegangen, ohne daß — wegen Mangels an Raum — in jedem Falle die Quelle ausdrücklich genannt wäre. Ich hebe dies besonders hervor, um dem Vorwurf zu entgehen, daß ich Originalfiguren der „Hütte“ in meiner jetzigen Arbeit benutzt hätte.

Bezüglich des Titels des Buches habe ich noch zu bemerken, daß sich der Ausdruck „Massengüter“ nicht nur auf körnige und stückige Stoffe bezieht, sondern allgemein auf Güter, die sich aus massenhaft vorkommenden, gleichartigen Bestandteilen zusammensetzen. Dementsprechend ist in meiner Arbeit auch die Förderung von Säcken, Kisten, Ballen, Brettern u. dgl. behandelt worden, zumal sie mit denselben oder ähnlichen Mitteln durchzuführen ist, wie der Transport körniger Stoffe.

Den Firmen, welche die Freundlichkeit hatten, mich bei dieser und bei meinen früheren Arbeiten durch Überlassung von Zeichnungen und durch Mitteilungen irgendwelcher Art zu unterstützen, sei an dieser Stelle verbindlichst gedankt.

Leipzig, im März 1908.

Georg von Hanffstengel.

Inhaltsverzeichnis.

II. Die Förderer ohne Zugmittel.

III. Hilfsvorrichtungen.

Allgemeines.

a) Abkürzungen und Bezeichnungen.

st = Stunde.
min = Minute.
sek = Sekunde.
KW = Kilowatt.
PS = Pferdestärke.
t = Zeit in sek.
s = Weg in m.
v = (Mittlere) Geschwindigkeit in m/sek.
p = Beschleunigung in m/sek^2.
g = 9,81 m/sek^2 = Beschleunigung des freien Falls.
n = Anzahl der Umdrehungen in der Minute (u/min).
ω = Winkelgeschwindigkeit in der Sekunde.
γ = Spezifisches Gewicht (bzw. Raumgewicht in t/cbm).
μ = $\operatorname{tg} \varrho$ = Reibungskoeffizient der Bewegung.
μ_0 = $\operatorname{tg} \varrho_0$ = Reibungskoeffizient der Ruhe.
V = Förderleistung in cbm/st.
Q = $\gamma \cdot V$ = Förderleistung in t/st.
L = Förderlänge (bei ansteigenden Förderern in der Steigung, nicht wagerecht, gemessen).
H = Hubhöhe.
f = Querschnitt des geförderten Materialstromes bei gleichmäßiger Verteilung des Materials auf die Förderlänge in qm.
q = $1000 \cdot \gamma \cdot f$ = Belastung des Förderers in kg/lfd. m.
q_0 = Leergewicht des Förderers in kg/lfd. m.
l = Teilung des Zugmittels in m.
a = Abstand der Förderelemente in m.
i = Inhalt eines Förderelementes, bzw. die auf ein Förderelement entfallende Materialmenge, in l.
w = Widerstandskoeffizient, d. h. der Widerstand, den die Gewichtseinheit der Bewegung entgegensetzt.
N = Gesamtarbeitsverbrauch des Förderers, gemessen an der Hauptantriebswelle, in PS.

$\varkappa$ = Kraftverbrauchskoeffizient, d. h. der auf die Gewichtseinheit des Fördergutes entfallende Teil des Gesamtwiderstandes des Förderers, gemessen an der Hauptantriebswelle.

S = Ketten-, Seil- oder Gurtspannung in kg.

$\sigma, \sigma_z, \sigma_b$ = Spannung, Zugspannung, Biegungsspannung in kg/qcm.

k, k_z, k_b = Flächenpressung, größte Zugspannung, größte Biegungsspannung in kg/qcm.

$\alpha = \frac{1}{E}$ = Elastizitätskoeffizient = $\frac{1}{\text{Elastizitätsmodul}}$.

Θ = Trägheitsmoment in cm^4.

b) Grundformeln.

Bei gleichmäßiger Verteilung des Materials auf die Förderlänge bestehen die Beziehungen:

$$\boldsymbol{V} = \mathbf{3600} \cdot \boldsymbol{f} \cdot \boldsymbol{v} \quad \text{(cbm/st)} \quad . \; . \; . \; . \; . \; . \; . \quad (1)$$

$$\boldsymbol{Q} = \gamma \cdot V = \frac{3600 \cdot q \cdot v}{1000} = \mathbf{3{,}6}\, \boldsymbol{q} \cdot \boldsymbol{v} \quad \text{(t/st)} \quad . \; . \; . \; . \; . \quad (2)$$

Bei Förderern mit einzelnen Förderelementen ist die auf 1 m entfallende Belastung

$$\frac{i}{a}\gamma \text{ in kg}, \quad \text{also}$$

$$\boldsymbol{Q} = \mathbf{3{,}6}\, \frac{\boldsymbol{i}}{\boldsymbol{a}}\, \gamma \cdot \boldsymbol{v} \quad \text{(t/st)} \quad . \; . \; . \; . \; . \; . \; . \quad (3)$$

Die Kenntnis des Widerstandskoeffizienten w ist nötig zur Bestimmung der Bewegungswiderstände und des Kraftbedarfs eines Förderers. Beispielsweise berechnet sich bei einem geradlinig und wagerecht sich erstreckenden Förderer der auf die Nutzlast, ohne Aufgabewiderstände u. dgl., entfallende Teil des Arbeitsverbrauchs, wenn dafür der Widerstandskoeffizient w bekannt ist, folgendermaßen:

$$\text{Widerstand} \quad W = w \cdot q \cdot L \quad \text{(kg)},$$

also der Kraftverbrauch

$$\boldsymbol{N} = \frac{w \cdot q \cdot L \cdot v}{75} = \frac{w \cdot Q \cdot L}{3{,}6 \cdot 75} = \frac{\boldsymbol{w} \cdot \boldsymbol{Q} \cdot \boldsymbol{L}}{\mathbf{270}} \quad \text{(PS)}. \; . \; . \; . \quad (4)$$

Bei senkrechter Hebung ist $w = 1$, $L = H$,

also die Nutzleistung:

$$\boldsymbol{N} = \frac{\boldsymbol{Q} \cdot \boldsymbol{H}}{\mathbf{270}} \; . \; . \; . \; . \; . \; . \; . \; . \; . \; . \quad (5)$$

Der Gesamtkraftverbrauch ergibt sich durch Addition der Einzelwerte.

Ist der Koeffizient $\varkappa$ bekannt[1]), so tritt dieser in Formel (4) an die Stelle von w, und es ergibt sich der Kraftverbrauch für Nutzlast und tote Last, bezogen auf die Hauptantriebswelle, als:

$$N = \frac{\varkappa \cdot Q \cdot L}{270} \quad \ldots \ldots \ldots \quad (6)$$

Die im Text angegebenen Werte für den Kraftverbrauchskoeffizienten sind nur als Durchschnittswerte anzusehen, die eine schnelle Überschlagsrechnung ermöglichen sollen.

c) Spezifische Gewichte (kg/l oder t/cbm).

α) Baustoffe.

Flußeisen	7,85		
Schweißeisen	7,8		
Gußeisen	7,25		
Bronze	7,4	bis	8,9
Beton	1,80	bis	2,45
Eiche, lufttrocken	0,93	bis	1,28
Fichte (Rottanne), lufttrocken	0,35	bis	0,60
Kiefer (Föhre), lufttrocken	0,31	bis	0,76
Ziegelmauerwerk, trocken	1,42	bis	1,46

β) Fördermaterialien.

Roggen, geschüttet	0,68	bis	0,79
Weizen, „	0,7	bis	0,8
Gerste, „	0,69		
Hafer, „	0,43		
Rüben, „	0,57	bis	0,65
Anthracitkohle, geschüttet	0,85	bis	0,90
Ruhrkohle, „	0,80	bis	0,86
Saarkohle, „	0,72	bis	0,80
Braunkohle, lufttrocken, in Stücken	0,65	bis	0,78
Koks, geschüttet	0,4	bis	0,5
Steinsalz, gemahlen	0,8	bis	1,0

---

[1]) Es wäre vielleicht einfacher gewesen, an Stelle von $\varkappa$ den Kraftverbrauch für 1 t Stundenleistung und 1 m Förderweg einzuführen, etwa als spezifischen Kraftverbrauch $N_s = \frac{\varkappa}{270}$. Indessen sind die Werte für N_s einerseits unbequem klein, andererseits viel weniger anschaulich, denn der Kraftverbrauchskoeffizient $\varkappa$ gibt unmittelbar an, das wievielfache des Gewichtes der jeweilig in Bewegung befindlichen Materialmenge an der Hauptantriebswelle als Widerstand wirkt. Es empfiehlt sich, nach Vollendung jeder ausführlicheren Kraftverbrauchsrechnung den Wert $\varkappa = \frac{270 \cdot N}{Q \cdot L}$ zur Kontrolle und als Hilfsmittel für die Veranschlagung anderer ähnlicher Ausführungen zu bestimmen.

Sand, fein und trocken	1,40 bis 1,65
„ fein und feucht	1,90 bis 2,05
„ grob	1,4 bis 1,5
Formsand, geschüttet	1,2
Kies, trocken	1,8
„ naß	2,0
Erde, trocken	1,2
„ naß	1,7
Kalk- und Bruchsteine	2,0
Ton	1,8 bis 2,0
Asche, trocken	0,6
„ feucht	0,7
Portlandzement, lose geschüttet	1,1 bis 1,3
Schlackenzement, lose geschüttet	0,9 bis 1,0
Ziegel, gewöhnlich	1,40 bis 1,55
„ Klinker	1,6 bis 2,0
Buchenholz, in Scheiten	0,40
Eichenholz, in Scheiten	0,42
Fichtenholz, in Scheiten	0,32
Eis	0,88 bis 0,92.

d) Maßtabelle

(alle nicht metrischen Maße sind englische Maße).

1 Zoll		= 25,40 mm
1 Fuß	= 12 Zoll	= 304,79 mm
1 m		= 3,281 Fuß
1 cbm	= 35,32 Kubikfuß	= 1,308 cubic yards
		= 27,47 Bushels
1 l		= 61,0 Kubikzoll
1 kg		= 2,20 Pfund
1 short ton	= 2000 Pfund	= 907 kg[1])
1 long ton	= 2240 Pfund	= 1016 kg
1 kg/l	= 1 t/cbm	= 62,4 Pfund/Kubikfuß
1 kg/qcm		= 14,22 Pfund/Quadratzoll
1 kg/lfd. m		= 0,672 Pfund/lfd. Fuß.
1 m/sek.		= 196,9 Fuß/min.
1 PS.	= 75 mkg/sek	= 736 Watt
		= ∼ 33000 Fußpfund/min.
1 Wattstunde		= 367 mkg.

[1]) Wenn von „ton“ ohne weiteren Zusatz die Rede ist, so ist meistens short ton gemeint.

I. Die Förderer mit Zugmittel.

A. Gemeinsame Einzelheiten.

1. Kapitel.

Die Zugmittel.

Als Zugmittel für stetige Förderer kommen in Betracht Kette, Seil und Riemen. Bei weitem am meisten wird Kette verwandt. Sie ist dem Seil an Haltbarkeit überlegen, läßt sich im Falle eines Bruches leichter verbinden und gestattet eine bequeme und sichere Befestigung der Förderelemente. Auch ist der Antrieb bei der Kette leichter auszuführen, weil sie den Zähnen des Antriebsrades starre Widerlagspunkte bietet und um einen kleineren Radius gebogen werden kann. Nachteilig ist ferner beim Seil die unvermeidliche Dehnung. Dagegen spricht zugunsten des Seiles das Fehlen aller Gelenke, deren Abnutzung die Kette unbrauchbar zu machen pflegt, ehe ihre Stärke erschöpft ist, ferner der Umstand, daß kein plötzlicher Bruch einzutreten pflegt, sondern der Verlust an Tragfähigkeit sich durch das allmähliche Reißen eines Teiles der Drähte bemerkbar macht. Wegen seines geringen Gewichtes und seiner Billigkeit ist das Seil hauptsächlich für Förderung leichten Materials auf größere Entfernung zu empfehlen. Riemen kommen nur für kleine Kräfte in Frage. Ihr Hauptvorzug gegenüber Kette ist der, daß sie mit großer Geschwindigkeit arbeiten können. Die Riemen finden ausschließlich Verwendung bei leichten Elevatoren und als Förderbänder, wo sie gleichzeitig als Tragmittel dienen.

a) Ketten.

Als Material für die Herstellung der Ketten kommt Schmiedeeisen und schmiedbarer Guß (Temperguß) in Frage. Stahlguß wird, da es sich in der Regel um kleine Dimensionen handelt, nur in Ausnahmefällen verwendet.

Die schmiedeiserne Kette ist zuverlässiger als die gegossene und wird daher vorzugsweise zur Übertragung großer Kräfte benutzt, besonders wenn Stöße zu befürchten sind, oder wenn durch einen Bruch Menschen gefährdet werden können. Gewissen Materialien, wie Sand und Koksstaub, widersteht außerdem Schmiedeeisen besser als Temperguß. Dagegen sind solche Ketten teurer in der Herstellung, besonders dann, wenn der Auflagedruck in den Gelenken niedrig gehalten werden soll und daher breite Naben notwendig sind. Ketten von mäßigen Abmessungen werden zweckmäßig im Gesenk geschmiedet.

Die Tempergußketten verdanken ihre weite Verbreitung einmal der Möglichkeit, große Auflageflächen für die Gelenkbolzen zu schaffen, andererseits dem Umstande, daß die Glieder leicht in jeder beliebigen, zur Anbringung eines bestimmten Transportelementes bequemsten Form ausgeführt werden können. Solche Glieder, die in die normale Kette entsprechend dem gewünschten Abstand der Transportelemente eingefügt werden, bezeichnet man als Befestigungsglieder. Sie lassen sich bei schmiedeeisernen Ketten naturgemäß weniger leicht herstellen, weshalb diese möglichst so ausgebildet werden, daß die Transportelemente mit einfachen Mitteln an den normalen Gliedern angebracht werden können. Gewisse schmiedeiserne Ketten erhalten Zwischenstücke aus Temperguß, die als Befestigungsglieder dienen.

Die Wahl der Kettenteilung hängt von den besonderen Umständen jedes einzelnen Falles ab. Je kleiner die Teilung, um so bequemer ist der Antrieb auszuführen, da das Antriebsrad bei gegebener Zähnezahl kleineren Durchmesser erhält[1]), um so schwerer und teurer wird aber die Kette bei gleichzeitiger Vermehrung der einer Abnutzung unterworfenen Stellen. Schmiedeeiserne Ketten werden mit Rücksicht auf die Herstellung meist mit verhältnismäßig großer, Tempergußketten mit kleinerer Gliedlänge ausgeführt.

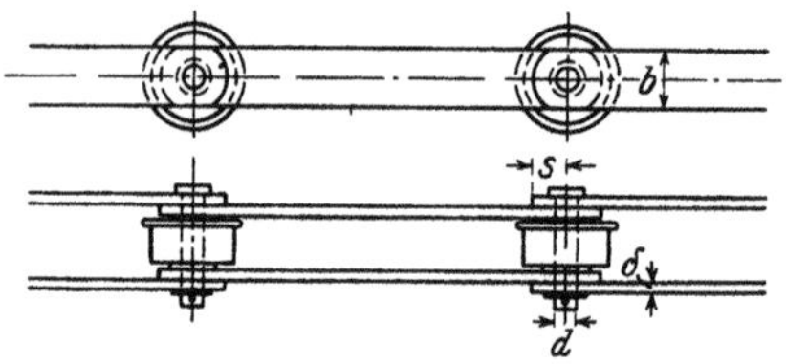

Fig. 1.

Die einfachste Form einer schmiedeeisernen Kette, aus Flacheisengliedern ohne irgend welche Schmiedearbeit hergestellt, ist in Fig. 1 skizziert.

Die Festigkeitsrechnung sei für die in Fig. 2 angenommene konzentrische Form des Gliedkopfes durchgeführt, und zwar unter der Voraussetzung, daß die Kettenbelastung sich auf die Projektion der halbzylindrischen Berührungsfläche zwischen Bolzen und Loch gleichmäßig verteilt, was bei eingelaufenen Ketten wenigstens für

[1]) Naheres hieruber in dem Kapitel uber Antriebe.

die mittlere Belastung annähernd zutreffen wird. Ferner sei einstweilen angenommen, daß das Ringstück $ABCD$ als ein fest eingespannter gekrümmter Träger angesehen werden darf, so daß die Winkeländerung der Mittellinie:

$$\int_0^{\frac{\pi}{2}} \omega \cdot d\varphi = 0 \quad \text{ist.}$$

Wird die Belastung auf die Längeneinheit mit q bezeichnet, so ergibt sich unter Beachtung der in Fig. 2 eingeschriebenen Bezeichnungen für einen beliebigen Querschnitt:

$$M = M_1 - q\frac{d}{2}\left(r - \frac{d}{4}\right)\sin^2\varphi$$

$$P = q\frac{d}{2}\cdot\sin^2\varphi$$

und weiter:[1])

$$\omega = \frac{\alpha}{f}\left(P + \frac{M}{r} + \frac{M}{\varkappa\cdot r}\right).$$

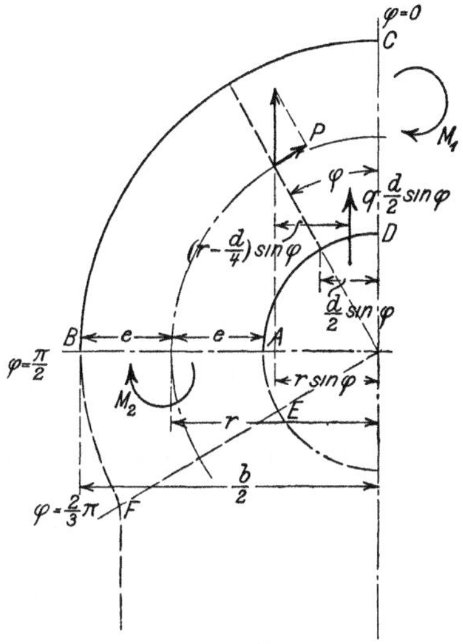

Fig. 2.

Mit Einsetzung der Werte für P und M ergibt sich aus der Gleichung

$$\int_0^{\frac{\pi}{2}} \omega \cdot d\varphi = 0$$

durch Ausführung der Integration das Einspannungsmoment bei CD:

$$M_1 = \frac{q\cdot d}{4}\left[\frac{r}{1+\varkappa} - \frac{d}{4}\right]$$

und daraus das Einspannungsmoment bei AB:

$$M_2 = -\frac{q\cdot d}{4}\left[r\,\frac{1+2\varkappa}{1+\varkappa} - \frac{d}{4}\right].$$

M_2 hat demnach einen größeren absoluten Wert als M_1 und ist in allen Fällen maßgebend.

Die Spannung ist am größten an der inneren Faser bei A; in die Formel für die Spannung:

$$\sigma = \frac{P}{f} + \frac{M_2}{f\cdot r} + \frac{M_2}{\varkappa\cdot f\cdot r}\,\frac{\eta}{r+\eta}$$

---

[1]) Vgl. Bach, Festigkeitslehre.

ist daher einzusetzen:

$$\eta = -e = -\frac{b-d}{4},$$

ferner:

$$r = \frac{d}{2} + e = \frac{b+d}{4}$$

$$\frac{\eta}{r+\eta} = -\frac{b-d}{2d}$$

$$f = \frac{b-d}{2} \cdot \delta$$

Damit ist:

$$\sigma_{max} = \frac{1}{\frac{b-d}{2}\,\delta}\left[P + \frac{M_2}{r} - \frac{M_2}{\varkappa \cdot r}\frac{1}{2}\left(\frac{b}{d} - 1\right)\right]. \quad . \quad . \quad (7)$$

Für rechteckigen Querschnitt gilt:

$$\varkappa = \frac{1}{3}\left(\frac{e}{r}\right)^2 + \frac{1}{5}\left(\frac{e}{r}\right)^4 + \frac{1}{7}\left(\frac{e}{r}\right)^6 + \ldots .$$

worin

$$\frac{e}{r} = \frac{b-d}{b+d}.$$

Bezeichnet Q die gesamte Belastung einer Kette nach Fig. 1, so gilt ferner:

$$q = \frac{Q}{2d}$$

$$P = \frac{1}{4}Q.$$

Beispiel: Es sei

$Q = 1250$ kg; $b = 6{,}5$ cm; $d = 2{,}6$ cm; $\delta = 1{,}3$ cm;

dann ist:

$$q = \frac{1250}{2 \cdot 2{,}6} = 240 \text{ kg/cm}$$

$$P = 312{,}5 \text{ kg}$$

$$\varkappa = 0{,}069$$

$$M_2 = -276 \text{ cmkg } (M_1 = 231 \text{ cmkg}).$$

$$\sigma_{max} = \frac{1}{\frac{6{,}5-2{,}6}{2} \cdot 1{,}3}\left[312{,}5 - \frac{276}{2{,}275} + \frac{276}{0{,}069 \cdot 2{,}275} \cdot \frac{1}{2}(2{,}5-1)\right]$$

$$= 596 \text{ kg/qcm}.$$

Zur Kontrolle der Richtigkeit der Annahme, daß bei AB Einspannung herrsche, wurde das vorliegende Beispiel für den Fall durchgerechnet, daß erst bei EF (Fig. 2) Einspannung vorhanden wäre. Die Integration der Grundgleichung muß sich dann von 0 bis $\frac{2}{3}\pi$ statt $\frac{\pi}{2}$ erstrecken.

Es ergibt sich:

$$M_1 = 285 \text{ cmkg};$$
$$M_2 = -272 \text{ cmkg};$$
$$\sigma_{max} = 585 \text{ kg/qcm (im Punkte } A).$$

Die Abweichung ist also geringfügig.

Die angegebene Rechnung ist für die Praxis noch etwas umständlich und soll daher vereinfacht werden. Wird $\frac{b}{d} = \beta$ gesetzt, so folgt:

$$M_2 = -\frac{q \cdot d^2}{16}\left[(\beta + 1)\frac{1 + 2\varkappa}{1 + \varkappa} - 1\right] = -\frac{q \cdot d^2}{16} \cdot \lambda$$

$$f \cdot \sigma_{max} = P\left[1 + \frac{\lambda}{2(1+\beta)}\left(\frac{\beta - 1}{2\varkappa} - 1\right)\right] = P(1 + \mu).$$

Das Verhältnis $\frac{b}{d}$ pflegt zwischen 2 und 3 zu schwanken. Die Ausrechnung ergibt für:

$\frac{b}{d} = 2{,}0$	2,25	2,5	2,75	3,0
$\varkappa = 0{,}040$	0,054	0,069	0,084	0,099
$\lambda = 2{,}12$	2,41	2,72	3,04	3,36
$\mu = 4{,}06$	3,92	3,84	3,82	3,82

Mit $Q = 4P$ und $f = \frac{b - d}{2} \cdot \delta$ ist jetzt:

$$\sigma_{max} = \frac{Q}{2(b-d)\delta}(1 + \mu) = \sim \frac{2{,}5\,Q}{(b-d)\delta} \quad . \quad . \quad . \quad (8)$$

Mittels dieser Formel können die Abmessungen der Kette unmittelbar berechnet werden. Mittelwerte sind:

$$b = 2{,}5\,d; \qquad \delta = 0{,}2\,b.$$

Damit ergibt sich für den ersten Entwurf:

$$d = 1{,}8\sqrt{\frac{Q}{k_z}} \quad . \quad . \quad . \quad . \quad . \quad . \quad . \quad . \quad (9)$$

Bei Wahl der zulässigen Beanspruchung ist zu bedenken, daß bei jedem Umlauf nahezu vollständige Entlastung der Kette eintritt, so daß — nach Bach — Belastungsfall II anzunehmen ist, mit

$k_z = 600$ für Schweißeisen,
$k_z = 600$ bis 800 für Flußeisen,
$k_z = 800$ bis 1000 für Stahl.

Bei langsam laufenden und nicht dauernd in Betrieb stehenden Ketten können diese Werte jedoch überschritten werden. Andererseits ist auf die Möglichkeit des Auftretens von Stößen und Schwingungen, sowie auf die erhöhte Beanspruchung beim Anlauf Rücksicht zu nehmen.[1])

Für lebhaften Betrieb ist diese Ausführung der Kette ungeeignet, weil sie sehr hohe Flächenpressungen ergibt. Es ist:

$$k = \frac{Q}{2 \cdot d \cdot \delta}, \quad \ldots \ldots \quad (10)$$

also unter Zugrundelegung obiger Mittelwerte:

$$k = \frac{Q}{d^2} = 0{,}3\, k_z.$$

Die Beanspruchung des Bolzens auf Biegung berechnet sich zu

$$\sigma_b' = \frac{\frac{1}{2} Q \cdot \delta}{0{,}1 \cdot d^3} \quad \ldots \ldots \quad (11)$$

Diese Gleichung ergibt z. B. für $b = 2{,}5$ und $\delta = 0{,}2\, b$ nur $^3/_4$ der Beanspruchung des Kettengliedes. Wenn jedoch die Zähne des Antriebsrades an den Laufrädern anfassen, so ist zu untersuchen, ob dabei die zulässige Biegungsbeanspruchung des Bolzens nicht überschritten wird.

Beispiel: Es soll eine Kette nach Fig. 1 für 1500 kg höchste Betriebslast entworfen werden. Material: Flußeisen.

Mit $b = 2{,}5\, d$, $\delta = 0{,}2\, b$ und $k_b = 800$ folgt:

$$d = 1{,}8 \sqrt{\frac{1500}{800}} = \sim 2{,}5 \text{ cm}$$

$$b = 6{,}3 \text{ cm}; \qquad \delta = 1{,}3 \text{ cm},$$

also $$k = \frac{1500}{2 \cdot 2{,}5 \cdot 1{,}3} = 231 \text{ kg/qcm}$$

$$\sigma_b' = \frac{\frac{1}{2} \cdot 1500 \cdot 1{,}3}{0{,}1 \cdot 2.5^3} = 625 \text{ kg/qcm (Bolzen).}$$

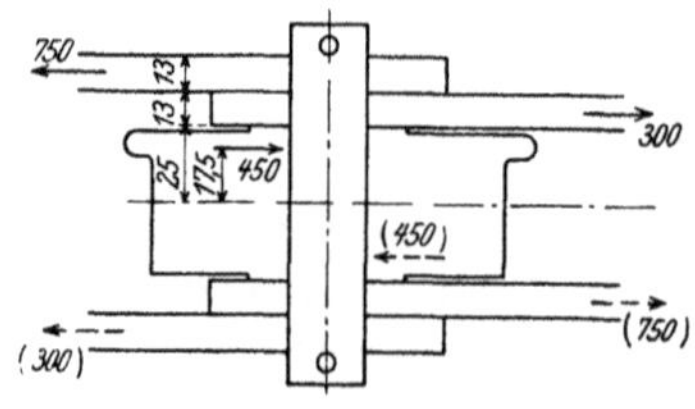

Fig. 3.

Beim Antrieb seien die Kräfte nach Fig. 3 verteilt. Dann ist das Moment in der Mitte:

$$M = 750 \cdot 4{,}45 - 300 \cdot 3{,}15 - 450 \cdot 1{,}75 = 1610 \text{ cmkg},$$

$$\sigma_b'' = \frac{1610}{0{,}1 \cdot 2{,}5^3} = 1030 \text{ kg/qcm}.$$

Für einen Stahlbolzen ist diese Beanspruchung noch zulässig.

[1]) Naheres hieruber in dem Kapitel uber Antriebe.

Wenn zwei parallele Kettenstränge so miteinander verbunden sind, daß der Bolzen das abgedrehte Ende einer durchgehenden Stange bildet, so ist die Beanspruchung des Bolzens niedriger. Sie fällt erheblich günstiger aus, wenn die Anordnung so getroffen wird, daß immer das der Rolle benachbarte Glied die größte Zugkraft erhält (vgl. Fig. 4 und die eingeklammerten Zahlen in Fig. 3).

Der Kopf des Kettengliedes wird nach Fig. 1 häufig so geformt, daß $s > \frac{b}{2}$ ist, weil dadurch das Moment im gefährlichen Querschnitt herabgezogen wird. Rechnerisch sind die Spannungen allerdings bei dieser Form schwer genau zu ermitteln. Um den Einfluß der Kopfverstärkung wenigstens angenähert festzustellen, habe ich die Rechnung unter der Annahme durchgeführt, daß die Mittellinie ein Kreisbogen bleibt und der Querschnitt sich ändert nach der Gleichung:

$$f = \frac{f_2}{1 - \xi \cdot \cos\varphi}, \quad \text{wo } \xi = 1 - \frac{f_2}{f_1} \text{ ist}$$

und f_2 den Querschnitt bei AB,
f_1 „ „ „ CD bedeutet.

Dann ergibt sich:

$$M_1 = \frac{q \cdot d}{2}\left[\frac{r}{\varkappa + 1} - \frac{d}{4}\right] \frac{\frac{\pi}{4} - \frac{1}{3}\xi}{\frac{\pi}{2} - \xi}$$

$$M_2 = M_1 - \frac{q \cdot d}{2}\left(r - \frac{d}{4}\right) = M_1 - \frac{q \cdot d \cdot b}{8}.$$

Wird beispielsweise bei der zuletzt berechneten Kette

$$s = 1{,}25 \frac{b}{2} = 3{,}95 \text{ cm}$$

gemacht, so folgt:

$$\overline{AB} = 3{,}15 - 1{,}25 = 1{,}90$$

$$\overline{CD} = 3{,}95 - 1{,}25 = 2{,}70$$

$$\frac{f_2}{f_1} = \frac{1{,}9}{2{,}7} = 0{,}705$$

$$\xi = 0{,}295.$$

$$M_1 = \frac{1500}{2 \cdot 2{,}5} \cdot \frac{2{,}5}{2}\left[\frac{2{,}2}{1{,}069} - \frac{2{,}5}{4}\right] \cdot \frac{\frac{\pi}{4} - 0{,}098}{\frac{\pi}{2} - 0{,}295} = 289 \text{ cmkg}$$

$$M_2 = 289 - \frac{300 \cdot 2{,}5 \cdot 6{,}3}{8} = 289 - 590 = -301 \text{ cmkg}$$

und nach Gleichung (7)

$$\sigma_{max} = \frac{1}{\frac{6,3-2,5}{2}\cdot 1,3}\left[375-\frac{301}{2,2}+\frac{301}{0,069\cdot 2,2}\cdot\frac{1}{2}(2,52-1)\right]$$

$$= 707 \text{ kg/qcm.}$$

Für $s = 1,5\,\frac{b}{2} = 4,75$ cm berechnet sich in derselben Weise:

$$\sigma_{max} = 675 \text{ kg/qcm},$$

während sich für den konzentrischen Kopf unter Berücksichtigung der abgerundeten Maße nach Gleichung (8) ergibt:

$$\sigma_{max} = \frac{1500}{2\cdot(6,3-2,5)\cdot 1,3}(1+3,84) = 735 \text{ kg/qcm.}$$

Die Spannung ermäßigt sich also bei $s = 1,25\,\frac{b}{2}$ um 4%, bei $s = 1,5\,\frac{b}{2}$ um 8%.

Die Transportelemente können an Flacheisenketten leicht mit Hilfe von Winkeleisen oder durch unmittelbares Anschrauben oder Annieten befestigt werden.

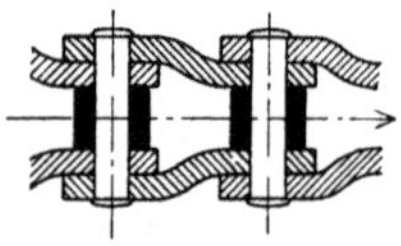

Fig. 4.

Jeffrey bringt eine Serie von ähnlich konstruierten Ketten mit kurzen Gliedern nach Fig. 4 auf den Markt. Die auf dem Bolzen sitzenden Röllchen dienen in diesem Falle nur dazu, das Gleiten der Radzähne auf den Bolzen und die daraus sich ergebende Abnutzung zu verhindern.

Das Ineinanderschränken der Glieder, das auch bei langgliedrigen Ketten zuweilen vorkommt, hat den Vorteil, daß die Beanspruchung des Bolzens beim Antrieb viel geringer wird, vorausgesetzt, daß die Kette stets in dem angedeuteten Sinne läuft, weil dann immer das der Rolle unmittelbar benachbarte Glied die Kraft überträgt. Allerdings erhält das Glied hierbei Biegungsspannungen, jedoch nicht im gefährlichen Querschnitt, sondern im vollen Teile. Zug und Biegung zusammen ergeben:

$$\sigma = \frac{Q}{2b\cdot\delta} + \frac{Q\cdot\delta}{2\cdot\frac{1}{6}b\cdot\delta^2} = 3,5\,\frac{Q}{b\cdot\delta} \quad . \quad . \quad . \quad . \quad . \quad (12)$$

Die Hauptabmessungen einiger Größen nach den Listen von Jeffrey nebst den errechneten Beanspruchungen gibt folgende Tabelle:

Tabelle 1. (Jeffrey.)

Zulässige Belastung Q (kg)	b (mm)	δ (mm)	d (mm)	Teilung l (mm)	Flächenpressung k (kg/qcm)	Beanspruchung des Bolzens σ_b' (kg/qcm)	Beanspruchung des Gliedes (kg/qcm) nach Gl. 12	Gl. 8
340	19,0	4,8	9,5	38,1	370	950	1890	1300
850	34,9	7,9	14,3	76,2	380	1150	1270	1070
1260	38,1	12,7	15,9	101,6	310	2000	1090	910
1800	50,8	12,7	19,0	127,0	370	1660	1070	980

So hohe Beanspruchungen, wie sie hier zum Teil vorkommen, dürften nur bei sehr zuverlässigem Material und besonders günstigen Betriebsbedingungen zulässig sein. Für raschen Lauf und Dauerbetrieb muß die Belastung wesentlich erniedrigt werden.

Ungleich günstiger stellen sich die Beanspruchungs- und Abnützungsverhältnisse des Bolzens, wenn, wie in Fig. 5, in die jeweilig inneren Glieder eine Büchse eingelassen wird, die gegen Drehung gesichert ist, während der Bolzen in den äußeren Gliedern befestigt wird. Für die Auflage kommt nun die ganze Büchsenlänge in Betracht. Die in der Figur angegebene Rolle kann auch fortgelassen werden, sodaß die Zähne an der Büchse angreifen, die, wenn abgenutzt, sich umdrehen läßt.

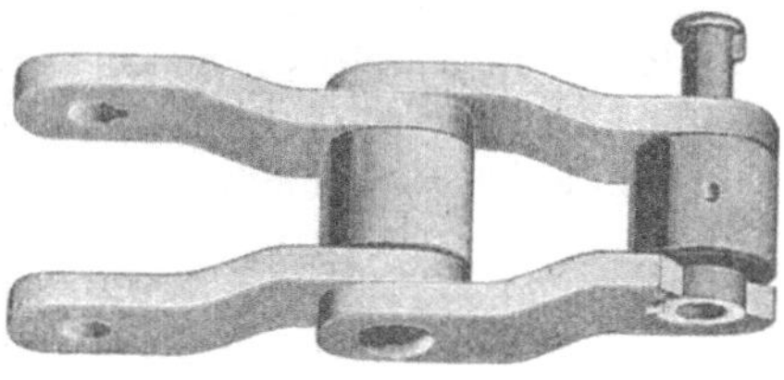

Fig. 5.

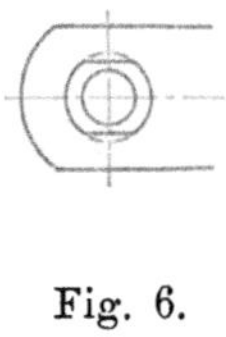

Fig. 6.

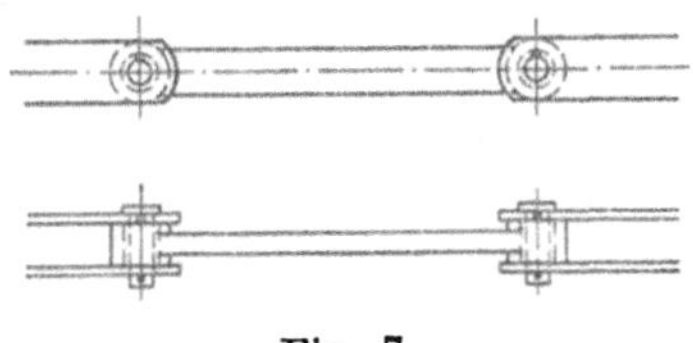

Fig. 7.

Zweckmäßig ist es, die Büchsen da, wo sie in das Glied eingelassen sind, nach Fig. 6 parallel zur Laufrichtung der Kette außen abzuflachen, damit die Festigkeit des Gliedes nicht zu sehr geschädigt wird.

In Fig. 7 ist eine Kette skizziert, bei der die eine Hälfte der Glieder aus geschmiedeten Stäben mit langen Augen besteht, die bei guten Ausführungen ausgebüchst werden. Der Bolzen ist in den äußeren Flacheisengliedern durch einen Keil gesichert. Diese

Form eignet sich vorwiegend für Ketten mit großer Teilung, da sie bei kleiner Teilung zu teuer ausfällt. Sie kommt bei schweren Elevatoren zur Anwendung. Der erforderliche Augendurchmesser kann nach Gleichung 8 berechnet werden.

Fig. 8 zeigt, wie der dieser Kette zugrunde liegende Gedanke mit Vorteil auf kurzgliedrige Ketten übertragen werden kann. Die Mittelglieder, die zum Teil mit Tragröllchen versehen sind, lassen sich leicht im Gesenk schmieden, während die äußeren Glieder aus schmalen Flacheisen hergestellt werden und ein längliches, die Festigkeit verhältnismäßig wenig beeinträchtigendes Loch zur Aufnahme des an den Enden abgeflachten Bolzens erhalten. Die Kette wird von Jeffrey für besonders schweren Betrieb empfohlen. Wo es weniger auf Gewichtsersparnis ankommt, können die Mittelglieder auch durch glatte Flach- oder Quadrateisen gebildet werden.

Der bei allen bisher aufgeführten Ketten vorhandene Gelenkbolzen ist nicht erforderlich, wenn ein Glied um das andere aus Rundeisen hergestellt wird, das selbst den Drehzapfen bildet. Solche Ketten genügen zwar, was Tragkraft und Genauigkeit der Ausführung anbelangt, nicht so hohen Ansprüchen wie jene, sind aber

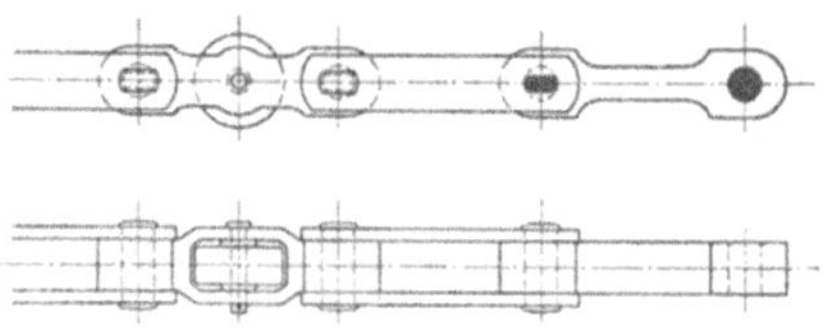

Fig. 8.

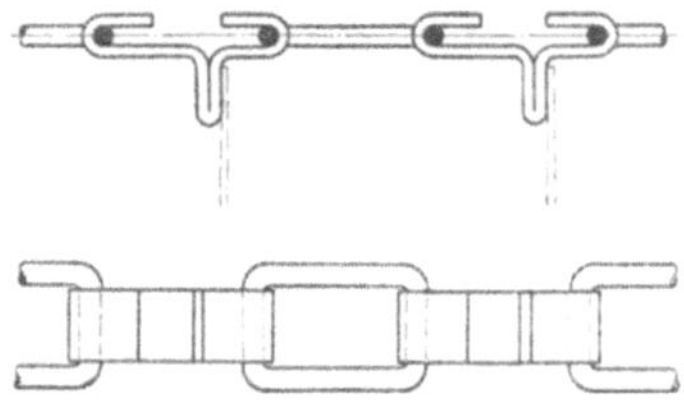

Fig. 9 und 10.

billiger herzustellen, da alle maschinelle Beurteilung fortfällt. Sie werden vorzugsweise für horizontal arbeitende Förderer, weniger für Elevatoren benützt.

Fig. 9 und 10 skizzieren eine Kette, die aus geschlossenen Rundeisen- und offenen Flacheisengliedern zusammengesetzt ist. Die letzteren

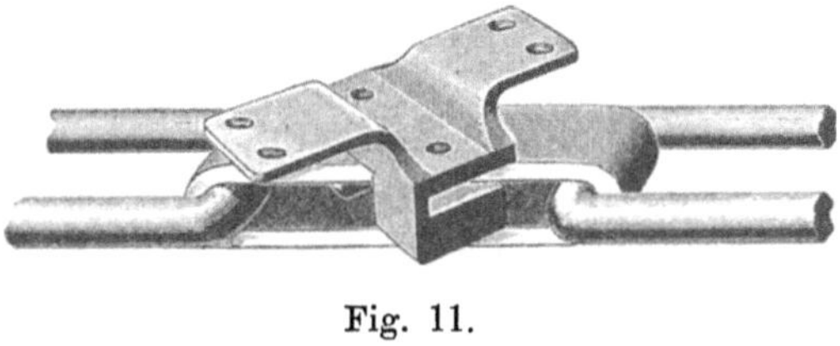

Fig. 11.

werden durch Abbiegen eines Lappens zur Befestigung der Kratzerschaufeln geeignet gemacht. Die Kette ist mit den einfachsten Mitteln herzustellen. Bei der Ausführung von Jeffrey, Fig. 11, sind alle Glieder geschweißt. Die Befestigungslappen werden quer zu ihrer späteren Stellung auf die Kette gelegt, durch Drehen um 90^0 in die Flacheisenglieder eingeführt und dann verschraubt. Die Schrauben sind hierdurch teilweise entlastet. Fig. 12 zeigt die Anbringung eines Anschlußstückes für ein Schlepperelement mit Tragrolle.

Fig. 12.

Ketten mit vollständig geschlossenen Gliedern müssen, wenn bei der Montage Schweißarbeit vermieden werden soll, ein Kuppelglied erhalten, das im vorliegenden Falle einfach dadurch hergestellt werden kann, daß man ein flaches Glied nach Art der Fig. 10 offen läßt, ein Flacheisen einlegt und einige Schrauben einzieht.

Weiterhin kommen die einfachen Rundeisenketten in Frage, und zwar entweder normale Kranketten oder solche mit größerer Teilung, sog. Kabelketten. Sie werden ihrer Zuverlässigkeit und Billigkeit wegen nicht selten für Elevatoren verwandt. Bei lebhaftem Betriebe nutzt sich indessen die geringe Auflagefläche zwischen den Gliedern rasch ab, so daß sich die Teilung verändert und die Kette auf gezahnten Rädern nicht mehr gut läuft. Man läßt daher die Antriebsräder meist glatt und überläßt es der Reibung, die erforderliche Umfangskraft zu erzeugen. Ungünstig ist das Fehlen jeder Steifigkeit gegen seitliches Ausweichen und Verdrehen, weshalb ein richtiges Auflaufen auf die Rollen nicht immer gesichert erscheint. Endlich ist das Befestigen der Förderelemente unbequem. Man benutzt entweder geschmiedete Befestigungsglieder nach Fig. 13 oder klemmt die Teile an der Kette fest.

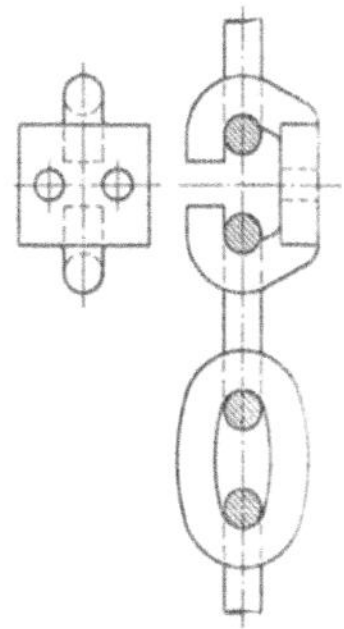

Fig. 13.

Nach dem Patente von Schourek[1]) (Fig. 14) erhält das Förderelement Hohlkehlen, an die sich das Kettenglied anlegt, und wird wird mit einer Schraube versehen, über die von der anderen Seite ein entsprechend geformtes Klemmstück geschoben und mit einer Mutter befestigt wird. Beide Teile können, mit entsprechenden Aussparungen versehen, über die benachbarten Glieder greifen und dadurch eine solidere Befestigung erhalten.

Bequemer erscheint es, zwischen Kettenglied und Förderelement

[1]) D. R. P. 119133.

ein besonderes, zweiteiliges Befestigungsstück einzuschalten, das die Kette umschließt. Fig. 15 gibt eine solche Ausführung. Die Teilung der Kette wird, da die Kettenscheiben reichlichen Durch-

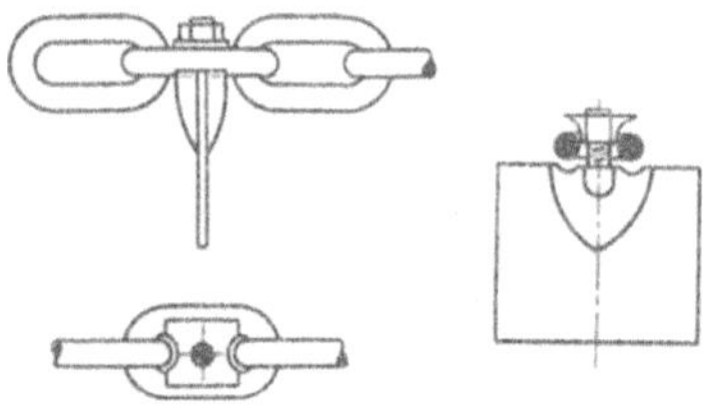

Fig. 14.

Fig. 15.

messer zu haben pflegen, zweckmäßig größer gemacht als bei der normalen Krankette, sodaß zwei Schrauben zum Festklemmen verwandt werden können.

Die Ketten sind wegen der Abnutzung ganz erheblich stärker zu wählen, als die Rücksicht auf Festigkeit verlangt. Die Betriebs-

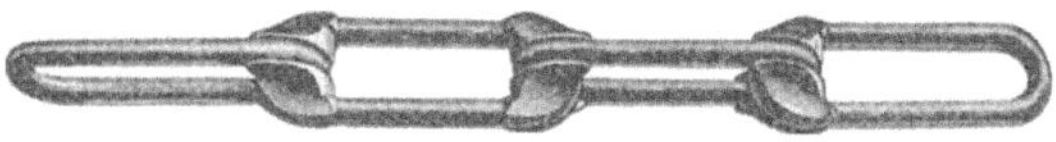

Fig. 16.

belastung darf höchstens etwa $Q = 300\,d^2$ betragen, wenn d die Ketteneisenstärke in cm bezeichnet.

Eine Verbesserung der einfachen Rundeisenkette ist von Dodge, dem Präsidenten der Link Belt Engineering Co. erfunden. Wie aus Fig. 16 ersichtlich, sind die verhältnismäßig langen, geschlossenen Glieder an den Enden genau halbkreisförmig gestaltet und legen sich in Sattelstücke aus schmiedbarem Guß nach Fig. 17 ein, welche die Drehung des Gliedes in seiner Ebene nicht behindern, aber einer Verdrehung der Kette um ihre Längsachse entgegenwirken. Durch die Sattelstücke werden sehr reichliche Auflageflächen geschaffen, auch lassen sie sich nach Fig. 18 leicht zu Befestigungsstücken ausbilden.

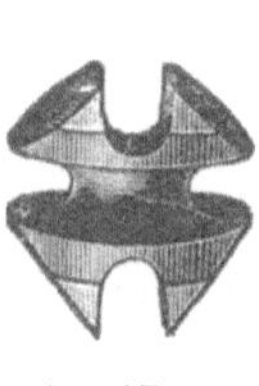

Fig. 17.

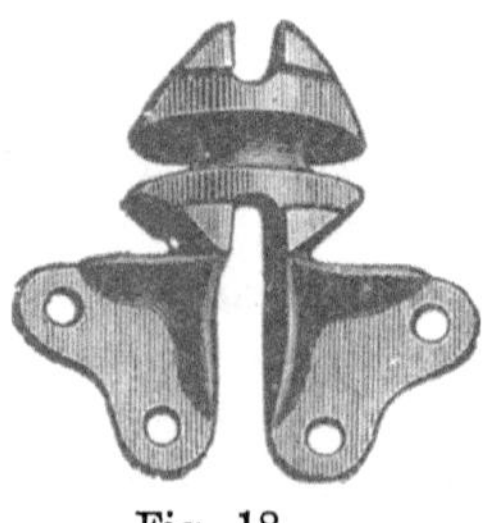

Fig. 18.

Die Tragkraft wird erhöht, da die Biegungsbeanspruchung zum größten Teil fortfällt. Die Kette ist für manche Zwecke deshalb besonders gut geeignet, weil sie sich in zwei Richtungen ablenken läßt. Sie ist zuverlässiger, aber auch erheblich teurer als Tempergußketten gleicher Tragkraft.

Tabelle 2.

Normale Kranketten. (Teilung $= 2{,}5\,d$.)[1]

Eisenstärke d (mm)	10	12	14	16	18	20	22
Hochste Betriebsbelastung $Q = 300\,d^2$ (kg)	300	430	590	770	970	1200	1450
Gewicht (kg/m)	2,25	3,24	4,41	5,75	7,28	8,98	10,87
Preis (M/m) ca.	1,70	2,10	2,70	3,20	3,70	4,50	4,90

Tabelle 3.

Kabelketten nach Dodge. (Preise nach Fredenhagen.)

Eisenstarke d (mm)	Teilung (mm)	Probelast (kg)	Preis für 1 Glied (M)	Preis für 1 Sattelstück nach Fig. 17 (M)	Preis für 1 Befestigungsstück nach Fig. 18 (M)	Preis der Kette in M/m, wenn jedes dritte Sattelstück Befestigungslappen hat
13	152	2000	1,50	1,50	1,90	20,60
16	152	2500	1,90	1,80	2,30	25,50
19	203	4000	3,50	3,00	3,80	33,40

Sehr beachtenswert ist der Versuch, Ketten aus einzelnen Rundeisenstäben zusammenzusetzen, die an den Enden mit besonders angefügten Zapfen bzw. Lagern versehen sind. Eine solche Kette wird von der Link Belt Co. unter dem Namen „Monobar-Kette“[2]) ausgeführt. Der Stab hat nach Fig. 19 bis 21 an einem Ende einen flachen Kopf, am andern Gewinde. Er wird in das mit einem Schlitz mn versehenen Lagerstück S von links her eingeschoben, bis der Kopf in dem viereckigen Ansatz zur Anlage kommt. Jetzt folgt das Einsetzen des Zapfens K, in den unter Benützung desselben Schlitzes der nächste Stab in schräger Stellung eingeführt, mit Mutter versehen und in die Strecklage zurückgedreht wird. An das Lagerstück, das ebenso wie der Zapfen aus Temperguß besteht,

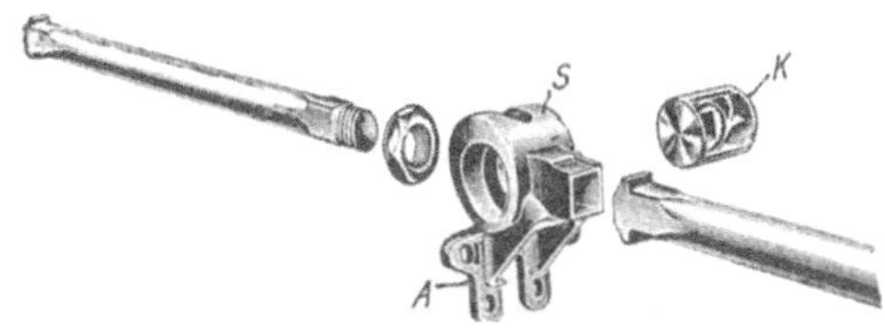

Fig. 19.

[1]) Vgl. auch „Hütte“.

[2]) D. R. P. 152349. „Bar“ ist das englische Wort fur Stab, man kann also diese Ketten etwa als „Einstabketten“ bezeichnen.

kann leicht ein Befestigungslappen angegossen werden (Fig. 19). Die Kette ist leicht und nicht zu teuer, große Gliedlänge vorausgesetzt.

Einstabketten können natürlich auch so hergestellt werden, daß an einem Ende des Rundstabes ein einfaches, am andern Ende ein gegabeltes Auge angeschmiedet oder aufgeschraubt wird und die

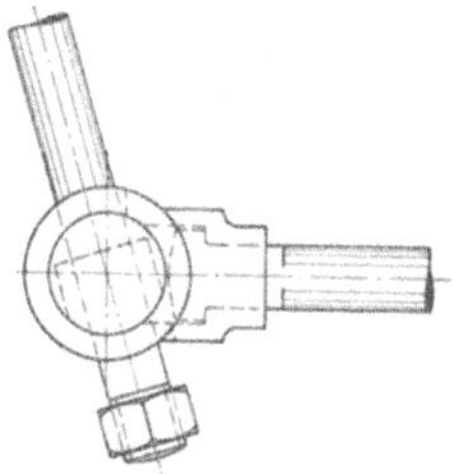

Fig. 20.

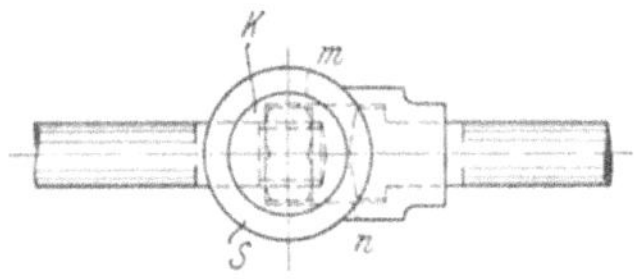

Fig. 21.

Verbindung durch Bolzen erfolgt. Indessen ist die Ausführung teurer und der Angriff für die Zähne der Kettenräder nicht so bequem wie bei obiger Konstruktion.

In neuester Zeit sind für bestimmte Arten von Becherwerken schmiedeeiserne Ketten mit Kreuzgelenk, sowie in sich selbst verdrehbare Ketten konstruiert worden. Da diese aber bisher nur für besondere Fälle angewandt sind, so dürfte eine allgemeine Besprechung einstweilen nicht am Platze sein.

Tabelle 4.

Monobarkette. (Fredenhagen.)

Bolzen-durch-messer	Teilung	Preis für		Preis für 1 m Kette, wenn nur Befestigungsglieder vorhanden	Preis der Kettenrader; $z = 7$	
		1 gewöhnliches Glied (M)	1 Befestigungsglied (M)	(M)	Zahne fest (M)	Zahne auswechselbar (M)
$^3/_4''$	$12'' = 304{,}8$ mm	5,50	6,00	19,70	125	150
$^3/_4''$	$18'' = 457{,}2$ mm	6,50	7,00	15,30	150	175
$1''$	$18'' = 457{,}2$ mm	7,50	8,00	17,50	180	200
$1^1/_4''$	$24'' = 609{,}6$ mm	16,00	18,50	30,40	310	350

Ketten aus schmiedbarem Guß werden in so vielen verschiedenen Formen auf den Markt gebracht, daß es unmöglich ist, eine erschöpfende Übersicht zu geben.

Beim Entwurf der Ketten ist darauf zu achten, daß die Eisenstärke möglichst gering bleibt, damit beim Glühen mit sauerstoffreichen Körpern die Entkohlung sich gleichmäßig auf den ganzen Querschnitt erstreckt. Der Kreisquerschnitt ist daher weniger vorteilhaft als flache oder ⊥förmige Querschnitte. Die größte Stärke, die überhaupt angewandt wird, ist etwa 20 mm, meist bleibt man aber weit darunter. Stücke von 4 bis 5 mm lassen sich wie Schmiedeeisen in kaltem Zustand biegen und verdrehen. So zuverlässig wie schmiedeeiserne Ketten sind Tempergußketten selbstverständlich trotzdem nicht, da beim Gießen entstandene Hohlräume im Innern Anlaß zu Brüchen geben können. Die Festigkeit guten, schmiedbaren Gusses beträgt bei Eisenstärken von 10 bis 15 mm etwa 3000 bis 4000 kg/qcm.

Zuweilen werden langgliedrige Ketten nach Fig. 1 aus Temperguß hergestellt, doch erhalten sie dann Versteifungsrippen und breite Naben.

Ein ziemlich naheliegender Gedanke ist es, die inneren Glieder, durch Naben verbunden, in einem Stück zu gießen und zum Schutz gegen Abnutzung Bronzebüchsen einzusetzen, wie Fig. 22 ver-

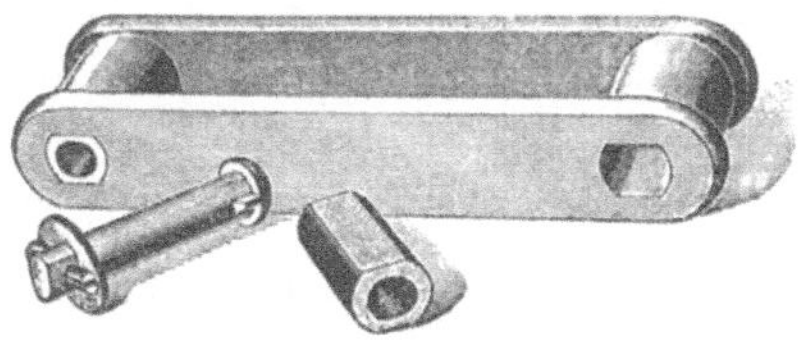

Fig. 22.

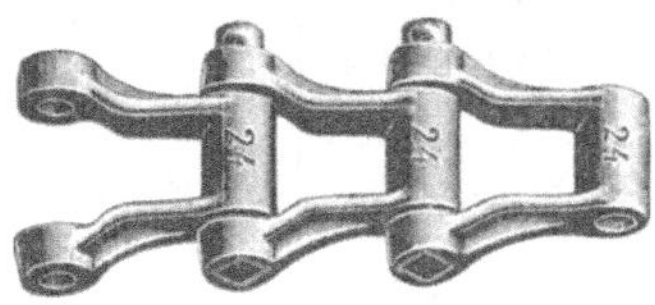

Fig. 23.

anschaulicht. Der Bolzen ist in den äußeren Gliedern, die nach wie vor aus Flacheisen gebildet werden, durch einen Keil gegen Drehung zu sichern. Büchsen und Bolzen können, wenn abgenutzt, ersetzt werden. Die Kette wird von Jeffrey in folgenden Größen hergestellt:

Tabelle 5. (Jeffrey.)

Teilung (mm)	Breite des gegossenen Gliedes (mm)	Flacheisen Breite (mm)	Flacheisen Dicke (mm)	Bolzendurchmesser (mm)	Nominelle Betriebsbelastung (kg)
203	57	38	9,5	15,9	1600
152	57	38	9,5	15,9	1600
152	70	51	12,7	19,0	2700
203	89	63	12,7	25,4	5400

Derselbe Gedanke, auf die Kette Fig. 4 angewandt, ergibt die Form Fig. 23, die von Stotz unter dem Namen „Stahlbolzenkette" hergestellt wird.[1]) Drehen der Bolzen wird durch den vierkantigen

[1]) D. R. G. M. 116971 und 116972.

eingelassenen Kopf verhindert. Bei der einfacheren Ausführung liegt der Bolzen gegen schmiedbaren Guß, bei der besseren Ausführung sind in die lange Nabe Stahlbüchsen eingesetzt. Die Ketten laufen gleich gut in beiden Richtungen und können daher umgedreht werden, wenn die eine Seite der Nabe durch das Gleiten auf den Zähnen des Antriebsrades abgenützt ist.

Die folgende Tabelle gibt einen Auszug aus der sehr reichhaltigen Preisliste der Firma Stotz. Die Probelast entspricht ungefähr der Hälfte der Bruchlast. Die Betriebsbelastung darf keinesfalls mehr als $^1/_5$ der Probelast betragen, sollte jedoch in der Regel noch niedriger sein.

Tabelle 6.

Stahlbolzenketten von A. Stotz. (Auszug.)

Bezeichnung		42	55[1]	59	65	87	100^B	120	136	150^B[1]	175
Teilung (mm)		42,05	55,90	59,84	65,90	86,90	99,00	118,70	136,00	153,10	175,86
Größte Breite ohne Bolzenvorsprung (mm)		60	92	70	80	118	105	112	105	172	220
Probelast (kg)		1800	2500	2300	3800	5000	4000	5500	6000	6000	8500
Gewicht (kg/m)		4,32	5,20	3,88	6,72	12,15	8,08	9,65	9,93	11,60	18,80
Preis ohne Stahlbüchsen (M/m)		12,80	14,00	10,30	15,00	20,50	13,50	16,00	16,00	18,50	26,00
Preis mit Stahlbüchsen (M/m)		—	—	—	—	24,75	16,50	19,00	18,00	22,50	30,00
Preis eines Befestigungsgliedes ohne Stahlbüchsen (M)		0,65	0,95	0,80	1,25	2,35	2,05	2,45	3,00	3,65	6,50
Desgl. mit Stahlbüchsen (M)		—	—	—	—	2,80	2,35	2,80	3,30	4,30	7,20
Gewicht der Kettenräder (kg) angenähert	$z = 10$	3	—	7	13	16	27	—	35	—	$z = 12$; $G = 125$ $z = 16$; $G = 210$
	15	7	—	16	21	30	38	—	60	110	
	20	12	—	19	25	45	60	—	100	—	
	30	21	—	34	50	75	96	—	—	—	

Bei einer ähnlichen Kette von Jeffrey (Fig. 24) sind die Stahlbolzen durch Keile K gesichert, die in die Nuten N_1 der äußeren Gliedlappen greifen und ein Herausrutschen verhindern. Soll die

[1]) Kette mit Mittelsteg. (Vgl. Fig. 27.)

Verbindung gelöst werden, so ist das folgende Glied um 90° zu verdrehen, so daß die Nute N_2 auf N_1 paßt und der Bolzen herausgezogen werden kann. Dadurch wird ein Vorspringen des Bolzenendes vermieden, und die Kette ist an den Seiten nahezu glatt.

Hierher gehört ferner eine der Firma Stotz patentierte Konstruktion[1]), die durch Umdrehen der einseitig eingekerbten Bolzen

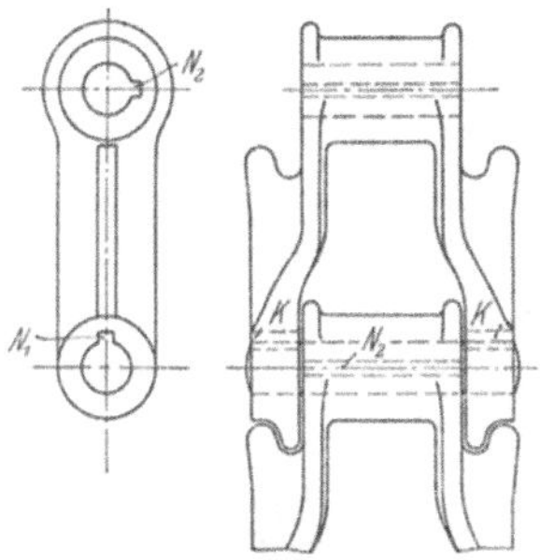

Fig. 24.

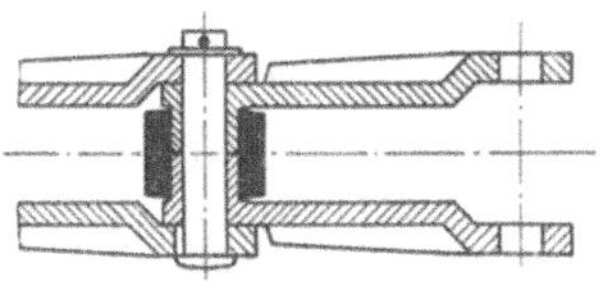

Fig. 25.

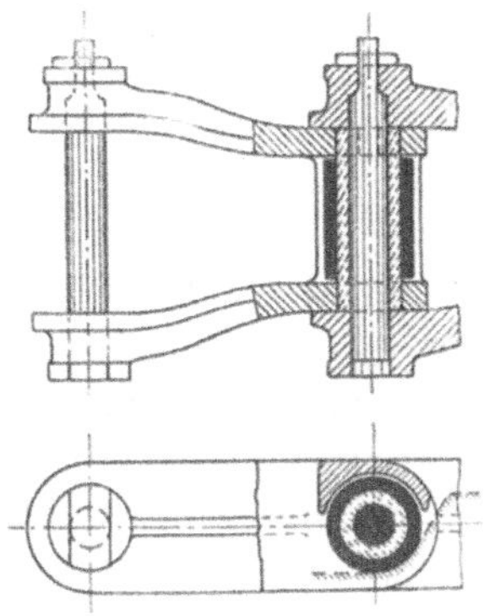

Fig. 26.

die Teilung nach stattgehabter Abnutzung wieder zu verkleinern gestattet.

Um das Gleiten der Zähne auf den Naben zu vermeiden, hat man auch diese Ketten mit leicht auswechselbaren Rollen versehen, die eventuell gleichzeitig als Tragrollen für Horizontalbeförderung dienen können. Jeffrey teilt das Glied nach Fig. 25 in der Nabe, so daß die beiden Hälften in die Rolle eingeschoben werden können. Die Link Belt Co. schiebt die beiden Nabenhälften, statt sie stumpf zu stoßen, so ineinander, daß wieder ein in sich selbst starres Glied entsteht. Dieselbe Firma umgeht bei ihrer Ley-Kette die Teilung des Gliedes ganz, indem sie nach Fig. 26 die Nabe mit einer breiten Aussparung versieht, die das Einlegen der Rolle gestattet und dem Zahn des Kettenrades freien Spielraum läßt. Die nach der Rolle eingeschobene, festgelagerte Büchse dient jener als Zapfen.

Den Bolzenketten reihen sich auch hier die Ketten an, bei denen der Gelenkzapfen einen Teil des Gliedes bildet. Sie sind weniger zuverlässig und haben bei gleichem Gewicht wesentlich ge-

[1]) D. R. P. 74299 und 90471.

ringere Festigkeit als jene. Außerdem nützen sie sich schneller ab und kommen daher nur für leichte Förderer zur Anwendung. Man bezeichnet sie nach dem Erfinder als Ewart-Ketten, oder auch,

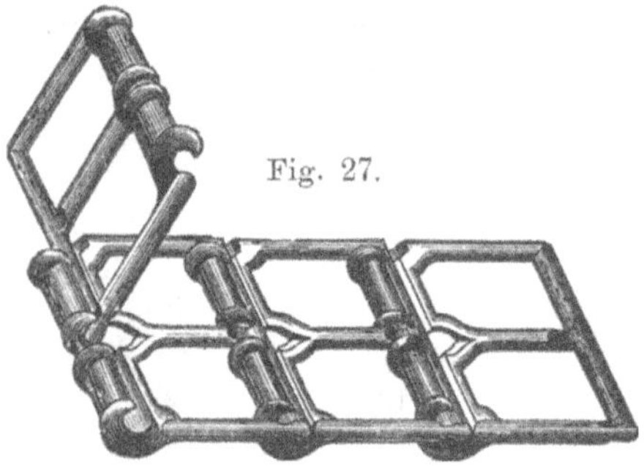

Fig. 27.

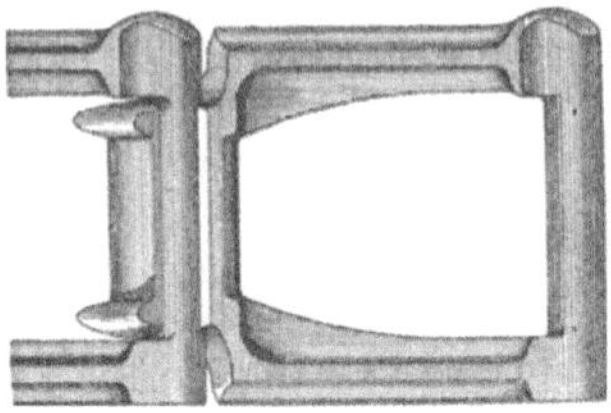

Fig. 28.

da sie vorwiegend zur Kraftübertragung dienen, als Treibketten. Die allen diesen Ketten, die sehr verschiedenartige Form besitzen, gemeinsame Eigentümlichkeit ist, daß das Glied am Zapfenende Einkerbungen besitzt, die es in bestimmter Lage in den Haken des folgenden Gliedes einzuschieben gestatten, während sich die Verbindung bei gestreckter Kette nicht lösen läßt (Fig. 27).

Tabelle 7.

Treibketten von A. Stotz. (Auszug.)[1])

Bezeichnung[2])	55/50	65/61	78/80	100/80	120/90	136/80	150/100
Probelast (kg)	830	1200	2400	1600	2100	1900	2600
Gewicht (kg/m)	1,85	2,96	6,80	4,50	6,30	5,90	4,83
Preis (M/m)	3,50	5,60	11,00	7,70	10,00	9,20	7,70
Preis eines normalen Befestigungsgliedes	0,30	0,56	1,15	1,20	1,55	1,85	1,65

Die Ketten werden meist mit einfachen Gliedern nach Fig. 28, für größere Tragkraft auch mit Mittelsteg nach Fig. 27 hergestellt. Breite, steife Ketten sind für Förderer vorzugsweise geeignet.

Fig. 29.

Die Treibketten müssen mit der geschlossenen Seite des Hakens auf den Rädern laufen. Als Schmiermaterial dient weiches Fett. Beispiele für Befestigungsglieder, die in beliebiger Form ausgeführt werden können, folgen bei Besprechung der einzelnen Transporteure.

1) Eine ausführliche Tabelle ist in Ernst, Hebezeuge enthalten.

2) Die erste Zahl entspricht angenähert der Teilung, die zweite der äußeren Gliedbreite in mm. Z. B. hat die Kette 55/50 55,6 mm Teilung und 50 mm Breite.

Für Förderer, deren Lauf nicht in einer Ebene liegt, kommen die Kreuzgelenkketten von Stotz in Betracht.[1]) Zwischen die beiderseitig mit Zapfenenden versehenen Glieder ist nach Fig. 29 ein Doppelhaken eingeschaltet, dessen beide Drehachsen senkrecht zueinander stehen. Das Einführen geschieht in bekannter Weise.

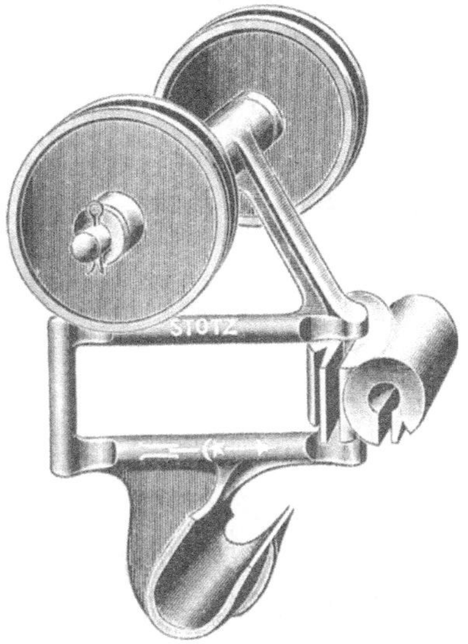

Fig. 30.

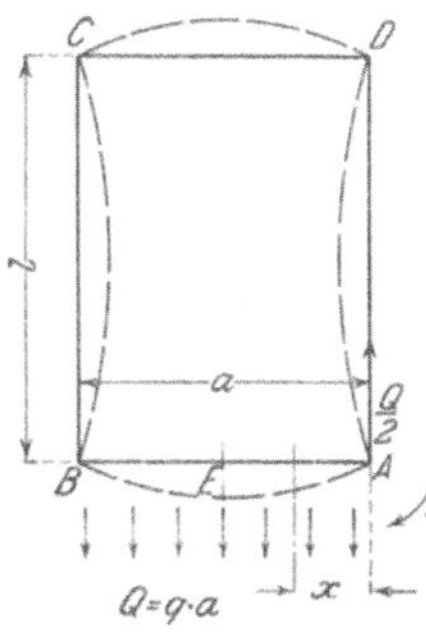

Fig. 31.

Die Kette ist besonders geeignet für Förderer, die leichte Einzellasten an verschiedenen Stellen eines Gebäudes aufzunehmen und abzusetzen haben. Die Glieder können, wie Fig. 30 zeigt, mit Laufrollen und beliebig geformten Befestigungslappen versehen werden.

Die Kette wird in folgenden Größen hergestellt:

Tabelle 8.

Kreuzgelenkkette von A. Stotz.

Teilung (mm)	56,0	66,2	77,8	85,0	92,5	113,0	133,3
Größte Breite (mm) . . .	37	46	51	44	62	73	85
Zapfenstärke (mm)	6	8	9	7	11	13	15
Gewicht (kg/m)	1,7	2,8	3,3	2,2	4,3	6,5	8,4
Probebelastung (kg) . . .	275	650	750	600	1100	2000	2750
Preis (M/m)	5,50	7,50	8,00	5,65	9,75	13,50	16,75

Um über die Beanspruchung der Treib- und Kreuzgelenkketten einige Klarheit zu schaffen, habe ich eine Rechnung durchgeführt unter der Annahme, daß die Seiten des rechteckigen Rahmens, aus dem jedes Glied besteht, konstanten Querschnitt haben,

[1]) D. R. G. M. 156118, 156119, 197517.

und daß die Belastung Q sich gleichmäßig über die Seiten AB und CD (Fig. 31) erteilt. Das vorläufig unbekannte Eckmoment ist mit M_0 bezeichnet. Dann ergibt sich für die Strecke AB:

$$M = M_0 - \frac{1}{2} Q \cdot x + \frac{1}{2} q \cdot x^2 = \frac{\Theta}{\alpha} \frac{d^2 y}{d x^2}$$

$$\frac{\Theta}{\alpha} \frac{d y}{d x} = M_0 x - \frac{1}{4} Q \cdot x^2 + \frac{1}{6} q \cdot x^3 + C_1$$

$$\text{für} \quad x = \frac{a}{2} \quad \text{ist} \quad \frac{d y}{d x} = 0, \quad \text{folglich}$$

$$C_1 = - M_0 \frac{a}{2} + \frac{1}{24} Q \cdot a^2.$$

Für die Strecke AD gilt

$$\frac{\Theta}{\alpha} \frac{d^2 y'}{d x'^2} = - M_0$$

$$\frac{\Theta}{\alpha} \frac{d y'}{d x'} = - M_0 \cdot x' + C_2, \quad \text{wo} \quad C_2 = M_0 \frac{l}{2}.$$

$$\text{Für} \quad x = 0 \quad \text{ist} \quad \frac{d y}{d x} = \frac{d y'}{d x'} \quad \text{und daher} \quad C_1 = C_2$$

$$- M_0 \frac{a}{2} + \frac{1}{24} Q \cdot a^2 = M_0 \frac{l}{2}$$

$$M_0 = \frac{1}{12} Q \cdot a \frac{a}{a + l} \quad \ldots \ldots \ldots (13)$$

Das größte negative Moment tritt in der Mitte zwischen A und B auf und beträgt:

$$M_e = M_0 - \frac{1}{8} Q \cdot a = - \frac{1}{24} Q \cdot a \frac{a + 3 l}{a + l} \quad \ldots (14)$$

Die absoluten Werte beider Momente sind einander gleich bei $a = 3 l$. Praktisch ist stets $a < l$, so daß M_e maßgebend wäre. Wenn trotzdem der Bruch immer nahe der Ecke auftritt, so liegt das an der Unrichtigkeit der oben gemachten Voraussetzungen, und daran, daß die scharfe Ecke zu einer Erhöhung der Spannung an dieser Stelle führt. Hinzu kommt noch, daß sich gerade hier beim Gießen leicht Hohlräume im Material bilden.

Eine Berechnung auf Grund der Gleichung (14) hat demnach nur insofern Wert, als sie einen Anhaltspunkt für Vergleiche gibt.

Ich habe eine Anzahl von Ketten, bei denen die Voraussetzung konstanten Trägheitsmomentes wenigstens angenähert erfüllt war, unter Benutzung von Gleichung (14) nachgerechnet und gefunden, daß die Spannungen zwischen 500 und 1200 kg/qcm schwankten und im Mittel sich der Zahl 1000 näherten, wenn $Q = \frac{1}{5}$ Probelast gesetzt wurde. Daß die Ketten eine solche Probebelastung aushalten, ist damit zu erklären, daß die gleichmäßige Verteilung der Last erst nach längerem Arbeiten — und auch dann nur bei der mittleren Belastung — eintreten kann. Einen Schluß auf die bei einer bestimmten Betriebsbelastung wirklich auftretenden Spannungen läßt also der Bruchversuch nicht zu.

Die Seiten BC und AD werden durch das Moment M_0 und die Zugkraft $\frac{Q}{2}$ beansprucht. Die Spannung pflegt erheblich kleiner zu sein, als in den anderen Rechteckseiten.

Die Formänderung kann aus den oben dargelegten Gründen gleichfalls erst nach längerer Betriebszeit in vollem Umfange auftreten. Sie hat eine allmählich wachsende, bleibende Verlängerung der Kette zur Folge. Der Betrag der Durchbiegung des Stückes AB ist:

$$f = \frac{\alpha}{\Theta}\left(\frac{5}{384}\,Q \cdot a^3 - \frac{1}{8}\,M_0 \cdot a^2\right)$$

$$f = \frac{1}{384} \cdot \frac{\alpha \cdot Q \cdot a^3}{\Theta} \cdot \frac{a + 5\,l}{a + l} \quad \ldots\ldots\ldots (15)$$

Die Durchbiegung wird um so kleiner, je steifer die Schenkel des Gliedes sind, doch wächst damit die Beanspruchung an der gefährdeten Ecke.

Der Flächendruck der Zapfen darf im Betriebe höchstens sein:

für Temperguß auf Temperguß: $k = 60$ bis 90 kg/qcm
für Stahl auf Temperguß: $k = 100$ bis 140 kg/qcm.

Wenn andere Materialien, wie Stahl oder Phosphorbronze, zum Ausbüchsen verwendet werden, so kann die Belastung entsprechend höher sein.

Bei Wahl von k_b ist zu berücksichtigen, daß infolge von Zufälligkeiten, wie Klemmungen, roher Behandlung u. dgl., ferner beim Anlauf, in vielen Fällen Belastungen zu erwarten sind, welche die normalen Belastungen um ein mehrfaches überschreiten. Wo also nicht ganz sorgfältige Überwachung gewährleistet ist, sollte, besonders bei an sich leichten Ausführungen, die Kette recht reichlich stark genommen werden. Dies gilt wegen der Sprödigkeit des Materials namentlich dann, wenn die Mehrbeanspruchung stoßartig erfolgen kann. Hohen Geschwindigkeiten ist daher durch entsprechend niedrige Belastung Rechnung zu tragen.

Bezeichnet Q die zulässige Belastung bei Geschwindigkeiten unter 1 m/sek., so darf bei höherer Geschwindigkeit etwa gesetzt werden:

$$Q' = \frac{1}{v} \cdot Q.$$

Diese Formel ist indessen selbstverständlich durchaus nicht bindend. Wohl zu berücksichtigen ist bei Wahl von Q' die Güte der Ausführung von Kette und Rädern.

Bei Wahl von k ist die besondere Natur des Fördergutes in Betracht zu ziehen. Für Stoffe, die einen feinen, scharfen Staub entwickeln, sollten, wenn möglich, ausgebuchste Ketten verwandt werden.

b) Seile.

Bei der Auswahl eines Seiles ist darauf zu achten, daß die Neigung, sich im Betrieb nachträglich zu dehnen und zu drehen, möglichst gering sein sollte. Besonders das Strecken bringt, da es

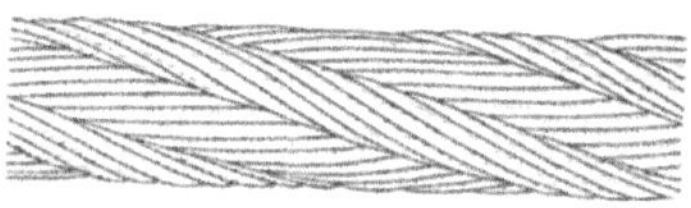

Fig. 32.

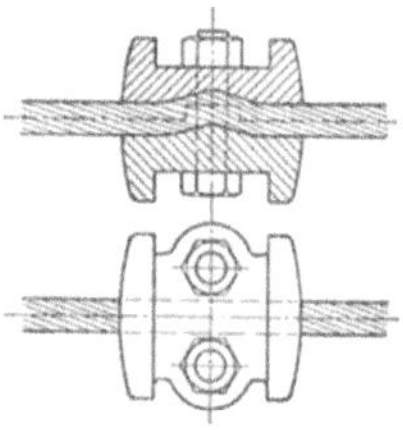

Fig. 33.

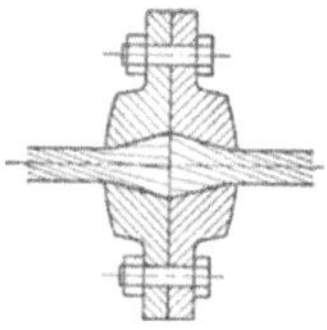

Fig. 34

den Abstand der am Seil befestigten Teile verändert, Schwierigkeiten beim Antrieb hervor. Jeffrey empfehlt ein Spezialseil, das aus sechs keilförmigen Litzen besteht, deren radial gerichtete Seiten schon von vornherein flach gegeneinander liegen, wodurch die Streckung gemindert wird. Die eine Hälfte der Litzen ist rechts, die andere links gedreht, so daß das fertige Seil halb Albert-, halb Kreuzschlag hat, eine Maßnahme, die dem Drehbestreben entgegenwirken soll (Fig. 32).

Die Förderelemente werden durch Festklemmen am Seile befestigt. Jeffrey gibt dem Seil an der Klemmstelle eine Knickung (Fig. 33), während andere das Seil glatt lassen.

Das Verbinden des Seiles geschieht nach Fig. 34 in der Weise, daß die Seilenden aufgetrieben und ausgegossen und so in die beiden Hälften einer Scheibenkupplung eingelegt werden. Oder man benützt ein Klemmstück nach Fig. 33, biegt aber die Seilenden innerhalb desselben seitlich aus.

Wenn mehrere Seilstränge vorhanden sind, wie bei dem weiter unten beschriebenen Bradley-Becherwerk, so wird an der Verbindungsstelle immer zwischen zwei Klemmstücken ein Seil unterbrochen (Fig. 35). Die übrigbleibenden Seile müssen stark genug sein, um die gesamte Kraft zu übertragen.

Um bei Befestigung der Förderelemente den richtigen Abstand einzuhalten, benutzt Garland nach Fig. 36 einen passend gebo-

Fig. 35.

genen Draht mit Handgriff, dessen Länge durch eine Schraube eingestellt werden kann.

Bei der geringen Anwendung, die das Seil bisher in Deutschland gefunden hat, ist es mir nicht möglich, ausführliche Angaben über die Bestimmung der Seilstärke zu machen. Doch sei bemerkt, daß es bei diesen Seilen nicht nur auf Zugfestigkeit, sondern auch auf Steifigkeit gegenüber exzentrisch angreifenden Kräften ankommt. Daher empfiehlt es sich, starke, weniger biegsame Seile zu verwenden, und die erforderlichen großen Scheibendurchmesser in Kauf zu nehmen. Einen Auszug aus der Liste über das Spezialförderseil von Jeffrey gibt folgende Tabelle:

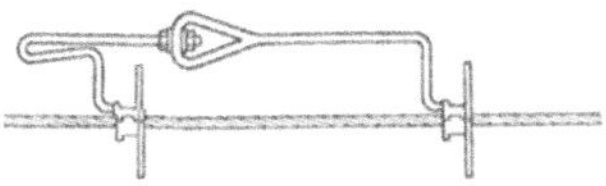

Fig. 36.

Tabelle 9.

Seile nach Jeffrey.

Durchmesser (engl. Zoll)	$^1/_2''$	$^3/_4''$	1″	$1^1/_4''$	$1^1/_2''$	$1^3/_4''$	2″
Bruchlast (t) rund	8,5	19	34	51	73	99	127
Gewicht (kg/m)	0,66	1,43	2,53	3,78	5,52	7,47	9,70
Preis (M/m)	2,0	3,0	5,4	8,2	11,8	16,7	19,8
Kleinster Scheibendurchmesser (m)	0,45	0,90	1,20	1,50	1,75	2,20	2,45

c) Gurte.

Für leichte bis mittlere Beanspruchung genügen Gurte aus Hanf oder Baumwolle, die indessen in rohem Zustande gegen Nässe sehr empfindlich sind, und daher, wenn sie an feuchten Orten verwendet werden sollen, mit Gerbsäure getränkt bzw. mit Wachs imprägniert werden müssen. Haltbarer und widerstandsfähiger gegen Feuchtigkeit, allerdings entsprechend teurer, sind Kamelhaarriemen.

Für lebhaften Betrieb und schwere Beanspruchung eignen sich Balata- und noch besser Gummiriemen. Beide sind gegen Feuchtigkeit in hohem Grade unempfindlich. Erstere bestehen aus zwei bis sieben Lagen Baumwollgewebe, die mit Balatamasse überzogen, zusammengeklebt und durchnäht werden. Gummiriemen sind Baumwollgewebe mit Gummiüberzug. Die Continental Caoutchouc Co. führt Förderbänder mit 2 oder 3 Einlagen und $4^1/_2$ bzw. $5^1/_2$ mm Stärke aus. Sie werden unter einem Druck von 250 kg/qcm gepreßt und gestreckt, damit im Betriebe möglichst keine bleibenden Dehnungen mehr eintreten. Die Festigkeit des ungummierten Gewebes ist 625 kg auf 10 cm Breite für eine Einlage.

Bei schwerer Beanspruchung werden bis zu 7 Einlagen verwandt. Es ist darauf zu achten, daß die Ränder nicht beschädigt werden, da sonst die eindringende Feuchtigkeit eine rasche Zerstörung herbeiführt.

Nach Stephan[1]) haben Zerreißfestigkeit und spezifisches Gewicht der Gurte im Durchschnitt folgende Werte:

Tabelle 10.

Festigkeit und spezifisches Gewicht von Gurten.

	Zerreißfestigkeit (kg/qcm)	spez. Gewicht
Gewebte Hanfgurte (glatt gewalzt)	400 bis 500	0,75 bis 0,80
Hanfgarngurte (glatt gewalzt)	750	0,75 bis 0,80
Genahte Baumwolltuchriemen	400 bis 450	1,1
Gewebte Baumwollriemen	350	0,75 bis 0,80
Kamelhaargurte	300	1,1
Balatagurte	400 bis 450	0,95 bis 1,1

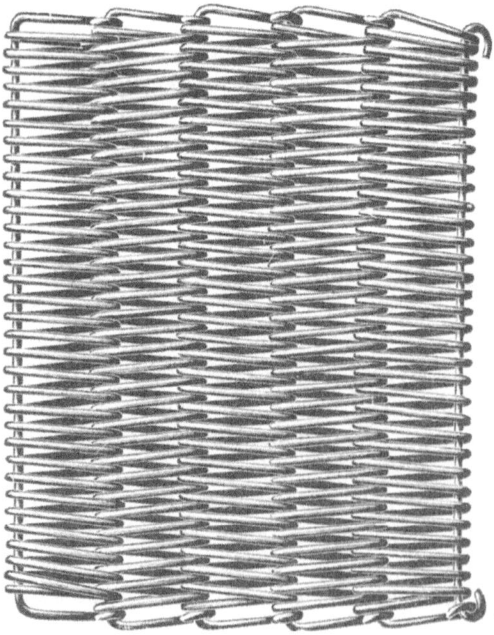

Fig. 37.

Lederriemen kommen nur ausnahmsweise zur Anwendung.

In sehr nassen Betrieben, wie Kohlen- und Getreidewäschen, werden zuweilen Stahldrahtgurte benutzt, die aus gelenkig verbundenen, flachgedrückten Drahtspiralen bestehen. (Fig. 37.) Kaniss offeriert diese Gurte zu 35,0 M/qm bei 2 mm Drahtstärke, stellt sie aber auch in größeren Stärken her. — Weitere Angaben über Gurte enthalten die Tabellen 11 bis 14 und die Kapitel 6 und 8.

[1]) Prakt. Masch. Konstr. 1905, S. 117 u. f.

Tabelle 11.

Gurtfabrikate von A. W. Kaniss, Wurzen.

Bezeichnung	Prima Hanfgarngurte					Gewöhnliche Hanfgarngurte		Bindfadengurte				Fasergurte (für Getreidewäschen)		
	Nr. 3	Nr. 5	Nr. 7	Nr. 8	Nr. 9	Nr. 32	Nr. 33	Nr. 10	Nr. 2	Nr 11	Nr. 13	Nr. 42	Nr. 43	Nr. 44
Starke	Köpergurt 3 bis 4 mm	2 fach 4 bis 5 mm	3 fach 6 bis 7 mm	4 fach 8 bis 10 mm	6 fach 11 bis 12 mm	Köpergurt 3 bis 4 mm	2 fach 4 bis 5 mm	Köpergurt 6 bis 7 mm	2 fach 5 bis 6 mm	2 fach 7 bis 8 mm	2 fach 9 bis 10 mm	Köper-gurt	2 fach	3 fach
Preis in M/qm														
roh	10,0	13,0	18,0	22,0	32,0	7,2	9,4	14,0	11,5	15,0	20,0	6,0	8,5	17,0
mit Gerbsäure getränkt	11,0	14,0	19,0	23,0	33,0	8,2	10,4	15,0	12,5	16,0	21,0			
mit Wachs imprägniert	12,0	15,0	20,0	24,0	34,0	9,2	11,4	17,0	13,5	18,0	23,0			

Kamelhaarriemen (Die Starke nimmt mit der Breite zu)

Breite	100	150	200	300	500	750	1000
Preis in M/qm							
normal stark .	26,7	28,3	29,6	33,6	38,4	42,0	53,0
extra stark . .	—	44,0	44,0	44,0	44,1	45,8	45,9

Balatariemen.

Starke	3 fach	4 fach	5 fach	6 fach	7 fach	8 fach
Preis in M/qm	24,0	32,0	40,0	48,0	56,0	64,0

Rote Baumwolltuchriemen imprägniert

Starke	Preis in M/qm
4 fach	14,0 bis 15,4
6 fach	18,7 bis 20,7
8 fach	24,3 bis 26,6
10 fach	29,5 bis 33,9

Weiße gewebte Baumwollriemen

Stärke	Preis in M/qm
normal	28,0 bis 31,3
doppelt	32,5 bis 43,0
extra	49,5 bis 57,5

Tabelle 12.

Baumwolltuchtransportbänder von Conrad Scholtz, Hamburg.

Stärke:	4 fach	6 fach	8 fach
Preis (M./qm):	20,0	26,7	39,0

Tabelle 13.

Balatatransportbänder von Conrad Scholtz, Hamburg.

Stärke:	2 fach	3 fach	4 fach	5 fach	6 fach	7 fach
Preis (M/qm):	16,8	25,2	33,6	42,0	50,4	58,8

Tabelle 14.

Gummitransportbänder von der Continental Caoutchouc und Guttapercha Co., Hannover.

2 Einlagen,	ca. $4^1/_2$ mm	stark	34,0 M/qm
3 „	ca. $5^1/_2$ mm	„	42,0 M/qm.

2. Kapitel.

Die Unterstützung des Förderers.

Die Förderer mit Zugmittel müssen bei wagerechtem und schrägem Lauf zwischen den Leitrollen unterstützt werden, damit kein übermäßiger Durchhang auftritt. Bei leichten Förderern, namentlich solchen, die an sich straff gespannt sind oder nahezu senkrechten Lauf haben, genügt Unterstützung in einzelnen Punkten. Es werden dann in größeren Abständen festgelagerte Tragrollen von 300 bis 600 mm Durchmesser gesetzt, über welche das Zugmittel oder bei geeigneter Form die Förderelemente selbst laufen. Vorzugsweise findet sich diese Anordnung bei den leer zurückkehrenden Strängen von Elevatoren und Kratzern. Die Rollen sind gewöhnlich fest aufgekeilt auf Achsen, die sich in Lagern beliebiger Konstruktion mit Öl- oder Fettschmierung drehen.

Die meisten Förderer, insbesondere schwere Ausführungen, bedürfen einer gleichmäßigen Unterstützung auf der ganzen Länge. Eng aneinandergerückte Tragrollen zu verwenden, ist wegen des holprigen Übergangs, namentlich bei langgliedrigen Ketten, nicht üblich. Man pflegt vielmehr parallel dem Förderer Schienen zu verlegen, auf die er sich mit Gleitschuhen oder Laufrollen abstützt. Bei Kratzern schleifen häufig die Förderelemente selbst in ihrem Troge.

Gleitstützung kommt vorzugsweise zur Anwendung, wenn billige Herstellung und einfache Bedienung gefordert wird, und der Kraftverbrauch keine ausschlaggebende Rolle spielt.

Mit dem Schleifen ist je nach der Art der Fördermaterialien eine mehr oder minder erhebliche Abnutzung verbunden, weshalb es sich empfiehlt, Schiene und Gleitstücke auswechselbar zu machen.

Rollenstützung ergibt geringeren Kraftverbrauch, aber erheblich höhere Anlagekosten. Natürlich sind Rollen nur dann am Platze, wenn durch geeignete Konstruktion und gute Wartung dafür gesorgt wird, daß die Rollen sich sicher drehen und nicht schleifen. In unsauberen Betrieben, wie sie bei Massenförderung die Regel sind, ist aber die Instandhaltung der Laufbahnen und Schmierung der Rollen oft eine ziemlich schwierige Aufgabe. Die Laufrollen werden entweder an der Kette oder an den Förderelementen angebracht und drehen sich auf festen Bolzen.

Bei Ablenkungen des Förderers in der vertikalen Ebene werden stets feste Leitrollen angewandt, wenn es sich um einen Winkel von 180^0 handelt. Ist der Winkel dagegen klein und sind Laufrollen vorhanden, so genügt ein gebogenes Schienenstück für den Übergang. Bei rechtwinkliger Ablenkung, die namentlich bei Schaukelbecherwerken häufig vorkommt, hängt die Art der Stützung von der Größe des Kettenzuges S ab. Bei großem Wert von S empfiehlt es sich, der Kraftersparnis wegen, eine Leitrolle zu setzen, anderenfalls wird ein winkelförmiges Schienenstück eingefügt.

Der Zapfendruck ist bei Leitrollenablenkung, wenn die Kettenspannungen auf beiden Seiten nicht sehr weit voneinander abweichen:

$$2S \cdot \sin\frac{\alpha}{2}.$$

Derselbe Wert kann angenähert für die Summe der Zapfenbelastungen bei Ablenkung durch Leitkurven eingesetzt werden. α ist der von den beiden Kettensträngen eingeschlossene Winkel.

Geschmiert werden die Laufrollen mit Graphit, Öl oder Fett. Graphit wird in einer Aussparung der Rolle untergebracht und soll längere Zeit vorhalten, hat sich indessen nicht dauernd bewährt. Fettschmierung kommt häufig zur Anwendung, und zwar in der Form, daß auf den Kopf der in bekannter Weise angebohrten Achse eine Staufferbüchse geschraubt wird. Da bei einem dauernd in Gebrauch stehenden langen Förderer das Nachdrehen sämtlicher Büchsen viel Zeit in Anspruch nimmt, versieht Schenck die Ränder der Büchsen mit einer Verzahnung, die in ein an beliebiger Stelle des Förderers gelagertes Zahnstangenstück eingreift, so daß beim Vorübergang die Büchse selbsttätig nachgedreht wird. Nach einem Umlauf des Förderers wird die Zahnstange ausgerückt.

Die einfachste Form der Schmierung mit Öl ist die, daß durch ein kleines Loch in der Nabe Öl auf die Laufstelle gegossen wird. Diese sehr unvollkommene Methode läßt sich dadurch verbessern, daß man im Rollenkörper einen Hohlraum ausspart und diesen mit Filz oder einem ähnlichen Stoff füllt, der imstande ist, das Öl längere Zeit zu halten. In Zwischenräumen muß der Stoff durch

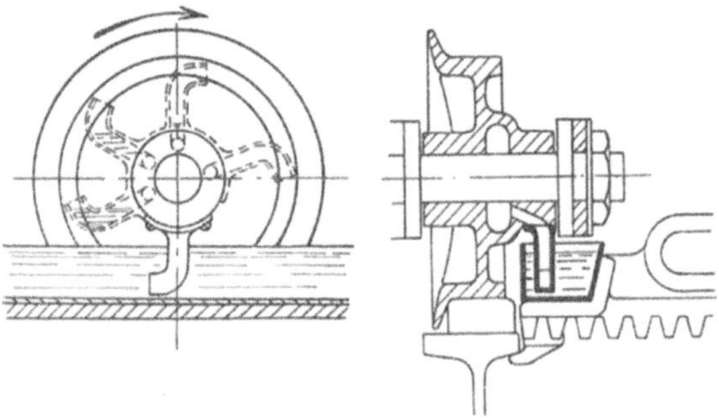

Fig. 38.

einen mit Schraube verschlossenen Kanal von neuem mit Öl getränkt werden. Um diese etwas mühselige Arbeit zu vermeiden, versah die Link Belt Co. jede Rolle mit einem Schöpfröhrchen nach Fig. 38. Die Figur zeigt das Röhrchen in verschiedenen Stellungen, wie es aus dem Öltrog die Flüssigkeit aufnimmt und sie an die Filzfüllung abgibt. Der Trog wird nach beendeter Schmierung zur Seite gerückt.

Diese Anordnung wies indessen noch den Nachteil auf, daß die Kanäle, wie alle offenen Schmierlöcher, sich in staubigen Betrieben

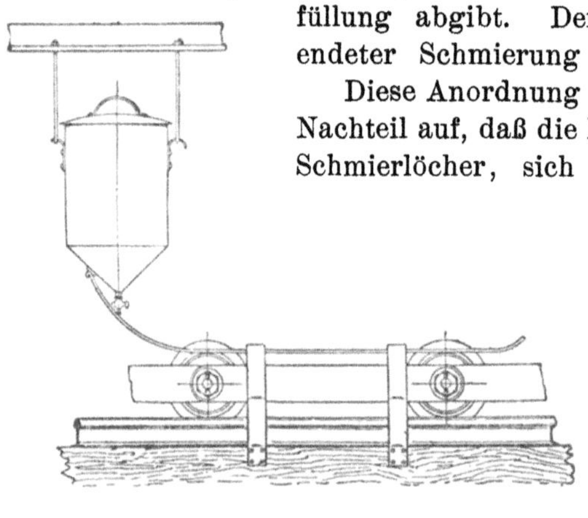

Fig. 39.

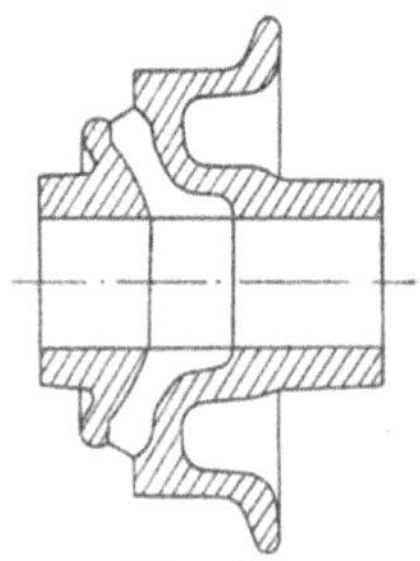

Fig. 40.

leicht verstopften und daher von Zeit zu Zeit mittels eines Drahtes gereinigt werden mußten. Die Link Belt Co. ist deshalb zu der durch Fig. 39 und 40 erläuterten Schmiermethode übergegangen. Die Filzpackung befindet sich in einem nach außen durchgeführten

Ringspalt, der nur durch Rippen unterbrochen ist. Das Öl wird den Laufrollen durch eine Stange zugeführt und durch den äußeren Rand der Packung abgestreift, von wo es sich durch die ganze Masse verteilt.

Eine andere eigenartige Schmiervorrichtung führt Stotz[1]) aus. Nach Fig. 41 ist zwischen zwei einen Trog bildenden Blechschienen ein Filzstreifen befestigt, der von einem Ölgefäß mit Hahn aus beständig mit Schmiermaterial gesättigt gehalten wird. Die Laufrollennabe erhält unmittelbar neben dem Schmierloch eine Nase, die beim Vorüberstreifen den Filz zusammendrückt, wobei dieser eine geringe Menge Öl abgibt und auf die Lauffläche fließen läßt. Durch Änderung des Anpressungsdruckes zwischen Nabe und Filz läßt sich die Schmierung regeln.

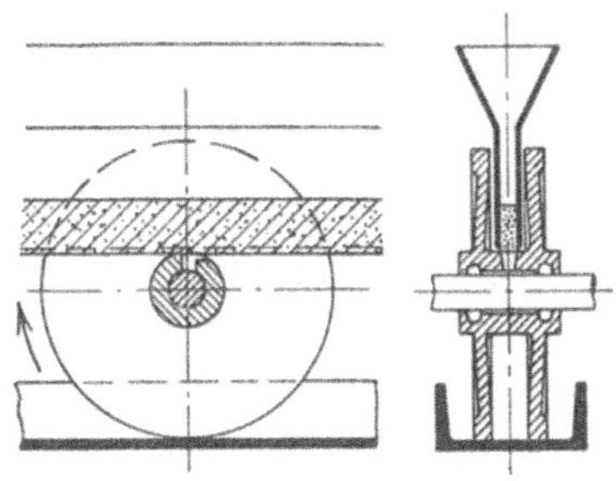

Fig. 41.

3. Kapitel.

Der Antrieb.

Zum Antrieb der Förderer werden in der Regel, bei Gurten und kurzgliedrigen Ketten immer, Räder oder Rollen benutzt. Die Kettenräder sind mit Zähnen versehen, welche in die Öffnungen der Kette eintreten, doch können statt dessen auch glatte Rollen angewandt werden, wenn die von der Belastung hervorgerufene Reibung genügt, um die Kette mitzunehmen. Diese Ausführung, die besonders bei leichten Elevatoren mit Krankette oder Tempergußtreibkette vorkommt, hat den Vorteil, daß unvorhergesehene Widerstände keinen Bruch, sondern nur ein Gleiten des Zugmittels herbeiführen, und daß ungenaue Teilung der Kette keine üblen Folgen hat.

Wird die Spannung im ablaufenden Trum mit S_2 bezeichnet, so ist die übertragbare Umfangskraft:

$$P = S_2 (e^{\mu \alpha} - 1)$$

In den meisten Fällen dürfte der Reibungskoeffizient den Wert $\mu = 0{,}15$ nicht unterschreiten. Der Umspannungswinkel ist fast immer $\alpha = \pi$. Mit diesen Werten folgt:

$$P = 0{,}6\, S_2 \quad \ldots \ldots \quad (16)$$

[1]) D. R. P. 167969.

Zu beachten ist, daß, wenn der Elevator unter Last anläuft, die Umfangskraft auf mindestens das Doppelte des normalen Wertes zu steigen pflegt.

Am Umfange des Antriebsrades treten Kräfte in tangentialer und in radialer Richtung auf. Bei gezahnten Rädern werden gewöhnlich beide an den Gelenkpunkten der Kette auf den Radkörper übertragen. Indessen kann auch, wie Fig. 42 zeigt, der Angriff des Zahnes in der Mitte des Gliedes stattfinden, wenn nur an den Gelenkpunkten radiale Stützung vorgesehen ist, da andernfalls Biegungsspannungen in dem Gliede auftreten würden. Bei vierseitigen Antriebstrommeln können die Glieder flach an der Seite des Prismas anliegen, ohne daß eigentliche Zähne ausgebildet würden, genügende Belastung der Trommel vorausgesetzt.

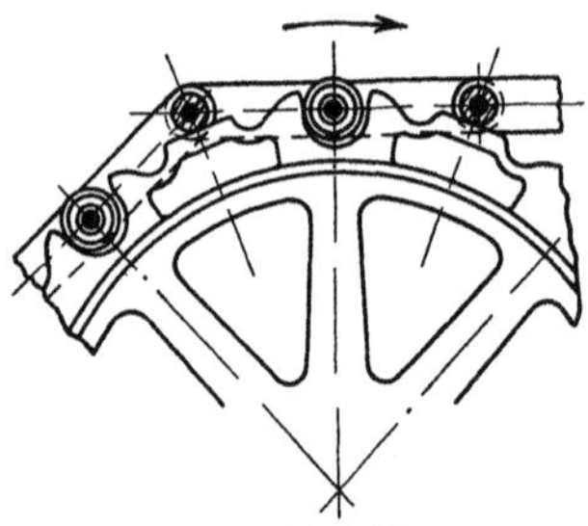

Fig. 42.

Der Teilkreisdurchmesser der Räder berechnet sich, wenn l die Kettenteilung bezeichnet, als

$$D = \frac{l}{\sin\frac{180}{z}} \quad \ldots\ldots\ldots \quad (17)$$

Die mittlere Geschwindigkeit der Kette ist:

$$v = \frac{n}{60}\, z \cdot l \quad \ldots\ldots\ldots \quad (18)$$

Die Zähne sind so zu formen, daß sie dem Ein- und Austreten der Kette keinen Widerstand bieten, also am einfachsten nach Kreisbögen um die benachbarten Kettengelenkpunkte. Die Ausführung und Berechnung des Radkörpers geschieht in derselben Weise wie bei Zahnrädern. Die Arme erhalten häufig elliptischen Querschnitt.

Das Gewicht des Kettenrades ist nach dem Entwurf zu berechnen bzw. aus vorhandenen Listen zu entnehmen.[1]) Die Preise für fertig bearbeitete einteilige Kettenräder können mit Hilfe folgender Tabelle annähernd bestimmt werden.

Tabelle 15.

Treibkettenräder von A. Stotz.

Gewicht des Rades (kg)	0,5 bis 1	1 bis 2	2 bis 3	3 bis 4	4 bis 5	6 bis 7	7 bis 10
Preis (M/100 kg)	155	125	105	95	85	75	70
Gewicht des Rades (kg)	10 bis 15	15 bis 20	20 bis 30	30 bis 50	50 bis 100	100 bis 200	über 200
Preis (M/100 kg)	60	52,50	47,50	42,50	40	36	33

[1]) Vgl. auch Tabelle 6 (Räder für Stahlbolzenketten).

Beim Antrieb mit gezahnten Rädern ist ein Haupterfordernis, daß die Teilung von Kette und Rad genau übereinstimmt und so erhalten bleibt. Andernfalls findet beim Auftreffen eines jeden Gliedes ein Stoß statt, der den Verschleiß und die Zerstörung des Materials beschleunigt.

Einem dauernd guten Zusammenarbeiten von Rad und Kette wirken drei Umstände entgegen: die Abnützung der Zähne, die Abnützung der Kette und die Formänderung der Kettenglieder,

Fig. 43.

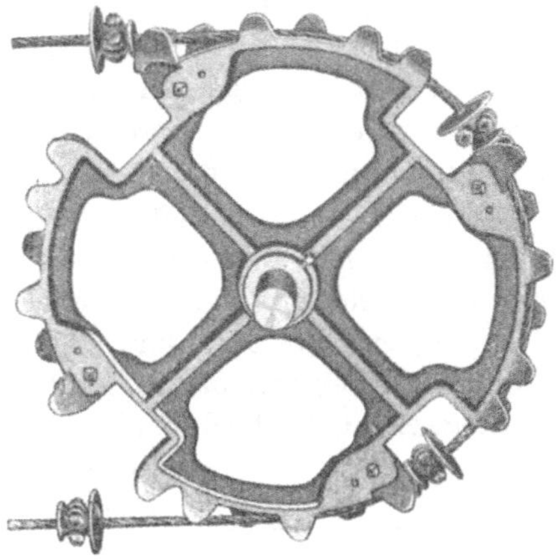

Fig. 44.

letztere allerdings nur dann, wenn Biegungsspannungen auftreten. Soll auf die Dauer ein ruhiger Eingriff erhalten bleiben, so ist eine reichlich starke Kette zu wählen.

Der Verschleiß des Rades läßt sich durch große Zähnezahl herabziehen, auch wendet man wohl das Mittel an, die Zähne hart zu gießen oder, wie in Fig. 43, besonders einzusetzen, so daß sie ausgewechselt werden können. Fig. 44 zeigt ein ähnliches Rad zum Antrieb eines Seilförderers, dessen Zähne an den aufgeklemmten Förderelementen anfassen.

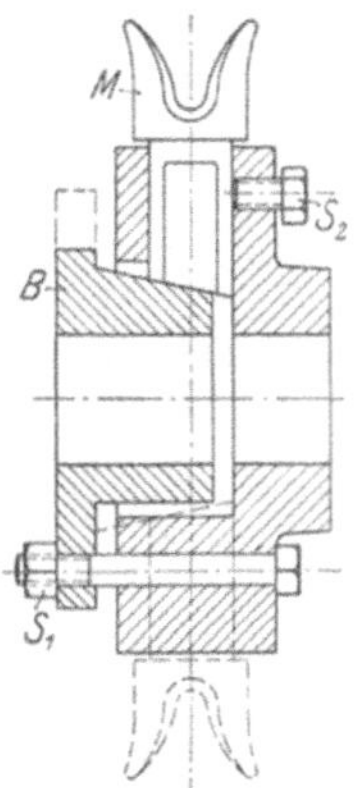

Fig. 45.

Um die Vergrößerung der Kettenteilung unschädlich zu machen, versieht man zuweilen die Räder mit nachstellbaren Zähnen. Eine amerikanische Ausführung dieser Art gibt Fig. 45 wieder. Die Mitnehmer *M* des für Kabelkette bestimmten Rades sind im Radkörper radial verschiebbar gelagert und am inneren Ende mit Keilflächen versehen, die an entsprechenden Flächen der Büchse *B* anliegen. Hat sich die Kette gelängt, so wird *B* durch die Schrauben S_1 nachgezogen und so der Teilkreisdurchmesser des Rades vergrößert, worauf die Zähne durch die Stellschräubchen S_2 wieder in ihrer Lage gesichert werden.

Den Durchmesser des Antriebsrades wählt man möglichst klein, um einen geringen Widerstandsarm zu erhalten und die Übersetzng der Antriebsvorgelege zu beschränken. Andererseits ist aber für einen ruhigen Kettenlauf, besonders bei hoher Geschwindigkeit, große Zähnezahl erwünscht, weil sich dann, wie schon erwähnt, die Abnützung auf mehr Zähne verteilt, und weil die Änderung des Hebelarmes beim Vorübergang jedes Gliedes weniger fühlbar wird. Bei Geschwindigkeiten über 1 m/sek darf etwa $z = 16$ als untere Grenze empfohlen werden, bei geringeren Geschwindigkeiten geht man nötigenfalls auf 8 bis 10 Zähne herunter.

Bei eigentlich langgliedrigen Ketten mit Teilungen über etwa 250 mm läßt sich auch diese Grenze aus konstruktiven Gründen häufig nicht mehr einhalten. Beispielsweise dienen zum Antrieb langsam laufender Elevatoren und Bänder mit Flacheisenketten häufig vierseitige Antriebstrommeln. Natürlich treten dann erhebliche Geschwindigkeitsunterschiede auf. Aus Fig. 46 geht hervor, daß bei konstanter Winkelgeschwindigkeit der Scheibe die Geschwindigkeit des auflaufenden Kettentrums vom Auftreffen eines Gelenkpunktes an wächst, bis der Gelenkpunkt nach S kommt, und dann wieder abnimmt bis zum Punkte 2. In diesem Augenblick trifft ein neues Gelenk bei 1 ein, so daß auf die Verzögerung jetzt plötzlich eine gleich große Beschleunigung der Kette folgt. Wird angenommen, daß die Kette sich selbst parallel bleibt, so ergibt sich mit den eingeschriebenen Bezeichnungen die Beschleunigung als:

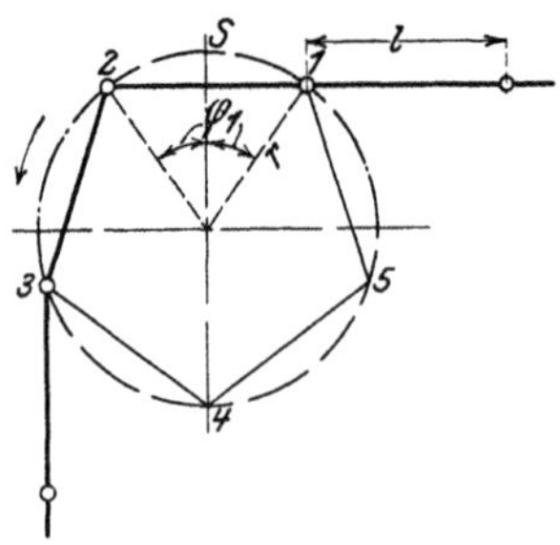

Fig. 46.

$$p = r \cdot \omega^2 \cdot \sin \varphi_1 .$$

Mit l als Kettenteilung in m folgt:

$$\sin \varphi_1 = \frac{l}{2r}$$

$$\omega = \frac{2\pi \cdot n}{60} = \frac{2\pi \cdot v}{z \cdot l}$$

$$p = 2\left(\frac{\pi \cdot v}{z}\right)^2 \cdot \frac{1}{l} \quad \ldots \ldots \ldots \quad (19)$$

Dem Übergang aus der verzögerten in die beschleunigte Bewegung entspricht, wenn G das Gewicht der bewegten Teile des Förderers einschließlich Belastung bezeichnet, eine Kraft

$$2p\frac{G}{g}.$$

Da diese Kraft plötzlich auftritt, so ist die durch sie hervorgerufene Beanspruchung doppelt so hoch, als bei ruhender Belastung, und muß also bei Berechnung der Spannung im zweifachen Betrage zu der vorher herrschenden Spannung addiert werden. Da diese aber unter dem Einfluß der Massenverzögerung um $p\frac{G}{g}$ kleiner war, als die mittlere Kettenspannung S, so ist als ideelle Belastung für die Berechnung der Kette einzusetzen:

$$S_i = S + 3p\frac{G}{g} \quad \ldots\ldots\ldots \quad (20)$$

Beispiel: Ein eisernes Band von 60 m Länge leistet bei 0,30 m/sek Geschwindigkeit 36 t/st. Das Leergewicht beträgt 60 kg/m und der Widerstandskoeffizient

$$w = \frac{1}{20}.$$

Das bewegte Gewicht beträgt angenähert:[1])

$$G = 60 \cdot 2 \cdot 60 + \frac{36}{3{,}6 \cdot 0{,}30} \cdot 60 = 7200 + 2000 = 9200 \text{ kg},$$

also der Bewegungswiderstand:

$$W = \frac{1}{20}\, 9200 = 460 \text{ kg}$$

und, wenn infolge Anziehens der Spannvorrichtung noch 100 kg hinzukommen, die Kettenspannung bei gleichförmiger Bewegung

$$S = 560 \text{ kg}.$$

Wenn nun zum Antrieb ein fünfzähniges Rad benutzt wird, bei 250 mm Kettenteilung, so folgt:

$$p = 2\left(\frac{\pi \cdot 0{,}3}{5}\right)^2 \cdot \frac{1}{0{,}25} = 0{,}284 \frac{\text{m}}{\text{sek}^2}$$

$$S_i = 560 + 3 \cdot 0{,}284 \frac{9200}{9{,}81}$$

$$= 560 + 800 = 1360 \text{ kg}.$$

Die Beanspruchung der Kette wird also durch die Beschleunigungskräfte um nahezu das $1^1/_2$fache erhöht.

Falls die Teilung infolge von Abnutzung der Kette größer ist, als die des Rades, so tritt beim Auftreffen des Gelenkes außerdem

---

[1]) s. Gleichung 2, Seite 2.

eine Augenblicksbeschleunigung, ein Stoß, auf, der höhere Beanspruchungen hervorrufen kann, und der je nach den Umständen durch Wahl niedriger Spannungswerte berücksichtigt werden muß.

Bisher war angenommen, daß die Kette, wie meistens der Fall ist, als sehr wenig nachgiebig anzusehen ist, so daß die bei plötzlicher Belastung entstehenden Schwingungen sehr geringe Dauer haben und bald gedämpft werden. Besitzt die Kette besonders große

Fig. 47.

Elastizität, so wächst die Dauer der Schwingungen, und es ist denkbar, daß die Eigenschwingungsdauer der Kette mit der Zeit des Vorüberganges eines Gliedes zusammenfällt oder in einem einfachen Verhältnis dazu steht. Dann verstärken sich die Schwingungen durch Resonanz. Ich hatte Gelegenheit, einen derartigen Fall zu beobachten, wo bei einer Kettengeschwindigkeit von nur 0,13 m/sek in größerer Entfernung vom Antrieb sehr auffällige Schwingungen stattfanden, während am Antrieb selbst die von dem fünfzähnigen Rade hervorgerufenen Ungleichförmigkeiten der Bewegung sich mit dem Auge nicht wahrnehmen ließen. Ferner war zu bemerken, daß der am Ampèremeter abgelesene Stromverbrauch in jeder Periode zwischen 11 und 14 (gelegentlich auch zwischen 10 und 15) Ampère schwankte. Bei größerer Geschwindigkeit treten solche Erscheinungen häufiger auf.

Der Einfluß dieser Schwingungen auf die Beanspruchung der Kette ist rechnerisch schwer zu verfolgen. Ich verweise auf die Schrift von Pfleiderer: „Dynamische Vorgänge beim Anlauf von Maschinen."

Es sind eine Reihe verbesserter Antriebe konstruiert worden, deren Ziel entweder ist, eine gleichförmige Bewegung herzustellen, oder den Stoß beim Eingriff auszuschalten, oder aber beides zusammen zu erreichen. Die Link Belt Co. (Fredenhagen) behält

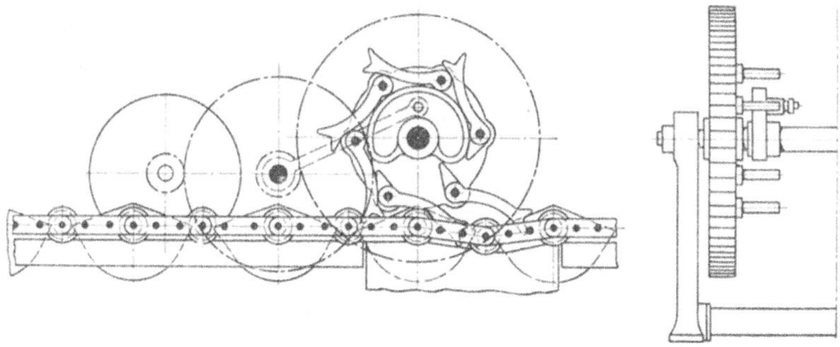

Fig. 48.

das normale Kettenrad bei und stellt die gleichförmige Geschwindigkeit dadurch her, daß das Antriebszahnrad unrunde Form erhält (Fig. 47). Die durch ungenaue Teilung verursachten Stöße beim Eingriff schwächt diese Konstruktion allerdings nicht ab.

Vollkommener arbeitet daher der durch D.R.P. 181448 (Stotz und v. Hanffstengel) geschützte Antrieb mit beweglichen Zähnen. Jeder Zahn bildet den kurzen Arm eines an der Antriebscheibe gelagerten Winkelhebels, dessen anderer Arm sich an einer unrunden Scheibe führt. Die Konstruktion beseitigt die Geschwindigkeitsunterschiede und läßt die Zähne allmählich zum Eingriff kommen.

Hunt war der erste, der den Antrieb in den geradlinigen Teil des Förderers verlegte. Er benützt nach Fig. 48 Stoßarme, die an einer sich drehenden Scheibe gelenkig befestigt sind und an Stehbolzen zwischen den Kettenflacheisen anfassen. Gegen die feststehende herzförmige Scheibe legen sich die Daumen der Stoßarme, wodurch diese gezwungen werden, sich der Scheibe anzuschmiegen, solange sie außer Eingriff sind. Eine gleichförmige Bewegung wird, wie leicht einzusehen, hierdurch nicht erreicht, die Ungleichförmigkeiten sind sogar mit dem Auge deutlich wahrnehmbar. Doch findet, unabhängig von der Genauigkeit der Kettenteilung, ein stoßfreier Eingriff statt.

Mit dieser Konstruktion verwandt ist die von Bradley[1]). Nach Fig. 49 sind die Schubstangen D_1 und D_2 an den um feste Punkte schwingenden Hebeln H_1 und H_2 gelenkig befestigt. Eine Scheibe, die mit zwei Kurvenführungen K_1 und K_2 versehen ist, wird von außen her angetrieben und wirkt auf die am unteren Ende der Hebel angebrachten Rollen R. Letztere werden durch Gewichte gegen die zugehörigen Kurven gedrückt, so daß H_1 beständig mit K_1, H_2 mit K_2 in Berührung bleibt. Die Drehrichtung ist durch einen Pfeil angedeutet. Bei jeder halben Drehung wechseln sich die Druckstangen ab. Im Augenblick steht H_1 in seiner äußersten Lage und geht nun während der nächsten Sechsteldrehung zurück, um dann kurze Zeit mit H_2 gemeinsam, darauf, während H_2 zurückgeht, allein und endlich während des Restes seiner Periode wieder mit H_2 zusammen zu arbeiten.

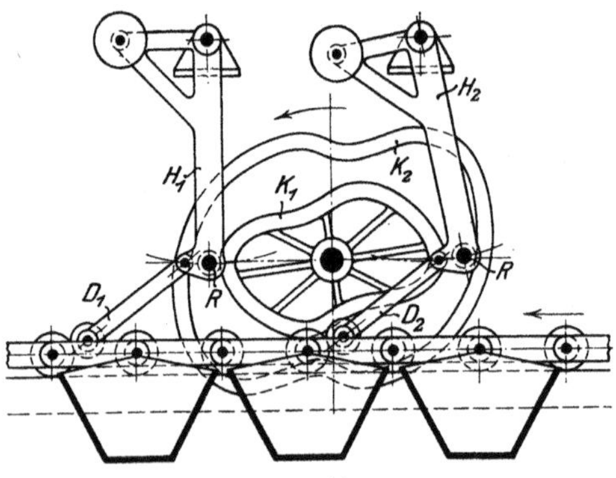

Fig. 49.

Bei richtiger Gestalt der Kurven muß sich auf diese Weise ein ganz gleichmäßiger und ruckfreier Antrieb ergeben. Über eine praktische Ausführung der Idee ist mir bisher nichts bekannt geworden.

Ein Gedanke, der sehr naheliegend erscheint, indessen erst seit kurzer Zeit praktisch verwertet ist, ist der, eine Strecke weit parallel zu der langgliedrigen Kette eine solche mit kurzen Gliedern zu führen, welche in der gewöhnlichen Weise durch Kettenräder mit genügender Zähnezahl eine hinreichend gleichmäßige Bewegung erhält und die Kette des Förderers mitnimmt. Die B. A. M. A. G. verwendet einen solchen „Schleppkettenantrieb“ für ihr Bradley-Becherwerk, dessen Zugorgan durch mehrere parallel laufende Drahtseile gebildet wird.

Wie aus Fig. 50 bis 52 hervorgeht, sind die Mitnehmernasen

[1]) D. R. P. 147760.

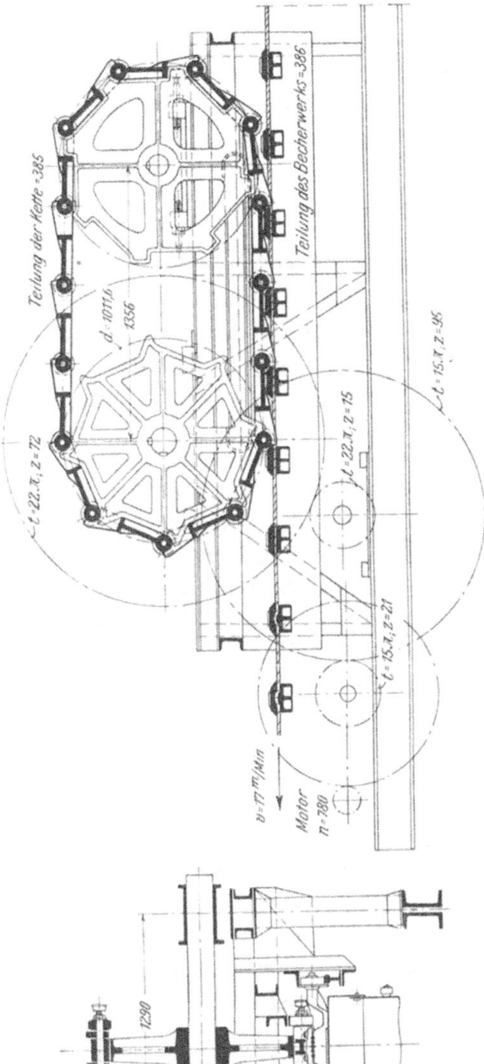

Fig. 51.

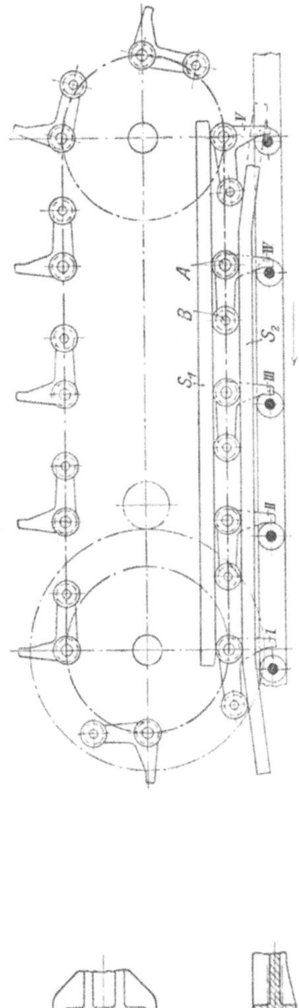

Fig. 53.

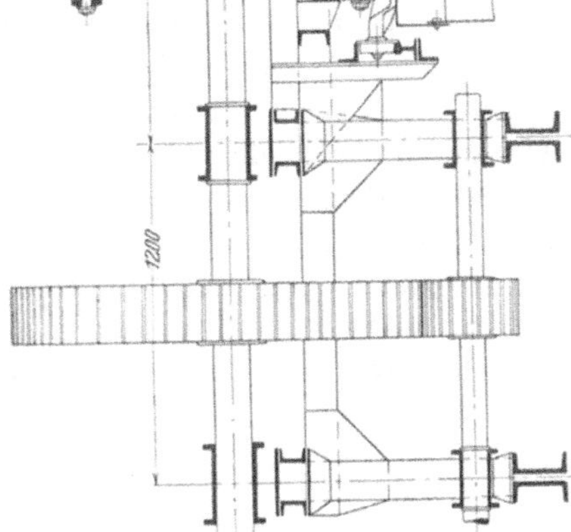

Fig. 50.

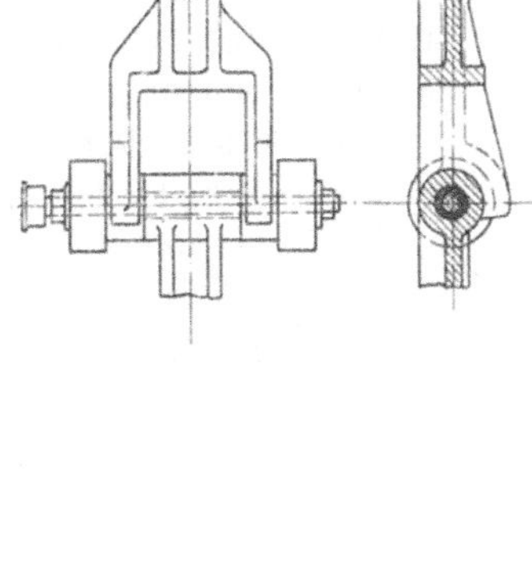

Fig. 52.

möglichst nahe an die Mittellinie der Schleppkette herangerückt und dadurch die Biegungsbeanspruchung der Kettenglieder auf das geringste Maß beschränkt worden. Das belastete Kettentrum wird durch die an einer [Schiene sich führenden Rollen am Ausweichen nach oben gehindert. Die Teilung der Kette ist etwas kleiner als die des Becherwerkes, so daß jeder neu angreifende Zahn nach Maßgabe der Elastizität der Seile einen Teil der Last zu übernehmen gezwungen ist. Die Kettengeschwindigkeit beträgt 0,28 m/sek. Vollkommen gleichmäßig ist die Bewegung noch nicht, da das Antriebsrad der Schleppkette nur acht Zähne hat, vielmehr treten auch hier zuweilen wahrnehmbare Schwingungen auf, doch hat sich die Konstruktion für den vorliegenden Verwendungszweck gut bewährt.

Ist das Zugmittel des Förderers nicht elastisch, so sind beim Schleppkettenantrieb Eingriffstöße ebenso zu befürchten wie bei Kettenrädern. Krell[1]) bildet daher nach Fig. 53 die Mitnehmer als Winkelhebel aus, die im Punkte A an die beliebig gestaltete, hier nur durch die Mittellinie angedeutete, kurzgliedrige Kette gelenkig angeschlossen sind, während Punkt B frei schwingt. Die Zapfen A und B sind mit Rollen versehen, die auf dem größeren Teil der wagerechten Strecke zwischen zwei Schienen S_1 und S_2 entlang gleiten, so daß der Hebel zwangläufig geführt wird und am Mitnehmerende eine dem Kettenzuge gleiche Kraft ausübt. Dies hört auf, sobald die Schiene S_2, auf welche sich die Rolle B stützt, unterbrochen wird, weil dann der Hebel frei schwingen kann. Auf diese Weise ist man in der Lage, die Strecke, auf welche die Mitnehmer mit der Kette des Förderers in Berührung bleiben sollen, beliebig zu begrenzen, man kann also die kritischen Übergangspunkte zwischen geradliniger und Kreisbewegung ausschalten. Damit nun auch keine Stöße infolge ungenauer Teilung auftreten, wird der Hebel durch eine schräge Schiene allmählich in und außer Eingriff gebracht. Die Figur zeigt den Vorgang für den Fall, daß die Teilung der getriebenen Kette zu groß ist. Dann sind die vorangehenden Hebel *I*, *II*, *III* vollständig frei, während *IV* allein im Eingriff steht. Hebel *V* nähert sich jetzt seinem Zapfen und wird nach kurzer Weiterbewegung *IV* allmählich entlasten und dann den Antrieb allein übernehmen. Ist die Teilung der getriebenen Kette kleiner als der Abstand der Mitnehmer, so findet ein entsprechender Vorgang beim Austritt statt.

An welche Stelle des Förderers der Antrieb zu setzen ist, wird häufig durch örtliche Verhältnisse, Rücksicht auf Zugänglichkeit u. dgl. entschieden. Ist der Platz frei wählbar, so empfiehlt es sich, darauf zu sehen, daß die Durchleitung der Antriebskraft die

[1]) D. R. P. 155964.

durchschnittliche Spannung in der Kette möglichst wenig vermehrt, weil sonst die Abnützung und, namentlich bei Ablenkungen, der Kraftverbrauch sich erhöhen. Der Antrieb soll also nicht an solchen Kettenteilen angreifen, die sonst schwach gespannt wären. Danach ist in dem am häufigsten vorkommenden Falle, daß der Förderer aus zwei geraden, parallelen Strängen besteht, diejenige Endrolle anzutreiben, auf welche das belastete Trum aufläuft. Andere Fälle werden im Folgenden gelegentlich Erwähnung finden.

Zum Antrieb der Kettenscheiben dienen gewöhnlich ein oder zwei Vorgelege mit Riemscheibe, die von einem Motor oder von der Transmission aus bewegt wird. Bei großen Kräften werden die Räder aus Stahlguß ausgeführt, auch wohl mit Winkelzähnen versehen. Die Berechnung geschieht nach bekannten Regeln, sobald der Bewegungswiderstand bestimmt ist. Mit Rücksicht auf die schlechte Wartung und den rauhen Betrieb sind niedrige Belastungskoeffizienten zu wählen. Hauptantriebswellen aus Martinstahl können, wenn nur der mittlere Kraftverbrauch bekannt ist, für den ersten Entwurf etwa nach der Formel berechnet werden:

$$d = 3{,}0 + \sqrt[3]{800 \frac{N}{n}} \text{ (cm)} \quad \ldots\ldots \quad (21)$$

Für gußeiserne Zahnräder gilt (nach Bach):

$$\text{Umfangskraft } P = kbt,$$

$$\text{mit } k = 20 - \sqrt{n} \quad \text{und} \quad b = \infty\, 2{,}5\, t.$$

Für Riemen kann bei den üblichen Verhältnissen gesetzt werden:

$$P = 5b \text{ bis } 6b.$$

Tabelle 16.

Ungeteilte gußeiserne Riemenscheiben, fertig bearbeitet (B. A. M. A G.).

Scheibenbreite mm		Scheibendurchmesser (mm)													
		200	250	300	350	400	450	500	600	700	800	900	1000	1100	1200
75	Gewicht (kg)	6,5	7,5	10,0	12,5	15,0	17,5	20,0	24,0	28,5	—	—	—	—	—
	Preis (M)	6,5	7,7	9,0	10,5	11,5	12,8	14,0	16,5	19,0	—	—	—	—	—
100	Gewicht (kg)	7,5	9,0	11,5	14,0	16,5	19,0	21,5	25,5	31,0	39,0	47,0	55,0	64,0	74,0
	Preis (M)	8,0	9,5	11,0	12,5	14,0	15,5	17,0	20,0	23,0	27,0	31,0	35,0	40,0	45,0
125	Gewicht (kg)	8,5	10,5	13,0	15,5	18,0	20,5	23,0	27,0	34,0	42,0	50,0	58,0	68,0	80,0
	Preis (M)	9,5	11,2	13,0	15,0	17,0	18,7	20,5	24,0	28,0	32,5	37,0	42,0	47,0	53,0
150	Gewicht (kg)	10,0	12,5	15,0	17,5	20,0	23,0	28,0	35,0	43,0	51,0	59,0	69,0	79,0	91,0
	Preis (M)	11,5	13,5	15,5	18,0	20,5	22,2	24,0	28,5	33,0	38,0	43,0	48,0	54,5	61,0

Tabelle 17.

Preise (M/m) von Treibriemen nach G. Polysius, Dessau.

Riemenstarke	Riemenbreite								
	50	70	80	90	100	110	120	130	140
4	1,80								
5		3,30	3,80	4,30					
6					5,90	6,50	7,00	7,50	8,20

Tabelle 18.

Durchschnittsgewichte (kg) und Preise (M) von Wellen, Stellringen und Lagern.

Durchmesser bzw. Bohrung (mm)		40	50	60	70	80	90	100	110	120	130	140	150
Wellen	Gewicht (kg/m)	9,8	15,3	22,1	30,0	39,2	49,6	61,3	74,1	88,2	103,5	120,1	137,8
	Preis (M/m)	8	10	13	17	23	29	35	42	50	62	75	90
Herstellung einer Nut, 200 mm lang (M)		1,2	1,5	1,8	2,1	2,4	2,7	3,0	3,3	3,6	3,9	4,2	4,8
Stellringe ungeteilt	Gewicht	1,1	1,4	1,6	1,8	2,9	3,2	4,8	5,2	5,5	7,8	8,2	8,6
	Preis	5,5	6,5	7,5	9	11	13	15	17	19	23	27	31
Weißmetalllager ohne Ringschmierung	Gewicht	8	12	20	30	40	50	65	80	95	110	125	145
	Preis	25	30	40	50	60	75	90	105	120	135	150	165
Weißmetalllager mit Ringschmierung	Gewicht	12	20	30	40	50	65	80	100	125	150	180	220
	Preis	32	40	52	65	75	90	110	130	155	180	220	270
Gußeisernes Stehlager mit Kugelbewegung und Ringschmierung	Gewicht	12	20	30	40	50	65	80	100	125	—	—	—
	Preis	25	30	35	42	50	60	70	85	105	—	—	—

Tabelle 19.

Gewichte ungeteilter Stirn- und Kegelräder nach G. Polysius, Dessau.

Teilung t mm	Das Gewicht eines normalen Rades mit einer Breite gleich der 2,5fachen Teilung und z Zahnen ist ungefähr gleich: bei 4 Armen $x\,(z-7)$ kg z	x	bei 6 Armen $x\,(z-8)$ kg z	x	bei 8 Armen $x\cdot(z-8)$ kg z	x
30	15—72	0,80	73—143	0,92	144—248	1,08
35	15—68	1,26	69—133	1,46	134—220	1,72
40	15—64	1,90	65—124	2,18	125—205	2,56
45	15—60	2,68	61—117	3,10	118—193	3,64
50	15—58	3,69	59—111	4,15	112—184	5,00
55	15—55	4,90	56—105	5,66	106—176	6,65
60	15—52	6,37	53—101	7,34	102—168	8,64
65	15—45	8,10	46—98	9,34	99—161	10,98
70	15—44	10,12	45—93	11,66	94—154	13,72
75	15—44	12,44	45—91	14,34	—	—
80	15—43	15,10	44—87	17,41	—	—
85	15—43	18,12	44—84	20,88	—	—
90	15—42	21,50	43—83	24,79	—	—
95	15—41	25,28	42—82	29,15	—	—
100	15—40	29,50	41—80	34,00	—	—

Tabelle 20.

Preise von Stirnrädern mit geschnittenen Zähnen nach G. Polysius, Dessau.

Teilung mm	Zahnbreite mm	Preis in M für 100 kg bei einer Zahnezahl von: 15 bis 25	26 bis 40	41 bis 55	56 bis 60	61 bis 80	81 bis 100	101 bis 125	126 bis 150
30	75	—	150	130	115	105	100	95	90
35	90	—	130	110	100	95	90	85	80
40	100	—	115	100	90	85	85	81	—
45	115	130	105	95	85	83	81	79	—
50	125	120	100	90	83	81	79	77	—
55	140	110	95	85	81	79	77	—	—
60	150	105	90	82	79	77	76	—	—
65	165	100	85	80	77	76	75	—	—
70	175	95	82	78	76	75	—	—	—
75	190	90	80	76	75	74	—	—	—
80	200	85	78	75	74	73	—	—	—
85	215	80	76	74	73	—	—	—	—
90	225	77	74	73	72	—	—	—	—
95	240	75	73	72	71	—	—	—	—
100	250	73	72	71	70	—	—	—	—

Kegelräder sind um 10 % teurer. Zahnräder mit unbearbeiteten Zähnen sind um etwa 30 bis 40 % billiger als solche mit geschnittenen Zähnen.

4. Kapitel.

Die Spannvorrichtungen.

Jeder Förderer erhält eine Nachstellvorrichtung, welche die infolge Längung des Zugmittels allmählich verloren gehende Spannung jederzeit wiederherzustellen gestattet oder sie selbsttätig auf der gewünschten Höhe hält. Bei Kettenförderern soll der Hub in der Regel mindestens gleich der Teilung sein, damit, wenn die Spannvorrichtung in die Endstellung gelangt ist, durch Herausnehmen eines Gliedes die ursprüngliche Lage wieder hergestellt werden kann. Er soll jedoch, wenn möglich, die Teilung um soviel übertreffen, wie nötig ist, um dem spannungslos aufgelegten Zugmittel die Anfangsspannung zu erteilen. Bei Seilen und Gurten ist der Hub, mit Berücksichtigung der Nachgiebigkeit des Materials, so zu wählen, daß nicht zu häufiges Nachspleißen im Laufe des Betriebes notwendig wird.

a) Vorrichtungen zum Nachspannen von Hand.

Bei nicht selbsttätigen Spannvorrichtungen werden fast ausnahmslos Schraubenspindeln mit flachem oder Dreiecksgewinde angewandt. Weniger bequem ist Zahnrad und Zahnstange, da dieses Getriebe nicht selbstsperrend ist, also die Einschaltung eines Sperrrades verlangt.

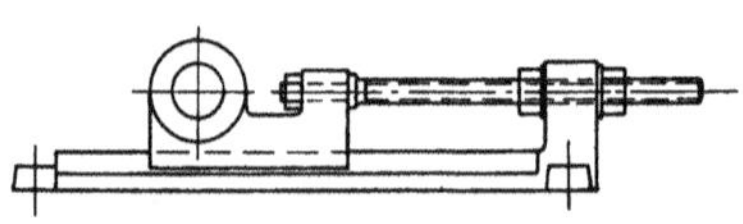

Fig. 54.

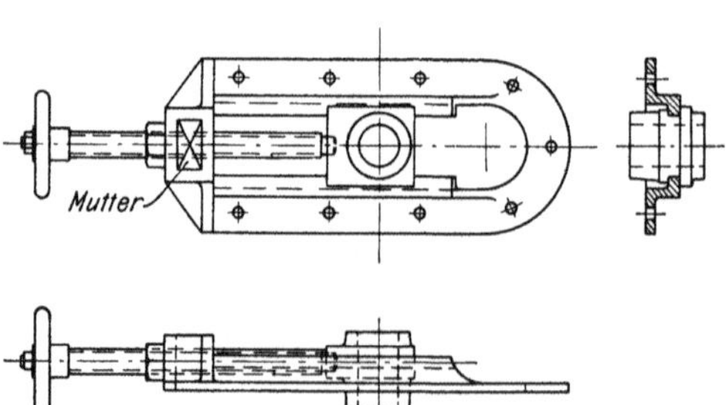

Fig. 55.

Eine einfache, für mäßige Belastung geeignete Spannvorrichtung mit einseitiger Führung zeigt Fig. 54. Das Nachstellen geschieht durch die beiden Muttern, ohne daß die Spindel, die ebenso gut auf Zug wie auf Druck beansprucht werden kann, sich dreht. Die Spindel ragt bei voller Ausnutzung des Hubes nach rechts ein entsprechendes Stück heraus, was bei beschränktem Raum unbequem sein kann.

Eine andere Ausbildung gibt Fig. 55. Der Rahmen ist wieder ungeteilt und gestattet das Lager vom rechten Ende her einzuschieben. Die Spindel wird durch ein Handrad gedreht. Diese

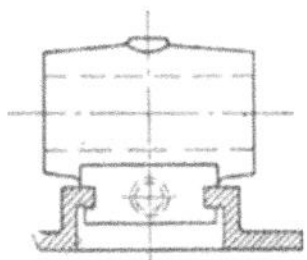

Fig. 56.

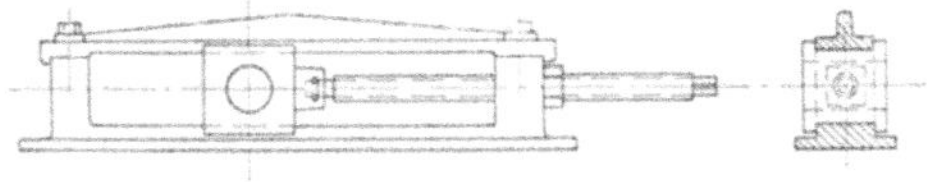

Fig. 57.

Spannvorrichtung ist in der skizzierten Form nur für Druckbeanspruchung der Spindel geeignet und findet vorzugsweise bei Elevatoren Verwendung. Durch Drehung der Lagerachse um 90°, nach Fig. 56, kann sie auch anderen Verhältnissen angepaßt werden. Die Ausführung Fig. 57, mit geteiltem Rahmen, ist für große Kräfte bestimmt.

Eine ähnliche Konstruktion gibt Fig. 58 wieder, indessen liegt hier die Spindel fest, während die Mutter sich mit dem Lager ver-

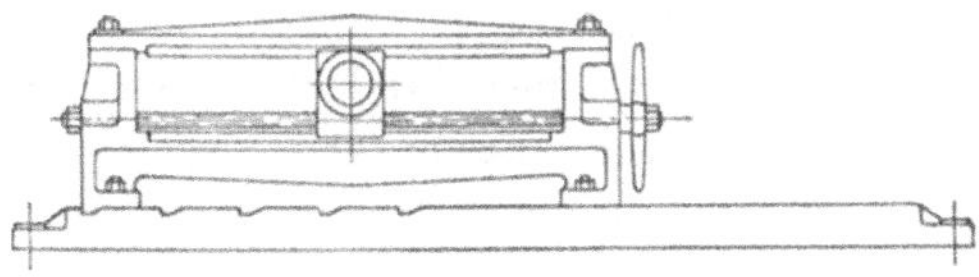

Fig. 58.

schiebt. Diese Anordnung ist insofern vollkommener, als die Spannvorrichtung gleich gut nach beiden Seiten hin arbeiten kann und die Spindel keinen Platz fortnimmt. Bei vorliegender Ausführung steht der Rahmen auf einer Fundamentschiene, auf welcher er, wenn der Hub der Spindel nicht mehr ausreicht, zurückgesetzt werden kann.

Fig. 59.

Besonders sorgfältige Durchbildung zeigt die Spannvorrichtung von Robins (Fig. 59 und 60). Die Spindel liegt vollkommen geschützt innerhalb der ⊔förmigen Führungsschiene und greift an einer mit dem Lager sich verschiebenden Mutter an. Zum Drehen dient ein an der Spindel mit Stift befestigter Schlüssel, der nach jeder Drehung um 180° horizontal zurückgeschwenkt werden kann, so daß unterhalb kein freier Raum nötig ist.

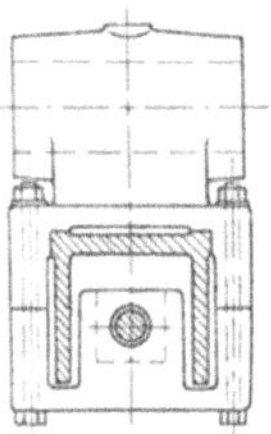

Fig. 60.

Ist ungewöhnlich großer Hub erforderlich, wie bei langen Bändern oder Seilförderern, so werden an Stelle gußeiserner Gleitschienen zuweilen Rohre benutzt (Fig. 61 und 62). Die Rohre werden mit Hilfe von Zugankern zwischen gußeiserne Endplatten gespannt, die gleichzeitig als Lager der Spindel *S* dienen. Die Mutter *M* ist in das gußeiserne Gleitstück eingelassen, welches das Lager trägt.

Fig. 61.

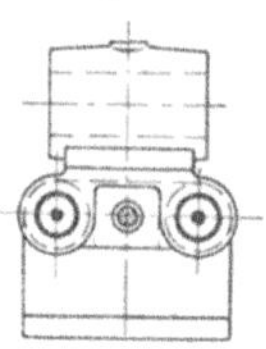

Fig. 63 zeigt eine Spannvorrichtung mit Zahnstangengetriebe.

An welcher Stelle des Förderers die Spannvorrichtung angebracht wird, ist ziemlich gleichgültig. Man wählt irgend eine Leitrolle dazu, am besten an einer Stelle, wo Ablenkung um 180° stattfindet, weil dann durch das Nachspannen die

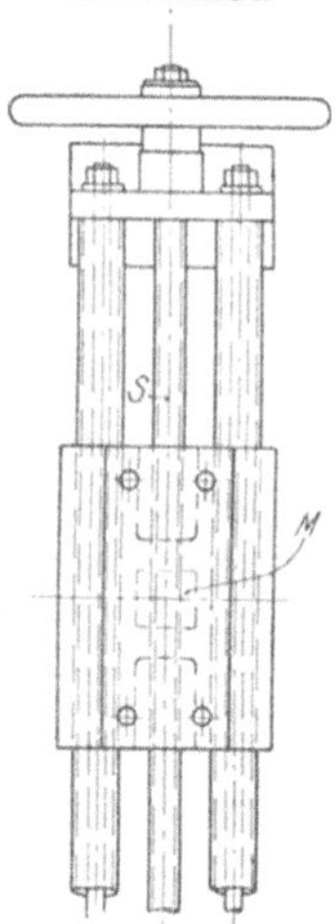

Fig. 62.

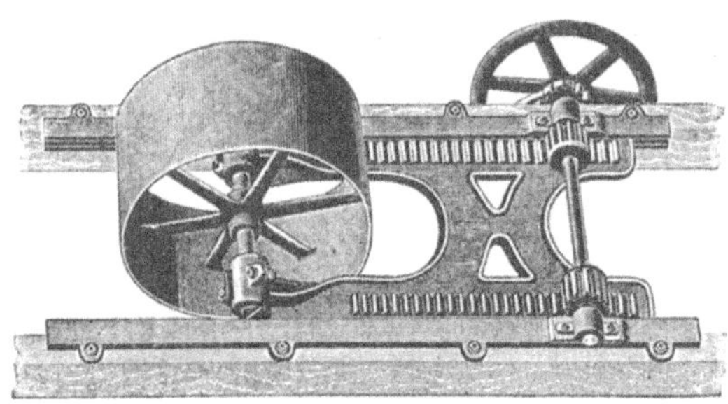

Fig 63.

Richtung der Stränge nicht geändert wird. Bei Ablenkung um 90° legt man die Spindelachse parallel zur Richtung desjenigen Stranges, der nicht aus seiner Lage gebracht werden darf. Ist dies bei keinem von beiden Strängen zulässig, so muß eine Ausbiegung besonders geschaffen werden.

Hat man die Wahl zwischen zwei Leitrollen, so ist die am

schwächsten belastete zu wählen. In gewissen Fällen, z. B. wenn an der Endrolle das Fördergut aufgenommen oder abgeworfen wird, kann es erwünscht sein, die Spannvorrichtung mit dem Antrieb zu vereinigen. Dann werden die Antriebs- und die Vorgelegewelle zusammen in einem Schlitten gelagert und der nicht zu kurz ausgeführte Riemen- oder Kettentrieb senkrecht zur Spannrichtung angeordnet, sodaß bei Verschiebung der getriebenen Scheibe keine erhebliche Änderung des Mittenabstandes der Scheiben eintritt. Noch einfacher ist es, den Motor mit auf den Schlitten zu setzen, eine Anordnung, die allerdings gedrängte Konstruktion des Antriebes bedingt.

b) Selbsttätige Spannvorrichtungen

werden durch Gewichte, selten durch Federn betätigt. Ihre Vorteile gegenüber nicht selbsttätig wirkenden Vorrichtungen sind sichere Einhaltung einer bestimmten Spannung und Unschädlichmachung von Stößen infolge ihrer Nachgiebigkeit. Diese darf freilich nicht so groß sein, daß schon bei geringer Überlastung des Zugmittels ein Ausweichen eintritt, weil es dann zu leicht vorkommen kann, daß die Kette an irgend einer Stelle schlaff wird

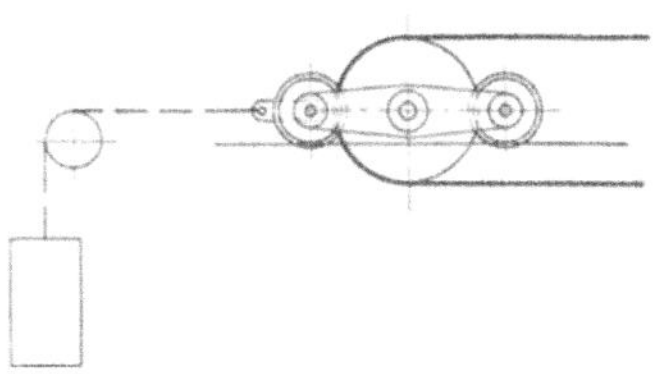

Fig. 64

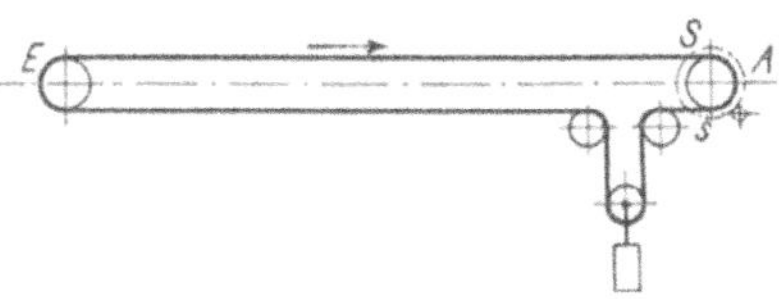

Fig. 65.

und von den Rädern abspringt. Der vom Gewicht ausgeübte Zug muß also der größten Kettenbelastung, die im normalen Betriebe auftreten kann, das Gleichgewicht halten.

Aus dieser Überlegung folgt weiter, daß die Spannvorrichtung, wenn irgend möglich, dorthin gesetzt werden sollte, wo ein Schlaffwerden des Zugorgans am ehesten zu befürchten ist.

Fig. 64 skizziert eine einfache, viel angewandte Anordnung. Die Kette des Spanngewichtes greift an einem Wagen an, in dem eine Leitrolle des Förderers gelagert ist.

Eine hierfür geeignete Leitrolle ist nicht immer vorhanden. Beispielsweise wäre es bei großer Länge und Nachgiebigkeit des Zugmittels verkehrt, in Fig. 65 die Endrolle *E* benützen zu wollen, weil die Dehnung, wie sie z. B. beim Anlauf eines elastischen Bandes auftritt, sich nicht dort, sondern unmittelbar am Antrieb im ablaufenden Trum am stärksten bemerkbar macht. Ein bei *E* angebrachtes Gewicht normaler Größe wäre nicht imstande, das untere Trum genügend zu beschleunigen und die für die Mitnahme erforderliche Spannung *s* an der Antriebscheibe aufrecht zu erhalten. In solchen Fällen ist daher, wie in Fig. 65 angegeben, eine besondere Ausbiegung mit Hilfe dreier Leitrollen unmittelbar am Antrieb zu schaffen und die hierdurch verursachte Vermehrung von Abnützung und Kraftverbrauch in Kauf zu nehmen. Bei langen, vielfach abgelenkten Förderern, insbesondere wenn schräge Strecken auftreten, kommt es vor, daß verschiedene gefährliche Punkte vorhanden sind. Dann müssen gegebenenfalls mehrere Spannvorrichtungen eingebaut werden.

Liegt der Förderer genügend stark geneigt (Fig. 66), so wird durch das Gewicht des unteren Trums die erforderliche Ablaufspannung und Beschleunigung erzeugt. Die Spannvorrichtung ist dann an das untere Ende zu verlegen, da hier die geringste Spannung herrscht.

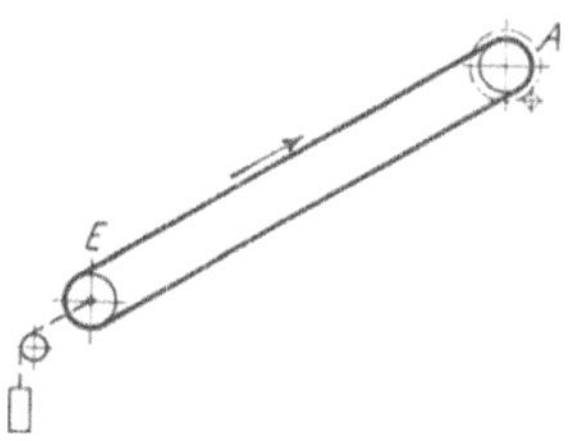

Fig. 66.

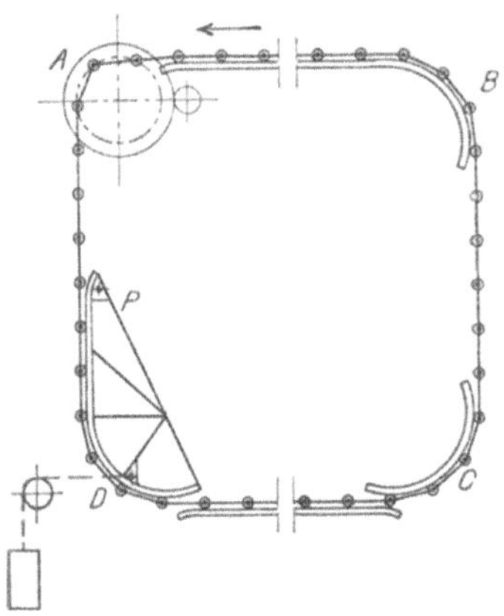

Fig. 67.

Bei einem Förderer mit Viereckslauf (Fig. 67) bildet aus demselben Grunde die Ecke *D* den natürlichen Platz für eine selbsttätige Spannvorrichtung. Eine ziemlich bequeme Ausführung ergibt in diesem Falle die Aufhängung der Umführungsschiene an einem festen Drehpunkt *P*. Wird statt dessen die Leitkurve an einem verschiebbaren Wagen angebracht, so muß durch Gegenschienen dafür gesorgt werden, daß der Zug im vertikalen Trum den Wagen nicht hebt.[1])

Die erforderliche Mindestgröße des Spanngewichtes läßt sich nicht immer mit Sicherheit vorausbestimmen. Da ein unnötig schweres Gewicht nur dazu dient, Kraftverbrauch und Abnutzung zu vermehren, so empfiehlt es sich, die Gewichte in Form einzelner Scheiben

[1]) Uber die zweckmäßigste Lage des Antriebes vgl. das früher Gesagte und das Kapitel über Schaukelbecherwerke.

auszuführen und die erforderliche Scheibenzahl durch Probieren zu ermitteln.

In einzelnen Fällen ist es möglich, ohne Spannvorrichtung auszukommen und dafür das leere Trum des Förderers zwischen zwei in größerem Abstand gesetzten Leitrollen soweit durchhängen zu lassen, daß durch Herausnahme eines Kettengliedes der Spannungszustand nicht wesentlich geändert wird.

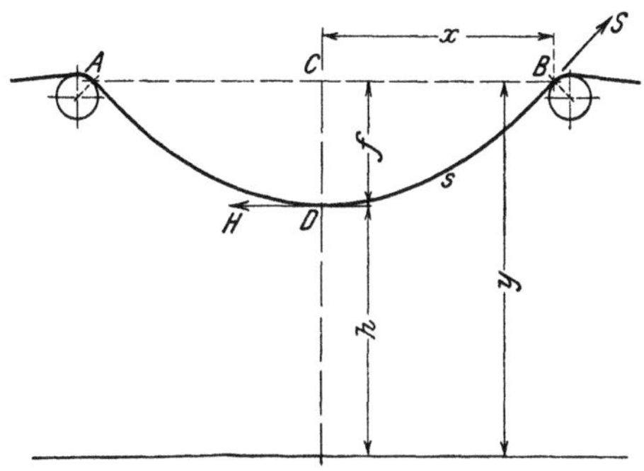

Fig. 68.

Mit den Bezeichnungen der Fig. 68 gilt für die Kettenlinie:

$$y = \frac{h}{2}\left(e^{\frac{x}{h}} + e^{-\frac{x}{h}}\right) = h \cdot \mathfrak{Cof}\,\frac{x}{h}$$

$$x = h \cdot \mathfrak{ArCof}\,\frac{y}{h},$$

$$\text{Bogenlänge } \widehat{CD} = s = \frac{h}{2}\left(e^{\frac{x}{h}} - e^{-\frac{x}{h}}\right) = h\,\mathfrak{Sin}\,\frac{x}{h},$$

und, wenn q_0 das Kettengewicht in kg/lfd. m bezeichnet:

$$S = q_0 \cdot y.$$

Durch etwas Probieren kommt man mit Hilfe dieser Gleichungen bald auf passende Werte.

Beispiel:

Gewicht des Förderers: $q_0 = 25$ kg/lfd. m.
Verlangte Mindestspannung: $S = 125$ kg.
Höhe vom Fußboden bis Mittellinie Kette: 1,0 m,
daher der größte zulässige Durchhang etwa: $f = 0{,}8$ m.
Teilung der Kette: 106 mm.

Aus den Formeln ergibt sich:

$$y = \frac{S}{q_0} = 5{,}0 \text{ m}$$

$$h = y - f = 4{,}2 \text{ m}$$

$$x = h \cdot \mathfrak{ArCof} \cdot \frac{y}{h} = 2{,}549 \text{ m}$$

$$s = h \cdot \mathfrak{Sin} \cdot \frac{x}{h} = 2{,}709 \text{ m}.$$

Diese Zahlen entsprechen der größten zulässigen Längung der Kette. Wird jetzt ein Glied herausgenommen, so verkürzt sich s um $\frac{1}{2} \cdot 0{,}106$ m, es ist also

$$s_1 = 2{,}709 - 0{,}053 = 2{,}656 \text{ m.}$$

Hierfür findet sich aus obigen Gleichungen:

$$h_1 = 5{,}098 \text{ m,}$$

$$y_1 = 5{,}748 \text{ m,}$$

$$f_1 = 0{,}650 \text{ m.}$$

also

$$S_1 = q \cdot y_1 = 144 \text{ kg}$$

ist demnach die neue Spannung.

B. Bau und Berechnung der Förderer.

5. Kapitel.

Kratzer und Schlepper.

Ein Kratzer oder Schlepper besteht aus Mitnehmerschaufeln bzw. Schleppstäben, die in gleichen Abständen an einem umlaufenden Zugmittel (Kette oder Seil) befestigt sind und das Fördergut in einer Rinne vor sich herschieben.

a) Konstruktion von Mitnehmern und Rinne.

Das Zugmittel kann oberhalb, unterhalb oder in der Mitte der Schaufel angreifen.

Bei obenliegender Kette erhält die aus Blech oder ausnahmsweise aus Temperguß hergestellte Schaufel nach Fig. 69 die Form eines Rechtecks, dessen untere Ecken häufig abgerundet oder abgeschrägt werden. Starke Abschrägung ist namentlich in Amerika beliebt. Die Schaufel ist im Querschnitt meist gerade, zuweilen auch leicht gekrümmt. Im letzteren Falle hat das der Schaufel zunächst liegende Gut das Bestreben, an dem Blechhinaufzugleiten,

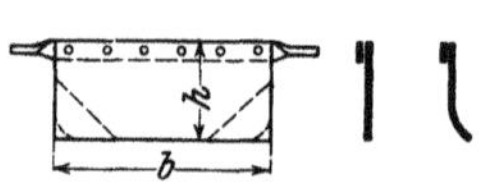

Fig. 69.

Fig. 70.

Fig. 71.

während die gerade, senkrecht stehende Schaufel, sobald sie durch den Gleitwiderstand des Materials etwas zurückgebogen ist, auf die benachbarten Teile einen Druck nach unten ausübt.

Der obere Rand der Schaufel wird durch einen aufgenieteten Winkel, ein Quadrateisen oder noch häufiger durch ein Flacheisen verstärkt, dessen Enden um 90° verdreht sind und so die Steifigkeit in der Bewegungsrichtung erhöhen. An diesem Verstärkungsgliede werden die Kette und die Gleitschuhe bzw. Laufrollenzapfen befestigt. Wenn die Schaufeln nicht besonders unterstützt sind, also auf dem Rinnenboden schleifen, so empfiehlt es sich, den unteren Rand zu verstärken (Fig. 78). Die Blechdicke beträgt 3 bis 5 mm.

Der Trogquerschnitt entspricht der Form der Schaufel. In Deutschland ist die aus zwei ⊏-Eisen und einem untergenieteten Bodenblech hergestellte Rinne üblich (Fig. 70). Kommen Gleitklötze zur Anwendung, so wird ein Flacheisen auf dem oberen Flansch mit versenkten Schrauben leicht auswechselbar befestigt. Soll das Bodenblech, das bei schmirgelnden Materialien ebenfalls stark leidet, ersetzbar sein, so empfiehlt sich die Konstruktion Fig. 71. Hier sind die unteren Winkel angenietet, das Blech darauf gelegt und die oberen Winkel mit wenigen Schrauben angeheftet.

Fig. 72 und 73 zeigen amerikanische Formen. Die Trogstücke nach Fig. 72 werden, etwa 600 mm lang, durch Pressen hergestellt und dabei an einem Ende gekröpft, so daß das nächste Stück ohne

Fig. 72.

Fig. 73.

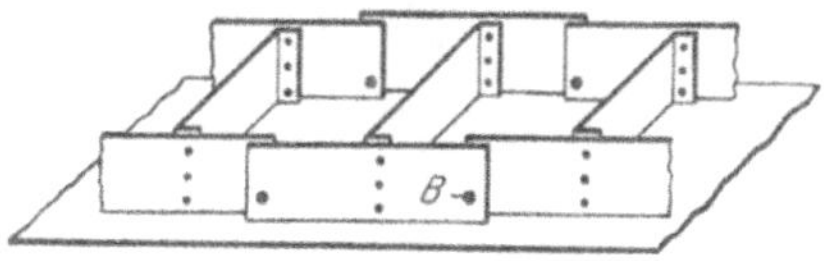

Fig. 74.

Verlaschung angeschlossen werden kann. Der Querschnitt erhält bei dieser Herstellungsweise genau richtiges Profil. Der Trog wird durch Holzbalken, ⊏-Eisen, oder auf andere Weise getragen (vgl. auch Fig. 79 bis 81).

Die Stärke des Bodenbleches liegt bei Stoffen von mäßiger Härte, wie Kohle, zwischen 3 und 6 mm.

An die Stelle der Rinnenseitenwände können bewegliche Platten treten, die mit den dazwischen genieteten Schaufeln zusammen Kästen bilden, in denen das Fördergut auf dem festen Bodenblech geschleift wird. Fig. 74 veranschaulicht das Prinzip eines solchen Förderers. An den Gelenkbolzen *B* der Platten ist außen die Kette angreifend zu denken. Weitere Verbreitung hat diese Bauart nicht gefunden.

Zur Verbindung der Mitnehmer mit der Kette dienen winkelförmige Befestigungsglieder oder besonders eingefügte Winkelstücke.[1]) Formen der ersteren Art, wie sie bei Tempergußketten mit und ohne Bolzen in verschiedenen Variationen ausgeführt werden, geben

[1]) Vgl. Kapitel 1.

Fig. 75 und 76 wieder (nach Stotz). In letzterer Figur ist das Glied mit einem zapfenartigen Ansatz für Gleitstützung versehen. Ein Befestigungsglied einer Flachrundeisenkette war schon in Fig. 9 und 10

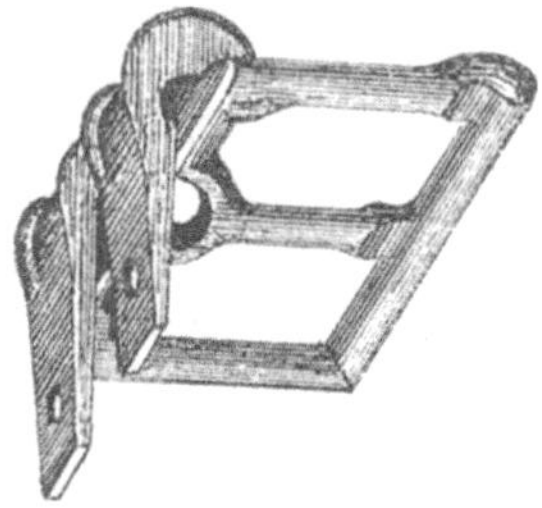

Fig. 75.

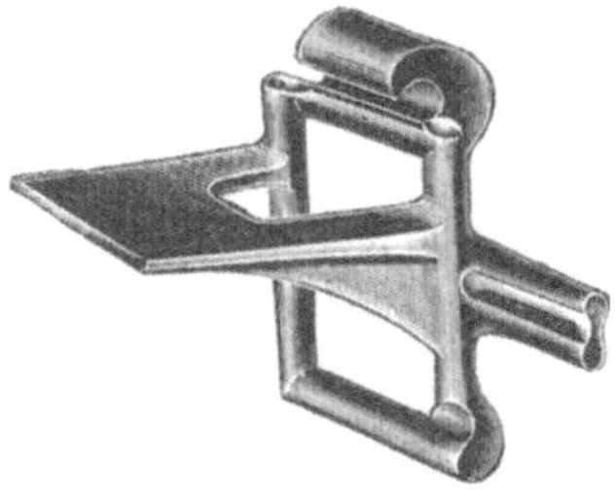

Fig. 76.

skizziert. Meist geschieht jedoch hier die Befestigung durch angeschraubte Winkel, denen Jeffrey die eigenartige Form der Fig. 77 gibt. Das Befestigungsstück der Monobarkette der Link Belt Co. zeigt Fig. 78. Für geschmiedete Bolzenketten mäßiger Teilung ist die Anordnung Fig. 79 und 80 geeignet, die ein Verschwächen der Kettenglieder durch Schraubenlöcher vermeidet, indem sie die Gelenkbolzen zur Verbindung heranzieht.

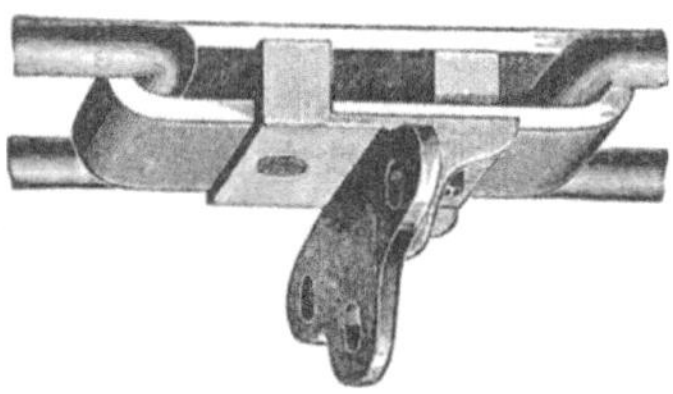

Fig. 77.

Je länger das Befestigungsglied ist, um so leichter wird das Aufbiegebestreben der Schaufel überwunden.

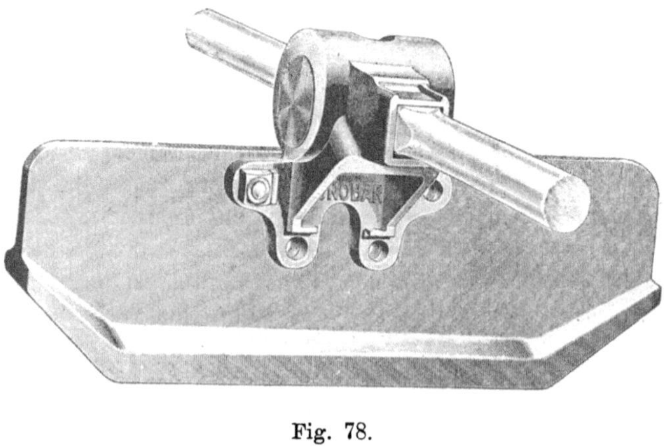

Fig. 78.

Die Fig. 81 bis 88 zeigen verschiedene Ausführungen von Kratzern. Bei dem in Fig. 81 wiedergegebenen, von der Link

Belt Co. vielfach ausgeführten „Monobar-Kratzer“ schleifen die Mitnehmer im Troge. Auf dem rückkehrenden Strang stützen sie sich mit besonders angebrachten Gleitstücken auf zwei Winkeleisen.

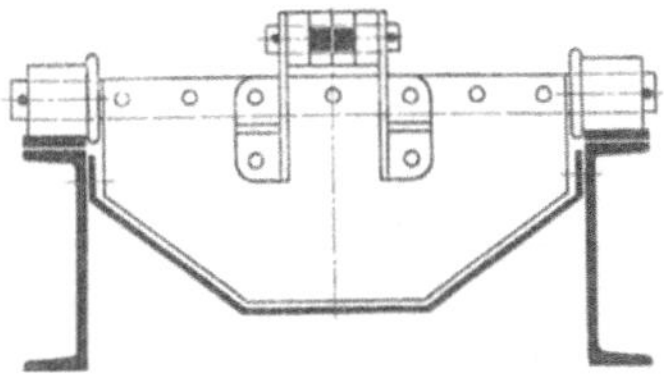

Fig. 79.

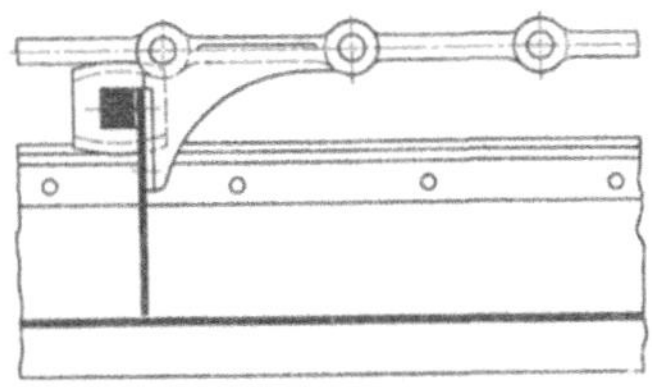

Fig. 80.

Die Schaufeln haben infolge der beträchtlichen Gliedlänge große Steifigkeit, weshalb der Kratzer für schweren Betrieb besonders geeignet erscheint.

Fig. 82 stellt einen Kratzer nach Ausführung von Eitle mit Gleitstützung und Tempergußketten dar. Die Schaufel ist oben mit einem Winkeleisen gesäumt, so daß Befestigungsglieder mit seitlichen Lappen von derselben Art, wie sie bei Elevatoren üblich sind, zur Anwendung kommen können. Durch Herstellung der Schleifleisten aus Holz statt aus Eisen wird das Geräusch beim Arbeiten vermindert. Die Schaufel hat gegenüber

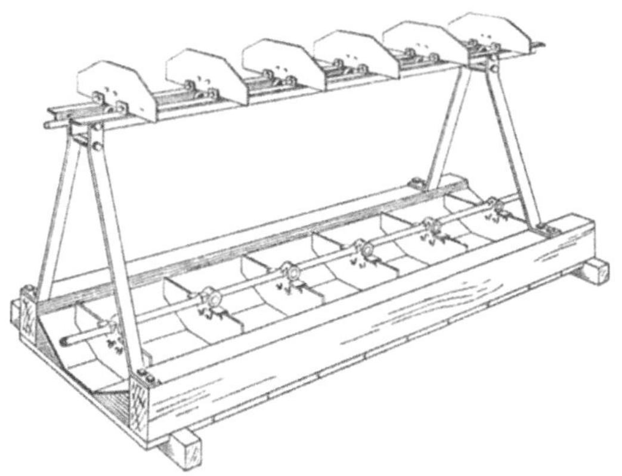

Fig. 81.

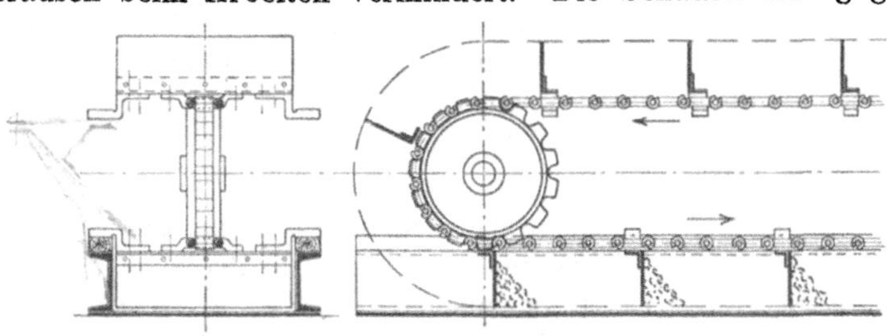

Fig. 82.

dem ⊏-Eisen einen Spielraum, der gewöhnlich 3 bis 5 mm beträgt und von der Genauigkeit der Ausführung abhängig ist. Bei Bemessung des unteren Spielraums ist die Abnützung in Rechnung zu ziehen. Diese Grundform des Kratzers wird, mit mancherlei Abänderungen in den Einzelheiten, wie z. B. Ersatz der Gleitstücke durch Laufrollen, für kleine und mittlere Leistungen in Deutschland

Fig 83.

vorwiegend angewendet. Eine ähnliche amerikanische Ausführung ist in Fig. 83 abgebildet (Link Belt Co.).

Breite Schaufeln und großstückiges Fördergut verlangen die Anwendung von zwei Ketten, die möglichst weit auseinandergerückt werden.

Bei allen bisher dargestellten Kratzerformen muß das leere Trum oberhalb des fördernden Kettenstranges liegen. Rückt man indessen die Ketten so weit zur Seite, daß sie rechts und links von der Schaufel liegen, so kann die Kette auch unterhalb zurückgeführt werden (Fig. 84). Der Raum über der Rinne bleibt jetzt frei, was die Materialzufuhr wesentlich erleichtert. Die seitliche Anordnung hat außerdem den Vorzug, die Kette und eventuell auch die Laufrollen oder Gleitklötze außer Berührung mit dem Fördergut zu bringen, was bei schmirgelnden Stoffen von besonderer Wichtigkeit ist. Sie bietet ferner die Möglichkeit, beide Stränge in entgegengesetzter Richtung fördern zu lassen. Dazu ist nach Fig. 85 die Schaufel doppelseitig, symmetrisch zur Kettenmittellinie, auszubilden.

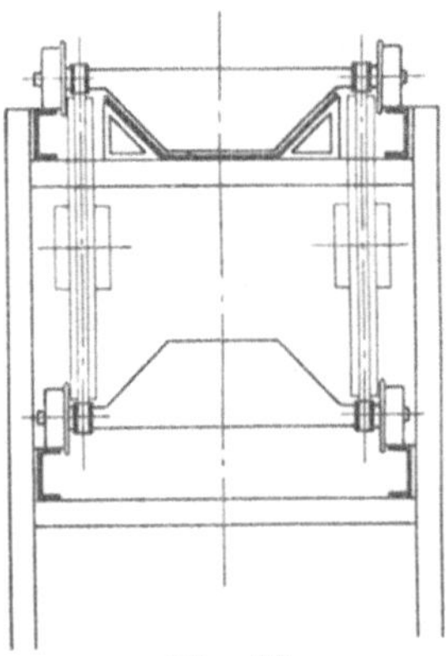

Fig. 84.

Gewisse Materialien, so insbesondere Rübenschnitzel, lassen sich am besten mit rechenartig ausgebildeten Mitnehmern fördern (Fig. 86).

Die B. A. M. A. G. führt einen von Merz konstruierten Rechenförderer aus, der den glühenden Koks von den Retorten fortschafft, während er behufs Ablöschung ständig mit Wasser besprengt wird (Fig. 87).

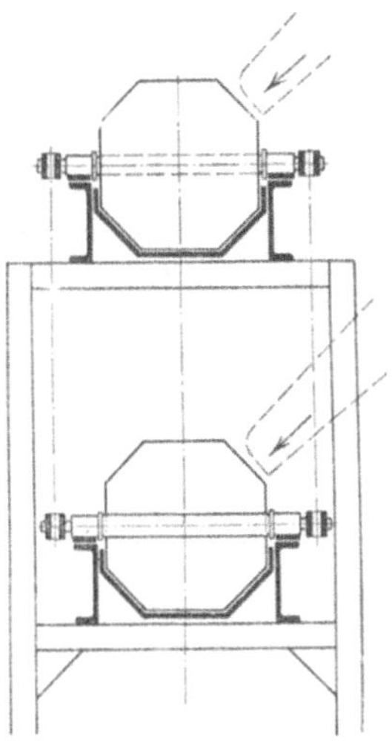

Fig. 85.

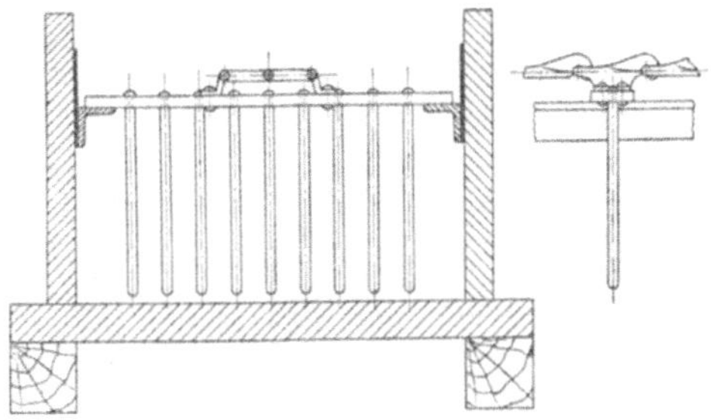

Fig 86.

Da Koks eine stark schmirgelnde Wirkung ausübt, sind die Laufbahnen verdeckt und möglichst hoch angeordnet und die Laufrollen mit gehärteten Büchsen und Bolzen versehen. Durch cine am Anfang der Rinne angebrachte Absperrvorrichtung wird die Kette bei jedem Umlauf vom Staub befreit. Alle Teile sind, damit sie der Hitze und der Schmirgelwirkung widerstehen,

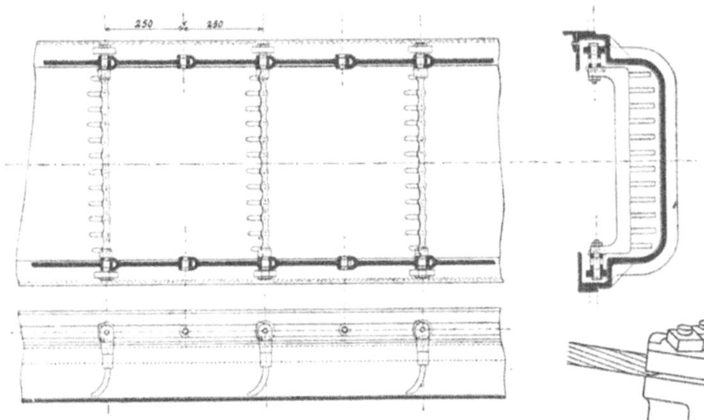

Fig. 87.

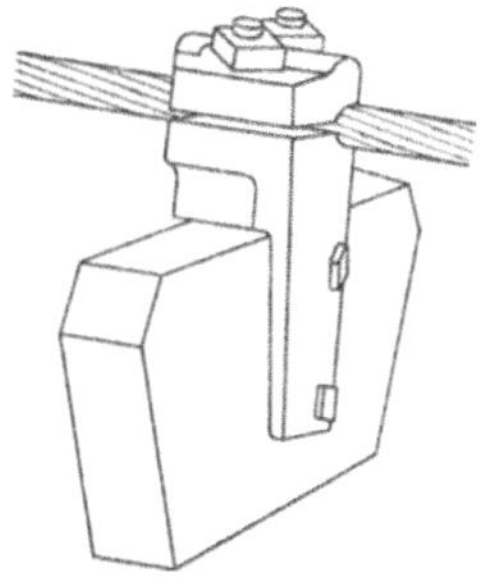

Fig. 88.

ungewöhnlich kräftig gehalten, insbesondere der gußeiserne Trog. Die Teilung der Kette beträgt 250 mm.

Nur selten wird bei Kratzern mit obenliegendem Zugmittel die Kette durch ein Seil ersetzt (Fig. 88).

Tabelle 21.

Preise für einfache Kratzerschaufeln (Fredenhagen).

Die oberen Zahlen gelten für flache, die unteren für gewolbte Schaufeln.

Breite		200	300	400	500	600
Hohe		80	120	180	220	250
Preise in M fur Blechstarken von	$2^1/_2$ mm	0,80 0,90	—	—	—	—
	3 mm	0,85 0,95	1,15 1,35	1,45 1,60	—	—
	4 mm	0,90 1,00	1,25 1,45	1,60 1,75	2,00 2,20	2,45 2,75
	5 mm	0,95 1,05	1,40 1,55	1,75 2,00	2,20 2,45	2,75 3,10

Tabelle 22.

Preise für gewölbte Schaufeln mit Flacheisenverstärkung und Gleitklötzen (obere Zahlen) bzw. Rollen (untere Zahlen) (Fredenhagen).

Breite		300	400	500	600
Hohe		120	180	220	250
Preise in M fur Blechstarken von	3 mm	4,35 7,05	5,10 7,65	—	—
	4 mm	4,50 7,15	5,25 7,70	6,45 9,70	7,20 10,75
	5 mm	4,60 7,30	5,45 7,95	6,65 9,90	7,55 11,10

Untenliegende Kette kann nur für nicht schmirgelndes Material, wie Holzabfälle, Getreide, Malz u. dgl. angewandt werden, da die Kette vollständig im Fördergut arbeitet. Sie findet ihren Platz in einer Rinne am Boden des Troges (Fig. 89). Letzterer wird, ebenso wie die Mitnehmer, häufig aus Holz hergestellt.

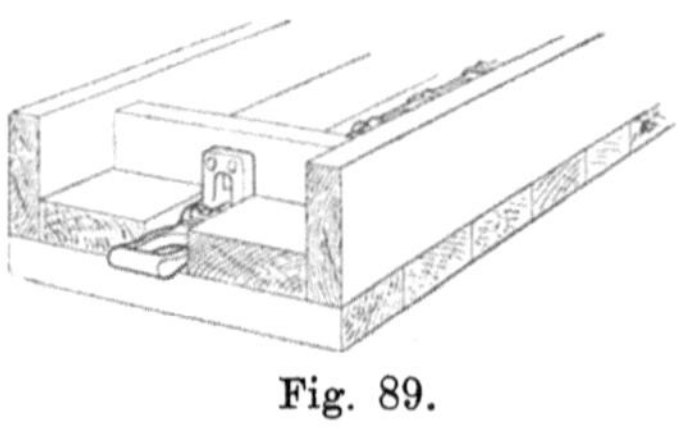

Fig. 89.

Der Trog bleibt bei den Schleppern — wie diese Bauart zum Unterschiede von der zuerst beschriebenen bezeichnet werden soll — vollständig frei, weshalb sie sich zum Transport von sperrigen Gegenständen vorzugsweise eignen (Fig. 90). Jedoch ist die Entleerung an Zwischenpunkten unbequem.

In den holzreichen Gegenden der Vereinigten Staaten und Kanadas spielen derartige Schlepper eine wichtige Rolle beim Transport von Baumstämmen. Hierfür werden besonders starke Ketten verwandt, die mit angegossenen oder angeschraubten Zähnen den Stamm fassen (Fig. 91). Der Trog wird häufig mit eisernen Schleifleisten versehen. Die Anordnung läßt sich dahin abändern, daß der Baumstamm, anstatt zu schleifen, von der durch Rollen oder Gleitstücke getragenen Kette gestützt wird. Fig. 92 gibt den Querschnitt eines solchen Förderers mit Stämmen von 600 und 1200 mm

Fig 90.

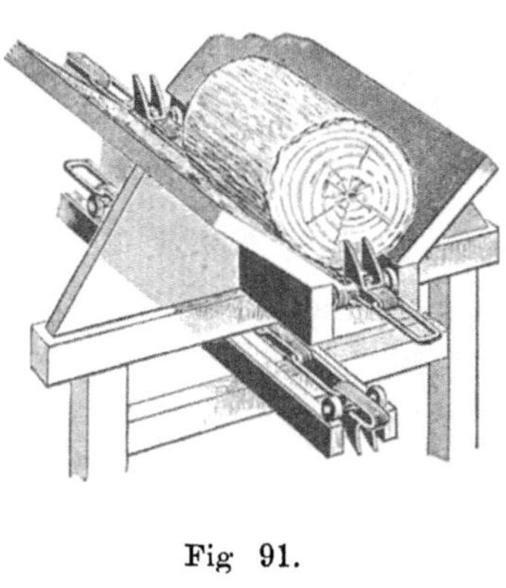

Fig 91.

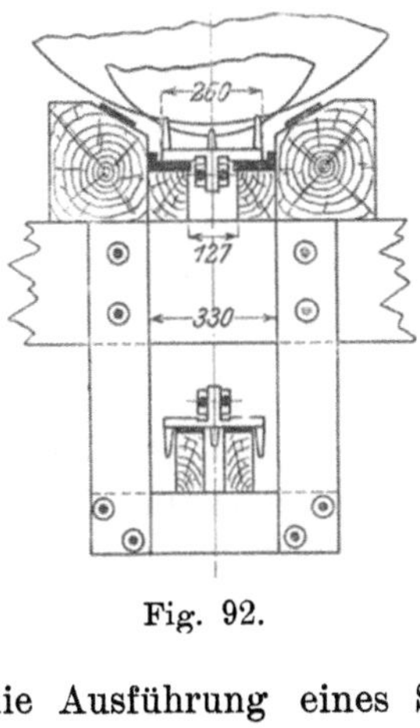

Fig. 92.

Durchmesser. Fig. 93 veranschaulicht die Ausführung eines Seilschleppers.

Zwischen den beiden besprochenen Ausführungsformen stehen die Schlepper mit in der Mitte liegender Doppelkette. Ausführungen, wie in den Skizzen Fig. 94 und 95 dargestellt, werden als Ersatz für normale Kratzer vorzugsweise dann benützt, wenn

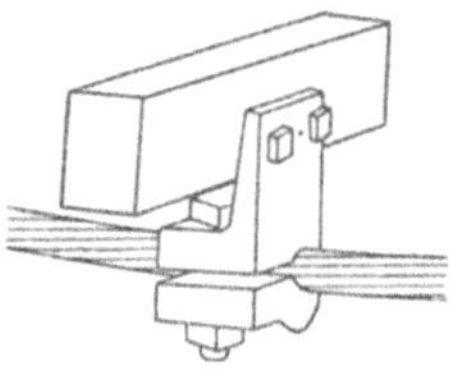

Fig. 93.

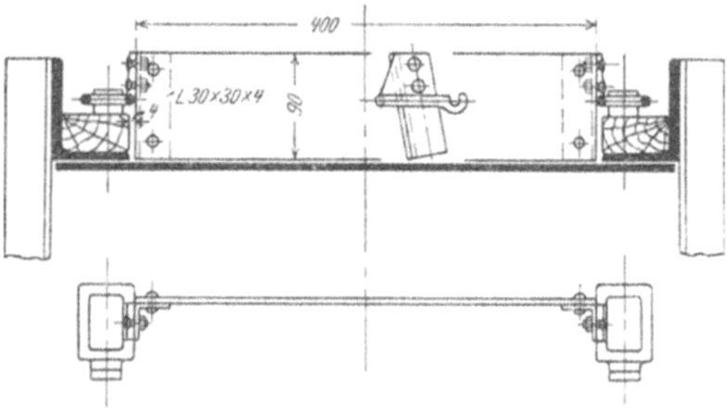

Fig. 94.

große Stücke gefördert werden sollen, da der Trog gut zugänglich ist und der Angriffspunkt der Kette dem Rinnenboden, also der Ebene, in welcher der Hauptwiderstand wirkt, näher liegt. Wenn möglich, ordnet man die Kette verdeckt an. Der Rücklauf kann oben oder unten liegen.

Gewisse Stoffe gestatten die Schaufeln durch schmale Stäbe zu ersetzen, die von dem Fördergut bedeckt werden und es in einer Masse fortbewegen. Dazu ist aber erforderlich, daß die Material-

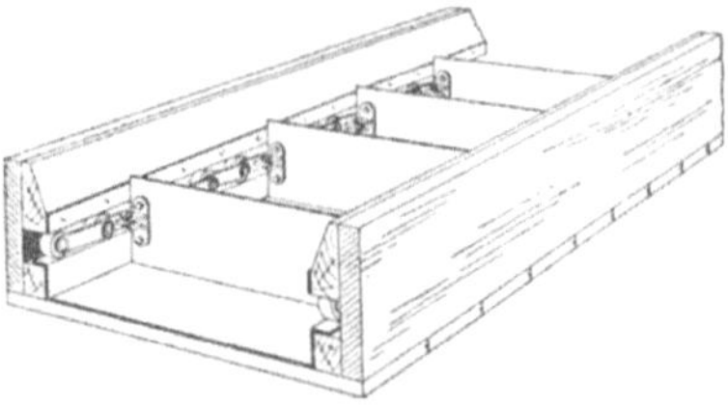

Fig. 95.

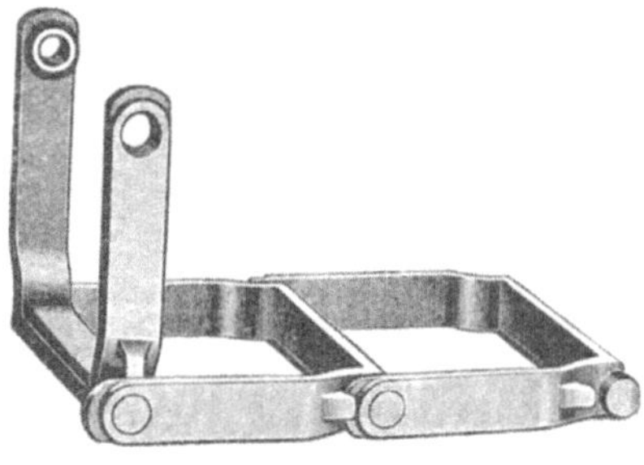

Fig. 96.

teile unter sich genügenden Zusammenhang haben, da anderenfalls die oberen Schichten zurückbleiben oder über die Querstäbe zurückfallen, so daß empfindliches Material durch Zerreiben oder Zerbröckeln leidet und der Kraftverbrauch sich erhöht.

Wie Fig. 96 zeigt, können die Querstäbe mit den Kettengliedern aus einem Stück hergestellt werden. Diese „Schleppketten" werden in Amerika namentlich zur Förderung von Sägespänen, auch von Rohzucker, Zement u. dgl. benutzt. Die Glieder werden gegossen oder aus Flacheisen gefertigt.

Die B. A. M. A. G. benutzt einen Schlepper dieser Art zur Förderung von glühendem Koks, unter der Bezeichnung „De Brouwer-Rinne“. Diese Konstruktion ist billiger, aber stärkerem Verschleiß ausgesetzt und weniger vollkommen in der Förderwirkung, als die von derselben Firma hergestellte oben beschriebene Merz-Rinne. Nach Fig. 97 besteht die Kette aus kurzen, teils vollen, teils geteilten Gliedern. An den ersteren, die oben und unten verbreiterte Auflageflächen haben, werden in Abständen von 600 bis 800 mm die Querstäbe aus Quadrat- oder Flacheisen befestigt.

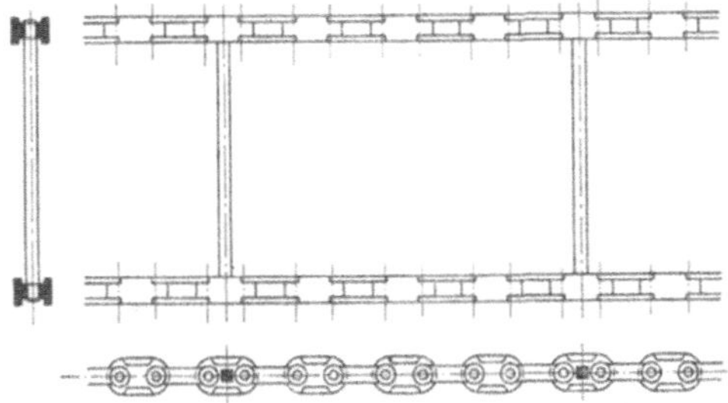

Fig. 97.

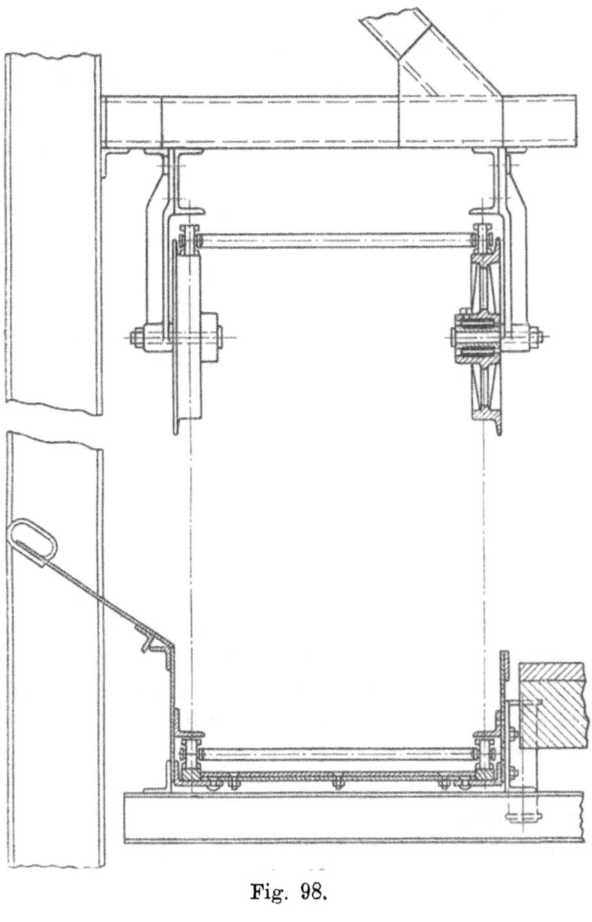

Fig. 98.

In Fig. 98 und 99 sind die ältere und die neuere Form des Rinnenquerschnitts nebeneinandergestellt. Die alten aus Walzeisen gebildeten Schleifleisten und Deckwinkel des Kettenlaufes sind neuerdings durch gußeiserne Teile ersetzt, ebenso sind an die Stelle des Bodenbleches lose eingelegte Gußplatten getreten, die samt den Schleifleisten nach Lösen der oberen Winkel ohne weiteres herausgenommen werden können. Unter der Wirkung der Hitze laufen aber auch diese Platten Gefahr, sich zu verziehen oder zu springen, weshalb die Rinne stets mit Wasser bis zu einer gewissen Höhe gefüllt zu halten ist. Die Schleifleisten und die Kette bedürfen von Zeit zu Zeit der Erneuerung.

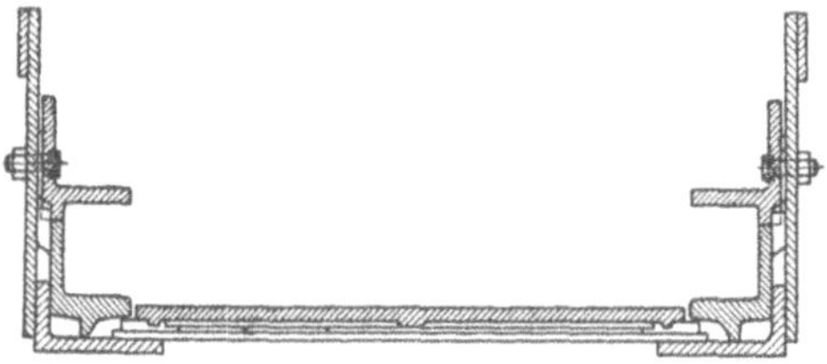

Fig. 99.

Die Kette kehrt meist oberhalb zurück, unterstützt durch lose drehbare Tragrollen, deren Naben mit konsistentem Fett gefüllt sind.

Der Koks wird durch den in der Rinne enthaltenen Wasservorrat während des ganzen Transportes abgelöscht, eine besonders kräftige Löschwirkung tritt jedoch am Ende der Rinne ein. Die Rinne schließt hier, wie Fig. 100 zeigt, mit einem kurzen ansteigenden Stück ab, an dem sich das von der Koksmasse mitgenommene Wasser staut, um dann von oben über den Koks zu stürzen.[1])

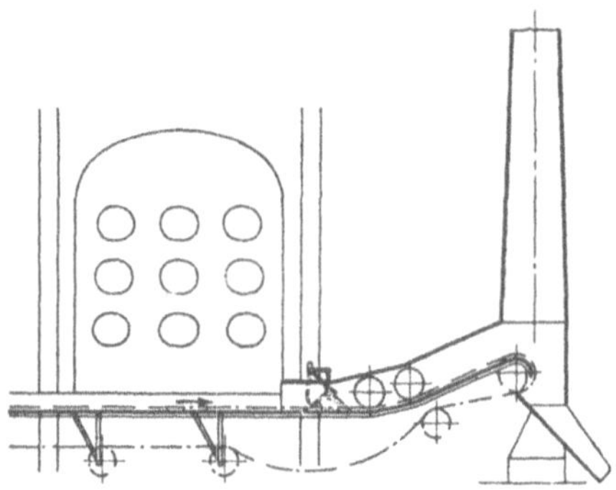

Fig. 100.

An dem Knie befindet sich ferner eine selbsttätige Brause, deren Anstellhebel in die Rinne hinabhängt. Größere Kokshaufen stoßen gegen diesen Hebel an und öffnen dadurch selbsttätig die Brause, so daß sie eine besonders kräftige Besprengung erhalten. Die entweichenden Dämpfe ziehen durch einen Schlot ins Freie.

Dieselbe Löschmethode kommt übrigens auch bei der Merz-Rinne zur Anwendung.[2])

---

[1]) D. R. P. 89774.

[2]) Vgl. auch die Bauart Marshall, Fig. 192 bis 195.

In Fällen, wo ein ungleiches Längen der Ketten oder ein Überspringen von Zähnen des Antriebsrades zu befürchten ist, werden die Schleppstäbe zweckmäßig gelenkig angeschlossen (Fig. 101) und dadurch Zwangsspannungen in den Ketten verhindert.

Bei einer weiteren Klasse von Schleppern greift das Zugmittel im Schwerpunkt des Förderelementes an, und zwar kommen

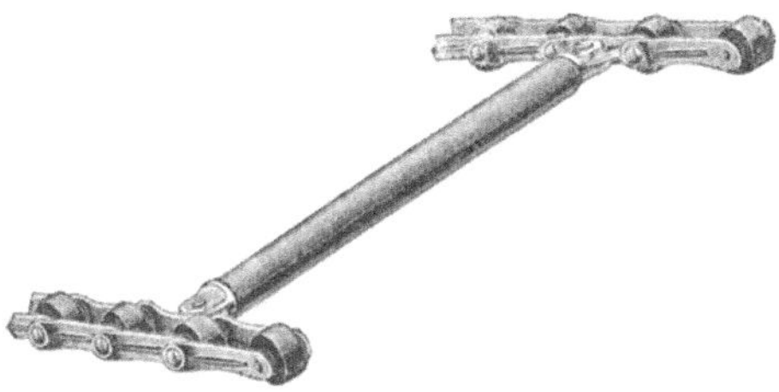
Fig. 101.

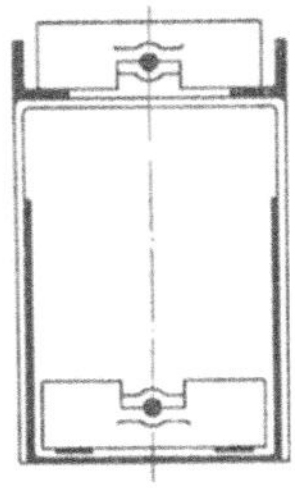
Fig. 102.

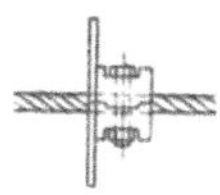
Fig. 103.

hier vorzugsweise Seile mit kreisförmigen Mitnehmerscheiben in Betracht. Die Link Belt Co. baut zwar auch Scheibenförderer mit Monobarkette, doch ist dies eine Ausnahme, ebensowie die in Fig. 102 skizzierte Anordnung eines Seilförderers mit rechteckigen Schaufeln.

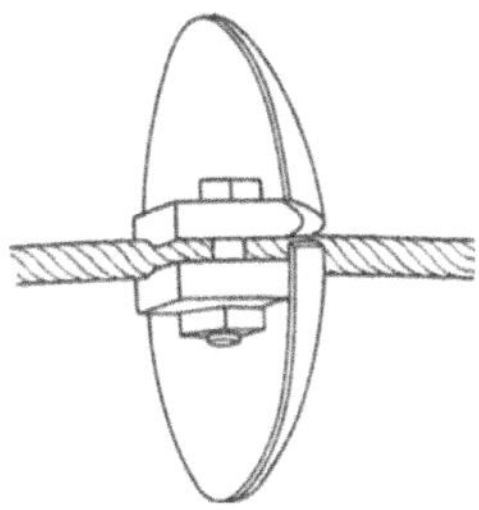
Fig. 104.

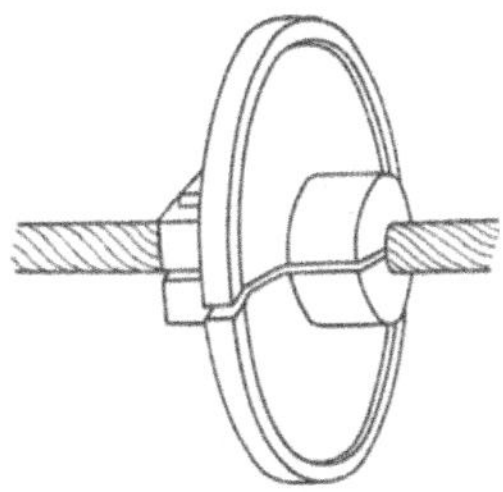
Fig. 105.

Die Befestigung der Förderelemente an dem Seil, das 25 bis 30 mm Durchmesser zu erhalten pflegt, wurde schon früher besprochen. Fig. 103 bis 105 stellen normale Mitnehmerformen dar; nur bei großen Widerständen kommen vier Klemmschrauben zur Anwendung. Der Trog wird nach Fig. 106 und 107 aus Holz mit senkrechten oder schrägen Seitenwänden gefertigt und mit Blech ausgekleidet, das aber meistens abweichend von der Zeichnung, nur den unteren Teil einnimmt. Vielfach liegt nur eine Schleifleiste am Boden der Rinne (Fig. 108).

Fig. 106.

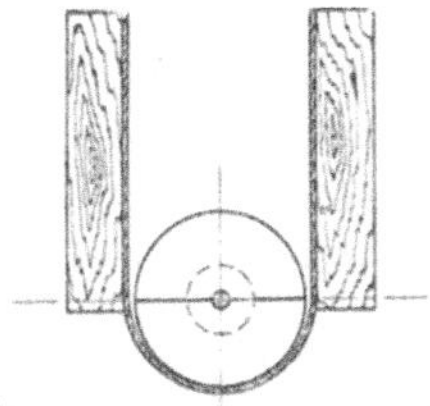

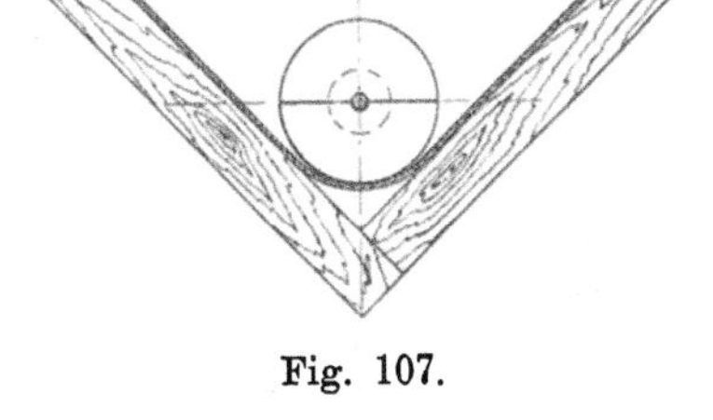
Fig. 107.

Indessen kann auch nach Fig. 109 die ganze Konstruktion in Eisen ausgeführt werden. Der gußeiserne Trog (Fig. 110) kommt nur für harte Stoffe, Steine u. dgl. in Betracht. Er macht ein Ausspringen des Förderers unmöglich und bietet den besonderen Vorzug, daß ohne weitere Hilfsmittel und ohne Unterbrechung der Förderung schwach gekrümmte Kurven genommen werden können.

Das rückkehrende Trum, das dem Förderstrang gegenüber ganz beliebige Lage haben

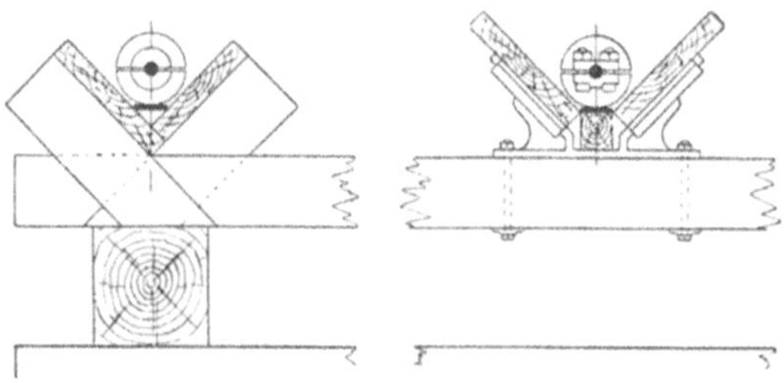

Fig. 108.

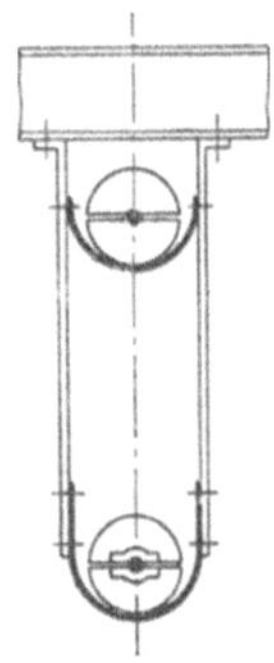

Fig. 109.

kann, muß ebenfalls in einer Rinne geführt werden, die aber nur so groß gehalten wird, daß sie das Ausspringen der Mitnehmer mit Sicherheit verhindert (Fig. 108 und 109).

Diese Seilschlepper werden hauptsächlich für Förderung leichter Stoffe, wie Holzabfälle, Sägespäne, Müll u. dgl., oder geringer Mengen schweren Fördergutes auf größere Entfernung benutzt. Ihre Vorzüge gegenüber Kettenförderern ähnlicher Bauart sind Billigkeit, geringes Gewicht und Ersparnis an Bedienung, indessen ist die Lebensdauer der Seile bei größerer Belastung begrenzt.

b) Aufgabe und Abwurf.

Die Materialzufuhr ist beim Kratzer außerordentlich einfach, da das Fördergut nur in den Trog eingeschüttet zu werden braucht. Einigermaßen gleichmäßige Aufgabe ist bei obenliegender Kette erwünscht, damit die Kette frei bleibt, bei Schleppern aber nicht nötig, wenn nur das Zugorgan stark genug ist, um einer Überlastung durch Materialanhäufung zu widerstehen.

An den Stellen, wo eingeschüttet wird, ist gegebenenfalls die Rinne mit schrägen Seitenwänden einzufassen, damit kein Material vorbeifällt. Geschieht die Aufgabe an beliebiger Stelle, so wird der ganze Querschnitt mit Rücksicht hierauf ausgebildet (vgl. Fig. 110). Die B. A. M. A. G. umgeht bei ihren Koksförderrinnen die hiermit verbundene Verteuerung der Anlage, indem sie, wie in Fig. 111

skizziert, eine fahrbare Schirmwand anwendet, die namentlich beim Ziehen des Koks aus den oberen Retorten gute Dienste leistet.

Die Abgabe des Fördergutes an bestimmten Stellen läßt sich leicht bewerkstelligen durch Herstellung von Öffnungen im Rinnenboden.

Auch gleichmäßige Beschüttung eines Lagers ist möglich, wenn man den Trog unten offen läßt, sodaß sich zunächst an der Auf-

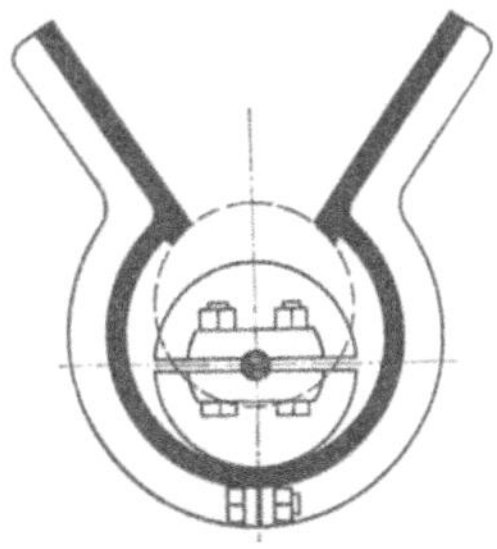

Fig. 110.

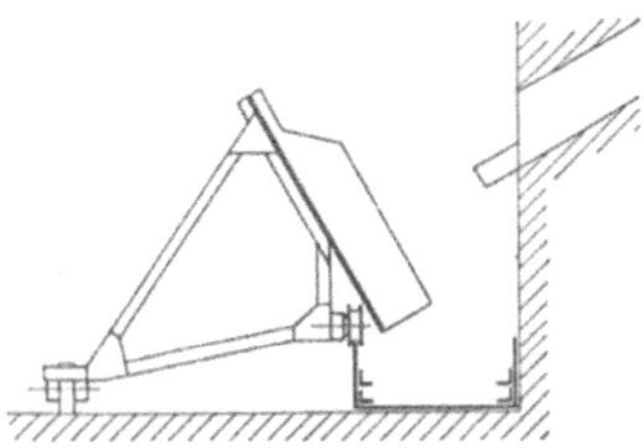

Fig. 111.

gabestelle ein Haufen bildet, der bis zur Unterkante der Schaufeln anwächst. Das nun folgende Gut wird mitgeschleppt und erweitert den Kegel in der Richtung der Bewegung (vgl. Fig. 117). Voraussetzung hierzu ist allerdings ein weiches Material, da sich oben eine glatte Schleiffläche bilden muß.

Die Öffnungen werden durch Schieber oder Klappen verschlossen, die von Hand durch Hebel oder Seilzug geöffnet werden

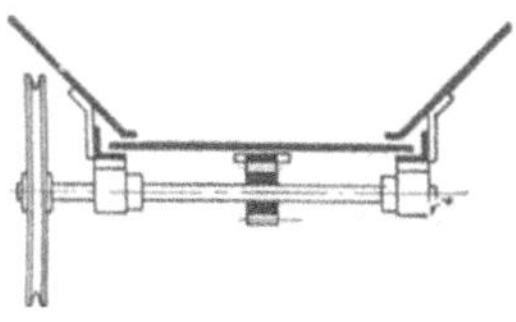

Fig. 112.

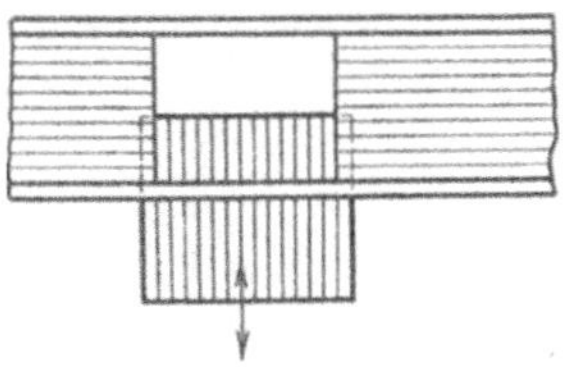

Fig. 113.

können. Am gebräuchlichsten sind Schieber, zu deren Bewegung, wenn Hebelübersetzung nicht genügt, Handräder oder Haspelräder mit Zahnstangengetriebe dienen. In Fig. 112 ist eine solche Vorrichtung skizziert, im übrigen gibt der Abschnitt über „Verschlüsse" konstruktive Anhaltspunkte.

Der Schieber kann parallel oder quer zur Tragachse bewegt werden. Letztere Anordnung gestattet, wie Fig. 113 verdeutlicht, durch unvollständige Öffnung des Schiebers eine teilweise Entleerung herbeizuführen und den Rest des Fördergutes nach einer andern Stelle zu schaffen. So können beispielsweise mehrere Kessel gleichzeitig mit Kohle versorgt werden.

Fig. 114 zeigt einen Klappenverschluß für Seilförderer. Damit die auf dem Rinnenboden schleifenden Mitnehmer ihre Stütze nicht verlieren, ist die Öffnung durch ein Flacheisen überbrückt, das indessen bei großstückigem Material die Entleerung erschweren würde. In solchem Falle ist daher das Flacheisen

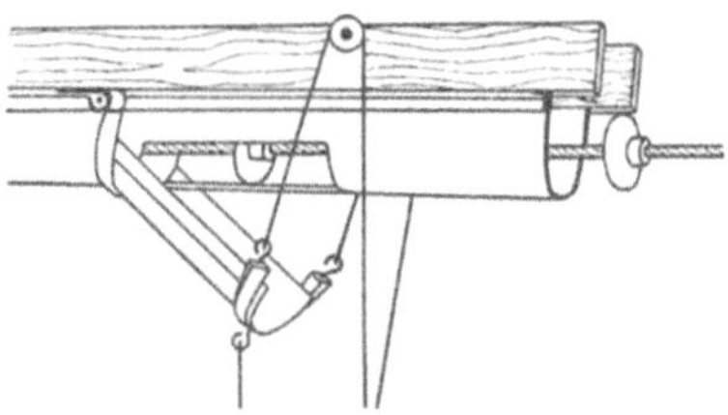

Fig. 114.

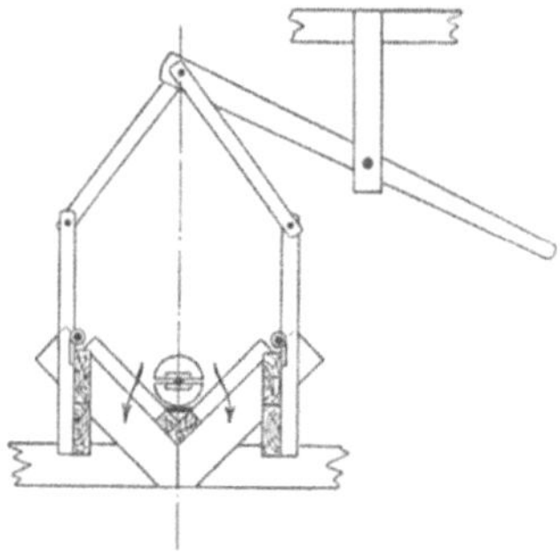

Fig. 115.

fortzulassen und das Trogblech so zu krümmen, daß die Schaufeln sicher wieder eingeführt werden. Die Klappe muß dann durch einen Schieber ersetzt werden.

Fig. 116.

V-förmige Tröge erhalten Klappen, die sich nach beiden Seiten öffnen (Fig. 115). Die Schleifleiste mit ihrer Holzunterstützung bleibt liegen.

Bei Schleppern mit untenliegender, mittlerer Kette ist der Auslaufquerschnitt durch die Kette verengt, so daß diese Förderer für großstückiges Material weniger geeignet erscheinen, wenn an Zwischenstellen entleert werden soll. Dagegen findet ein korrekter Abwurf am Ende des Förderers statt, wenn, wie Fig. 116 verdeutlicht, Kette und Mitnehmer über eine breite, glatte Umkehrrolle geführt werden.

c) Allgemeine Anordnung.

Fig. 117 zeigt die am häufigsten vorkommende Anordnung, einen wagerechten Förderer, mit dem Antrieb am einen, der Spannvorrichtung am anderen Ende. Der Kratzer kann in beiden Richtungen laufen, das Fördergut also an einem beliebigen Zwischenpunkte zugeführt werden. Am Rinnenboden werden Schieber angebracht, die nach Bedarf gezogen werden, oder es wird, wie im vorliegenden Falle angenommen, der Trog ohne Boden ausgeführt (s. oben).

Kratzer können auch in beträchtlicher Steigung — bis etwa 45^0 — arbeiten, wobei sich allerdings die Leistung verringert.

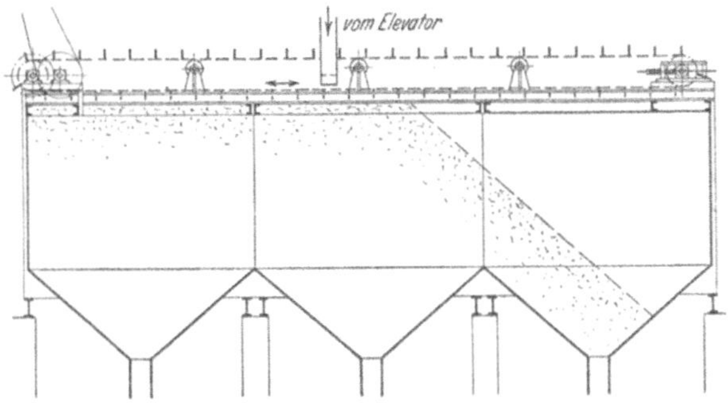

Fig. 117.

Kommen Ablenkungen in der vertikalen Ebene vor, so sind Laufrollen oder aber Kurvenräder anzuwenden. Zuweilen werden die beiden Kettenstränge in eine horizontale Ebene gelegt (Fig. 118) in der sie beliebige Wege beschreiben können, was z. B. beim Entleeren von Speichern vorteilhaft sein kann. Eine sehr freie Führung gestatten die Seilschlepper, da sich das Zugmittel beliebig ablenken und verdrehen läßt.

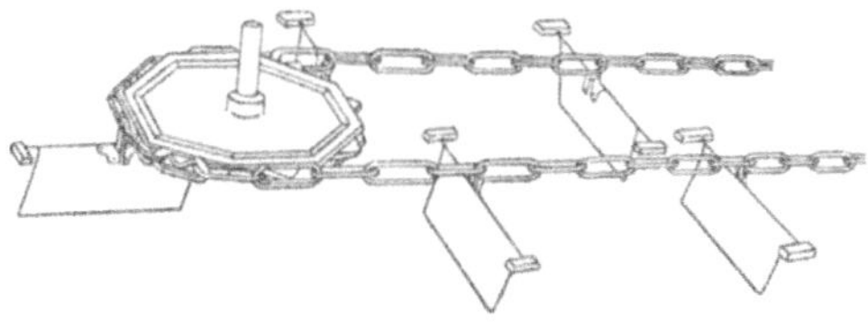

Fig. 118.

Fig. 119 verdeutlicht die normale Anordnung eines Seilschleppers bei wagerechter Lage der Antriebs- und Leiträder. Fig. 120 gibt den Querschnitt bei senkrechter Anordnung. An Stelle einer Schraubenspannvorrichtung, wie in Fig. 119 angewandt, kann bei sehr langen Förderern die in Fig. 121 dargestellte Vorrichtung benutzt werden, die mit ziemlich rohen Mitteln die Aufnahme einer beträchtlichen Seildehnung ermöglicht. Die Endscheibe — hier horizontal gelegt — ruht in einem Wagen, der unter der Einwirkung eines Flaschenzuges steht, dessen Seil zu einer kleinen Handwinde läuft. Diese ist an einem drehbar aufgehänkten Balken befestigt, der ein Gewicht trägt, welches die

Seilspannung konstant hält. Ist das Gewicht zu weit gesunken, so wird es durch die Winde wieder hochgekurbelt.

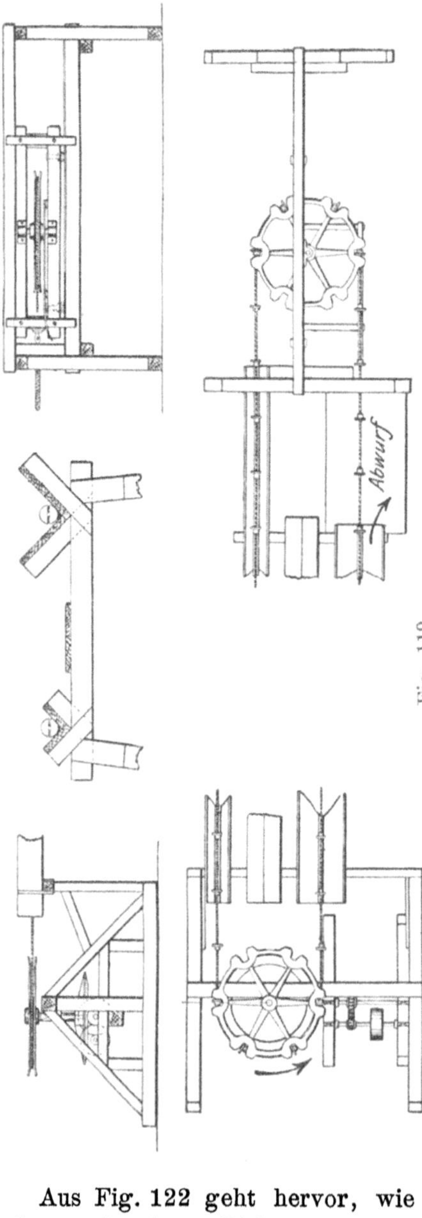

Fig. 119.

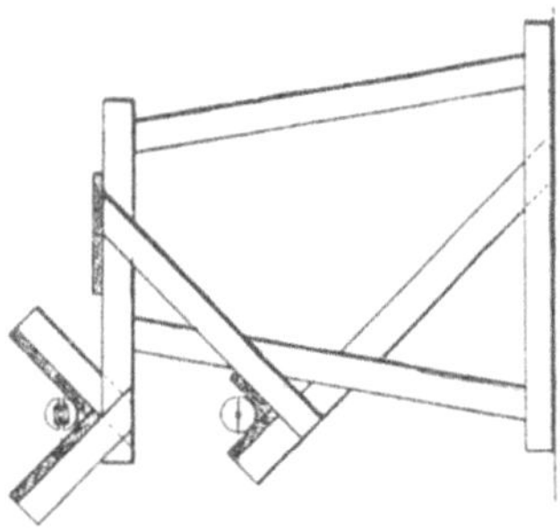

Fig. 120.

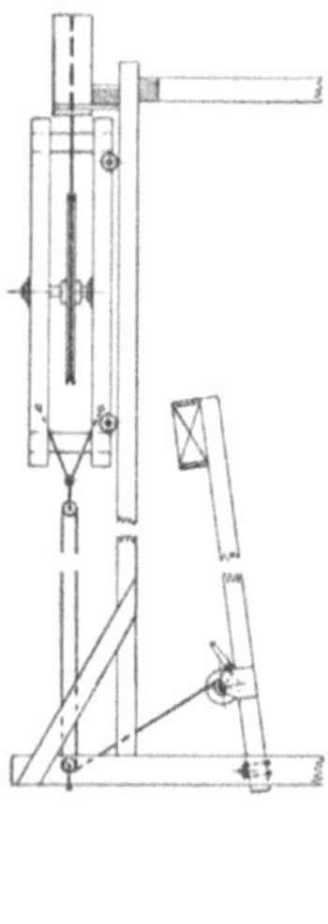

Fig. 121.

Aus Fig. 122 geht hervor, wie bei Förderung in zwei zueinander senkrechten Richtungen unter Einschaltung einer Abwurfstelle mit einem einzigen, in sich geschlossenen Seil auszukommen ist.

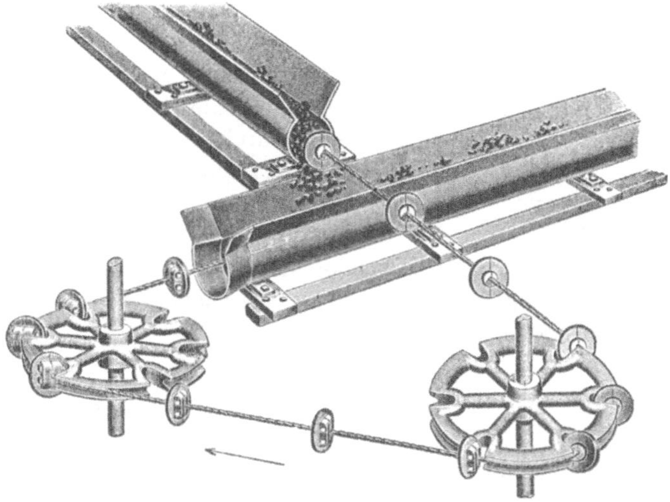

Fig. 122.

d) Bestimmung der Hauptabmessungen und des Kraftverbrauchs.

Die Arbeitsgeschwindigkeit der Kratzer pflegt zwischen 0,25 und 0,75 m/sek zu liegen. Für Kohle ist ein vielgebrauchter Durchschnittswert 0,5 m. Grobe Kohle verlangt Ermäßigung dieses Wertes, während Nußkohle, Getreide und leichte Stoffe höhere Geschwindigkeiten zulassen. Je langsamer der Kratzer arbeitet, um so geringer ist die Beanspruchung der Kette durch Stöße, um so weniger Reparaturen sind daher erforderlich. Viel gebrauchte Förderer wird man deshalb nicht so schnell laufen lassen, als solche, die wenig in Anspruch genommen werden, und bei denen daher die Kosten der ersten Anlage die Hauptrolle spielen.

Von Einfluß ist ferner die Art des Antriebes und im Zusammenhang damit das Gewicht der bewegten Massen.

Die Förderleistung berechnet sich, wenn i die von einer Schaufel bewegte Menge des Fördergutes in Liter bezeichnet, aus Gleichung (3):

$$Q = 3{,}6 \cdot \frac{i}{a} \cdot \gamma \cdot v \quad \text{(t/st)}$$

Der Abstand a der Kratzerschaufeln pflegt zwischen 0,4 und 0,6 m zu schwanken. Ein kleinerer Abstand wird in der Regel vorzuziehen sein, damit die Abmessungen der Schaufeln und des Troges nicht zu groß werden. Häufig ist jedoch die Stückgröße der Kohle für die Bestimmung des Trogquerschnittes — also von i — maßgebend, so daß a aus obiger Gleichung berechnet werden muß.

Die Menge i, welche eine Schaufel von gegebenen Abmessungen fassen kann, ist von der Natur des Fördergutes abhängig. Solche Stoffe, die aus scharfkantigen Brocken bestehen, wie Koks, haften fest zusammen, so daß ein einfacher Querstab einen Haufen Material befördern kann. Glatte Körner würden den Stab einfach durchgehen lassen und müssen daher mit hohen Schaufeln gefördert werden. Kohle legt sich in einer Kurve, etwa nach Fig. 123, vor die Schaufel, vorausgesetzt, daß die Stücke klein sind im Verhältnis zu den Schaufelabmessungen. Für Kohle in eisernem Trog darf im Mittel etwa gesetzt werden:

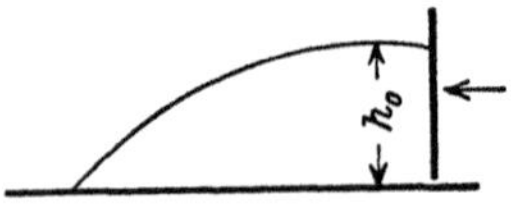

Fig. 123.

$$i = 2\,b\,h_0^2.$$

Für kleine Werte von h_0 ist i verhältnismäßig etwas größer, für große etwas niedriger.

In Deutschland werden allgemein niedrige Schaufeln angewandt, da die üblichen kurzgliedrigen Ketten ungeeignet sind, das bei hohen Schaufeln entstehende Moment des Bewegungswiderstandes aufzunehmen. Außerdem wächst bei rechteckigem Querschnitt der Widerstandskoeffizient mit h_0.

Tabelle 23 gibt einige für mittlere Verhältnisse passende Werte. Die Schaufelhöhe ist je nach der Wahrscheinlichkeit des Vorkommens von Überlastungen um etwa 20 bis 50 mm größer zu wählen als h_0.

Tabelle 23.

Kratzer für Kohle.

Schaufelbreite b (mm)	Nutzbare Schaufelhöhe h_0 (mm)	Schaufelbelastung i (l)	Leistung Q (t/st) bei $\gamma = 0{,}8$ und $v = 0{,}5$ m/sek, wenn der Schaufelabstand ist: $a = 0{,}4$ m	$a = 0{,}5$ m	$a = 0{,}6$ m
250	80	3,5	13	10	8
300	90	5	18	14	12
350	100	7	25	20	17
400	110	9,5	34	27	23
450	120	13	47	37	31
500	130	17	61	49	41
600	140	23	83	66	55

In Steigungen ist die Leistung geringer.

Die Link Belt Co. macht über ihre Kratzer mit trapezförmigem Trogquerschnitt folgende Angaben:

Tabelle 24.

Kratzer für Kohle.

(Link Belt Engineering Co.)

Schaufel-breite	Schaufel-hohe	Schaufel-belastung in der Wage-rechten	Leistung Q (t/st) in der Wagerechten bei $v = 0{,}51$ m/sek, wenn der Schaufelabstand ist			Leistung Q (t/st) bei $a = 0{,}610$ m in Steigungen von		
b (mm)	h (mm)	(kg)	$a=0{,}406$ m	$a=0{,}457$ m	$a=0{,}610$ m	10^0	20^0	30^0
254	102	6,8	31	27	20	16	13	9,5
305	102	8,6	39	34	26	22	16	12
305	127	10,4	47	42	31	26	20	15
381	127	14	63	56	42	37	29	20
457	152	18	—	72	54	45	37	29
457	203	27	—	108	82	65	52	44
508	203	32	—	—	95	76	60	51
610	203	41	—	—	122	109	87	65
610	254	52	—	—	156	136	109	82

Als Bewegungswiderstände treten auf:

1. Der Reibungswiderstand der Gleitschuhe, bzw. die Roll- und Spurkranzreibung der Stützrollen.

Für Gleitstützung darf etwa gesetzt werden, Eisen auf Eisen bei mittlerer Schmierung vorausgesetzt:

$$\mu = 0{,}35.$$

Die Zapfen der Laufrollen sind starker Verschmutzung ausgesetzt und werden selten gereinigt. Daher empfiehlt es sich, den Reibungskoeffizienten keinenfalls niedriger als 0,4 einzusetzen, wodurch Roll- und Spurkranzreibung mit gedeckt werden. Mit $\frac{d}{D} = \frac{1}{5}$ folgt dann der Widerstandskoeffizient:

$$w \geqq \frac{1}{12{,}5}.$$

Für feste Tragrollen dürfte sich μ etwas günstiger stellen. Soll jedoch die Kettenreibung durch den Widerstandskoeffizienten mit berücksichtigt werden, so ist etwa zu setzen

$$w = \frac{1}{12} \text{ bis } \frac{1}{18}.$$

2. Die Zapfenreibung der Antriebs- und Leitrollen. Für Fettschmierung soll angenommen werden:

$$\mu = 0{,}2.$$

3. Der Biegewiderstand der Ketten an den Antriebs- und Leitrollen.

Der Widerstand ist von der Gliedlänge unabhängig.[1]) Werden mit D der Durchmesser des Kettenrades, mit d' der Durchmesser des Gelenkbolzens, und mit S_1 und S_2 die Kettenspannungen bezeichnet, so ist:

$$W_3 = \mu \frac{d'}{D}(S_1 + S_2),$$

wo bei der im allgemeinen recht mangelhaften Wartung und starken Verschmutzung der Kette

$$\mu = 0{,}5 \quad \text{bis} \quad 1{,}0$$

nicht zu hoch gegriffen erscheint, zumal noch Reibung zwischen den Stirnflächen (Laschenreibung) hinzukommt.

4. Die Gleitreibung zwischen Trog und Fördergut. Der Reibungskoeffizient der Bewegung von Kohle auf Eisen beträgt 0,3 bis 0,4. Der Widerstandskoeffizient ist jedoch bei Kratzern mit Rechteckquerschnitt nicht, wie von vornherein angenommen werden sollte, gleich diesem Werte, sondern bedeutend höher. Bei Versuchen an einem Modell von 175 mm Trogbreite mit Blechboden und Seitenwänden aus Holz fand ich, daß der Widerstandskoeffizient mit der Schaufelbelastung wuchs, und zwar bei grusfreier Nußkohle von 0,55 bei 800 g, also $\frac{0{,}8}{1{,}75} = 0{,}46$ kg/dm Breite auf 0,76 bei 1500 g, also 0,86 kg/dm Breite. Kohlengrus ergab noch höhere Werte für ω. Dabei fand sich μ für Kohle auf Eisen zu 0,4 und für Kohle auf Holz zu 0,43.

Aus diesen Versuchen, sowie aus vorliegenden Messungen an ausgeführten Anlagen, glaube ich schließen zu dürfen, daß bei den in Tabelle 23 ange-gebenen Schaufelbelastungen von 1,1 bis 3,0 kg/dm Breite der Widerstandskoeffizient für grushaltige Kohle nicht weniger als 1,5 betragen, diesen Wert aber auch unter Umständen erheblich überschreiten wird. Ich empfehle daher zur Sicherheit, soweit keine Versuchsresultate vorliegen, einstweilen je nach der Größe von h_0 mit $w = 1{,}6$ bis 2,0 zu rechnen.

Der hohe Widerstandskoeffizient ist wohl dadurch zu erklären, daß das Material seitlich auszuweichen sucht, wobei Klemmwiderstände auftreten. Auch in den Spalt zwischen Schaufel und Trog können sich Teile einklemmen, indessen hatte bei meinen Versuchen die Größe des Spielraums keinen Einfluß auf den Widerstand.

Die Link Belt Co. gibt eine Formel für die Berechnung des Kraftverbrauchs von Kratzern an, der $w = 0{,}33$ zugrunde liegt. Wenn diese Formel richtig ist, so wäre eine Erklärung für den Unterschied gegenüber den oben angegebenen Werten darin zu

[1]) Vgl. Ernst, Hebezeuge.

finden, daß infolge der Neigung der Seitenwände bei der amerikanischen Bauart die Kohle nach oben ausweichen kann, somit Klemmungen ausgeschlossen sind.

5. Der Hubwiderstand, falls der Kratzer in einer Steigung arbeitet. Wird der Winkel gegen die Horizontale mit α bezeichnet, so findet sich die in die Bewegungsrichtung fallende Komponente einer gegebenen Last durch Multiplikation mit $\sin\alpha$. Auf den Arbeitsverbrauch beim Leerlauf hat diese Kraft, da der fördernde und der rückkehrende Strang sich ausgleichen, nur insofern Einfluß, als sie die Belastung der oberen Leitrolle, also Zapfenreibung und Biegewiderstand der Ketten an dieser Stelle, erhöht. Die eigentliche Hubarbeit berechnet sich nach Gl. (5) als:

$$\frac{Q \cdot H}{270}.$$

Für die Berechnung der Reibungswiderstände sind bei Förderung in Steigungen sämtliche Belastungen mit $\cos\alpha$ zu multiplizieren.

Zu erwähnen ist noch, daß bei ungleicher Gliedlänge oder schlechter Montage erhebliche Leerlaufwiderstände auftreten können. Bei normaler Güte der Ausführung brauchen diese indessen nicht besonders berücksichtigt zu werden, wenn mit den angegebenen Koeffizienten gerechnet wird. Ich betone ausdrücklich, daß der sofort nach Inbetriebsetzung gemessene Kraftverbrauch eines Förderers keinen sicheren Anhalt dafür gibt, wie hoch der Kraftverbrauch nach längerem Betriebe sein wird, da das Einarbeiten der bewegten Teile, das Blankschleifen der Gleitbleche und Führungen auf Verminderung, das Verschmutzen der Ketten und Lager hingegen auf Erhöhung der Widerstände wirkt. Durch gutes Schmieren und vor allem Reinhalten des Förderers kann viel Strom gespart und die Lebensdauer erhöht werden.

Beispiel. Ein Kratzer soll in der Stunde 30 t Nußkohle auf eine Länge von 35 m wagerecht fördern. Es wird Laufrollenstützung gewünscht.

Gewählt wird

$$v = 0{,}6 \text{ m/sek}$$
$$a = 0{,}5 \text{ m},$$

dann folgt mit $\gamma = 0{,}8$:

$$i = \frac{30 \cdot 0{,}5}{3{,}6 \cdot 0{,}8 \cdot 0{,}6} = 8{,}7 \text{ l}.$$

Dem entsprechen nach Tabelle 23 die Schaufelabmessungen $b = 400$ und $h_0 = 110$. Eine Schaufel von dieser Größe wiegt bei 4 mm Blechstärke mit Quereisen und Rollen etwa 8 kg. Die Kette bestehe aus zwei Strängen von je 7 kg/m Gewicht. Die bewegten Teile des Förderers wiegen also

$$2 \cdot 7 + \frac{8}{0,5} = 30\,\text{kg/m}.$$

1. Mit $w = \frac{1}{10}$ findet sich der Laufrollenwiderstand zu

$$W_1 = 2 \cdot 30 \cdot 35 \cdot \frac{1}{10} = 210\,\text{kg}$$

$$N_1 = \frac{210 \cdot 0,6}{75} = 1,68\,\text{PS}.$$

(Bei Gleitstützung oben ($\mu = 0,35$) und Tragrollen unten wäre $N_1 = \infty\ 3,5\,\text{PS}$).

2. Wird schätzungsweise der gesamte Kraftverbrauch zu 8 PS angenommen, so ergibt sich die Antriebskraft:

$$P = \frac{8 \cdot 75}{0,6} = 1000\,\text{kg}.$$

Da zur Bewegung des leeren Trums 105 kg nötig sind, so erhält die Umkehrrolle 210 kg Nutzbelastung. Infolge des Anziehens der Spannvorrichtung vermehre sich die Belastung jeder Achse um 200 kg, so daß die gesamte Belastung beider Leitrollen ist:

$$1000 + 210 + 2 \cdot 200 = 1610\,\text{kg}.$$

Mit $\frac{d}{D} = \frac{1}{7}$ und $\mu = 0,20$ ergibt sich der zugehörige Widerstand als:

$$W_2 = 1610 \cdot 0,20 \cdot \frac{1}{7} = 46\,\text{kg}$$

$$\text{und } N_2 = 46 \cdot \frac{0,6}{75} = 0,37\,\text{PS}.$$

3. Der Biegewiderstand der Ketten ist mit $\mu = 0,8$, $d' = 14$ mm und $D = 600$ mm:

$$W_3 = 0,8 \cdot \frac{14}{600} \cdot 1610 = 30\,\text{kg},$$

$$N_3 = \frac{30 \cdot 0,6}{75} = 0,24\,\text{PS},$$

also die gesamte Leerlaufarbeit $N_1 + N_2 + N_3 = 2,29\,\text{PS}$.

4. Mit $w = 1,8$ folgt die Nutzarbeit:

$$N_4 = \frac{w \cdot Q \cdot L}{270} = \frac{1,8 \cdot 30 \cdot 35}{270} = 7,0\,\text{PS},$$

so daß sich der Gesamtkraftverbrauch auf 9,29 PS und der Kraftverbrauchskoeffizient auf

$$\varkappa = \frac{270 \cdot 9{,}29}{30 \cdot 35} = 2{,}38$$

beläuft.

Wird für die Vorgelege ein Wirkungsgrad von 0,8 angenommen, so ergibt sich die erforderliche Motorstärke zu rund 12 PS.

e) Anwendbarkeit.

Kratzer und Schlepper treten hauptsächlich in Wettbewerb mit Bändern. Ihre Vorzüge diesen gegenüber sind: billige Herstellung, bequemes Aufgeben und Abziehen des Fördergutes, Umkehrbarkeit der Förderrichtung.

Dagegen ihre Nachteile:

Hoher Kraftverbrauch und Verschleiß, Schädigung empfindlichen Fördergutes, weniger ruhiges Arbeiten.

Ausschlaggebend ist nicht selten die bequeme Entleerbarkeit, so bei Kesselhäusern, wo eine Anzahl Kessel von demselben Förderer aus bedient werden müssen und die Leistung niedrig ist, sodaß der Kraftverbrauch keine ausschlaggebende Rolle spielt. Kohleförderung ist überhaupt das wichtigste Anwendungsgebiet der eigentlichen Kratzer.

Über Schlepper und ihr Verhältnis zu den Kratzern ist das Wichtigste bereits gesagt worden. Sie sind für leichte Stoffe am besten geeignet.

Der Kratzer kann auch mit Schnecken und Schüttelrinnen in Wettbewerb stehen. Den ersteren ist er, was den Kraftverbrauch anbetrifft, immerhin erheblich überlegen, auch haben die Schnecken eine noch ungünstigere Wirkung auf das Fördergut. Die Schüttelrinne ist dagegen bei größeren Leistungen in jeder Beziehung dem Kratzer vorzuziehen, sofern eine genügend starre Unterlage geschaffen werden kann, während bei kleinen Leistungen ihr Kraftverbrauch sehr hoch ist. Beide Fördermittel übertreffen den Kratzer an Einfachheit und Billigkeit.

6. Kapitel.

Förderbänder aus biegsamen Stoffen.

Das Förderband (Gurtförderer, Bandtransporteur) wird durch einen wagerecht oder in mäßiger Steigung geführten Gurt gebildet, der an jedem Ende über eine Umkehrrolle geleitet und dazwischen durch Tragrollen gestützt wird. Das Material ruht während der Förderung auf dem Bande.

a) Gurte und Rollen.

Alle in Kapitel 1 aufgeführten Riemenarten können als Förderbänder benutzt werden. Kaniss empfiehlt von seinen Fabrikaten, die in Breiten bis zu 2 m angefertigt werden, u. a. folgende:[1])

Hanfgarngurte Nr. 3, 5, 7,
Hanfbindfadengurte Nr. 2, 10, 11,
Kamelhaarriemen normal,
Baumwolltuchriemen 4, 6 und 8fach.

Für den Transport gefüllter Säcke werden empfohlen:

Hanfgarngurte Nr. 7 und 8,
Hanfbindfadengurte Nr. 11 und 13,
Baumwolltuchriemen 6, 8 und 10fach.

Für schweren Betrieb eignen sich, wie schon erwähnt wurde, vorzugsweise Balata- und Gummigurte.

Die einfachen Riemen sind verschiedentlich abgeändert worden, mit der Absicht, ihnen bessere Haltbarkeit oder größere Leistungsfähigkeit zu geben.

Jeffrey gibt dem Riemen auf der Tragseite einen besonders dicken Gummiüberzug. Robins läßt in der Mitte einige Baum-

Fig. 124.

wolllagen fort und verstärkt dafür nach Fig. 124 die Gummischicht an dieser am meisten beanspruchten Stelle. Mead brachte vor

Fig. 125.

einigen Jahren ein Band nach Fig. 125 auf den Markt, bei welchem an den Stellen, wo das Band sich bei Verwendung von Schrägrollen biegen muß, die Gummidecke auf Kosten der Einlage verstärkt wurde. Diese Ausführungsart scheint sich indessen nicht bewährt zu haben.

Versuche, die Baumwolleinlage der Gummibänder durch ein Drahtgeflecht zu ersetzen, haben noch keinen Erfolg gezeitigt, da die beiden Stoffe nicht aneinander haften.

Um das Abfallen des Fördergutes zu verhindern, näht Kaniss bei Hanf- und Baumwollgurten Seilkanten auf oder schlägt nach Fig. 126 das Band am Rande um. In Amerika ist der Versuch gemacht worden, gewellte Gummiwinkel aufzusetzen, wie in Fig. 127 skizziert, die sich beim Umlaufen der Leitrollen strecken.

---

[1]) Vgl. Tabelle 11.

Um in Steigungen fördern zu können, die den Reibungswinkel überschreiten, besetzt man zuweilen das Band mit Holzleisten. Auch hat man versucht, dem Bande eine wellige Oberfläche zu geben.

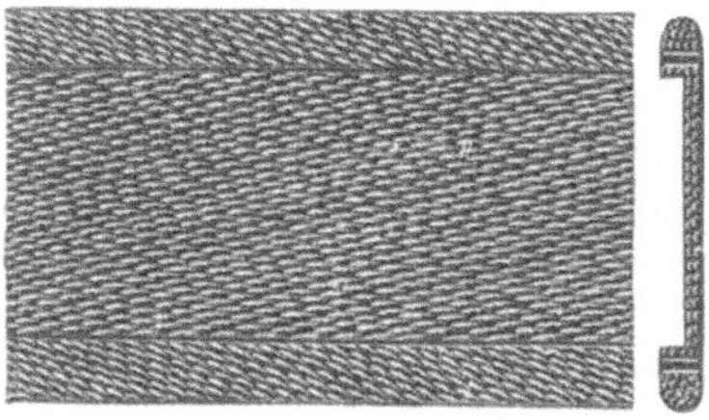

Fig. 126.

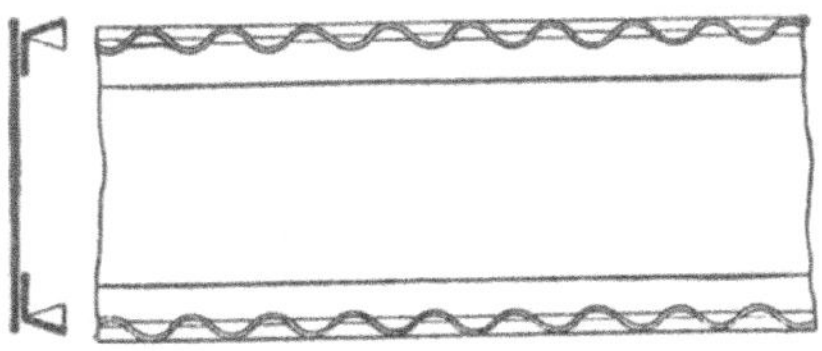

Fig. 127.

Die Bänder können in der Fabrik endlos gewebt werden, meist ist jedoch eine Stoßstelle vorhanden, die durch Übernähen mit Segeltuch oder besser mit gutem, dünnem Leder zu verbinden ist (Fig. 128). Auch Riemenkrallen nach Fig. 129 kommen zur

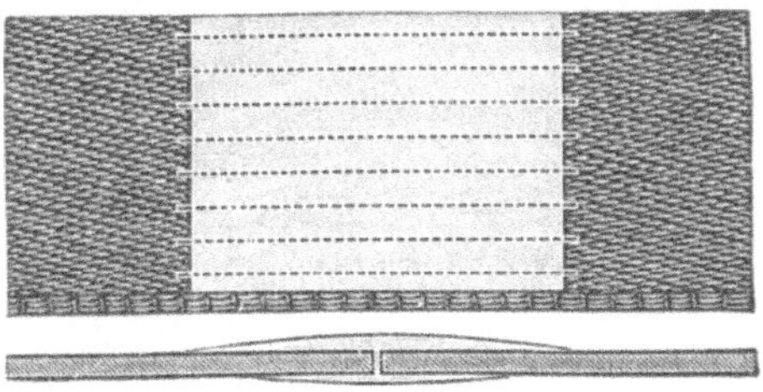

Fig. 128.

Fig. 129.

Anwendung. Die Bandenden müssen genau rechtwinklig abgeschnitten werden, da das Band sonst schief läuft. Selbst bei endlos gewebten Bändern kommt Schieflaufen infolge mangelhafter Spleißung vor.

Antriebs- und Leitrollen werden gewöhnlich ballig gedreht. Als Lager können Stehlager normaler Konstruktion mit Öl- oder Fettschmierung dienen. Beliebt sind Lager mit Kugelbewegung oder verwandte Ausführungen, die ein selbsttätiges Einstellen der Lagerschalen gestatten. Der Durchmesser der Leitrollen wird, je nach der Stärke und Steifigkeit des Bandes, zwischen 300 und 600 mm gewählt, bei kleinen Ablenkwinkeln noch geringer. Der Durchmesser der Antriebrollen kann etwa gesetzt werden:

$$D = 50 + 3N \text{ bis } 50 + 4N \text{ (cm)}, \quad . \quad . \quad . \quad (22)$$

wenn N der Kraftverbrauch des Bandes in PS ist. Wenn nicht, wie es die Regel ist, das belastete, sondern das leere Trum auf die

Scheibe aufläuft, versieht Robins die Antriebrolle mit einem Lederüberzug, weil sich im Betriebe herausgestellt hat, daß der Gurt in diesem Falle zum Gleiten neigt.

Die Antriebswelle wird auf Biegung und Verdrehung beansprucht. Für vorläufige Ausmittlungen ist Gleichung (21) zu benutzen.

Die Leitrollenwellen sind auf Biegung zu berechnen und können überschläglich angenommen werden mit:

$$d = 0{,}1\,D + 0{,}5 \quad \text{bis} \quad 0{,}1\,D + 1{,}0\,(\text{cm}) \quad . \quad . \quad . \quad (23)$$

In allen Fällen ist die Flächenpressung zu beachten.

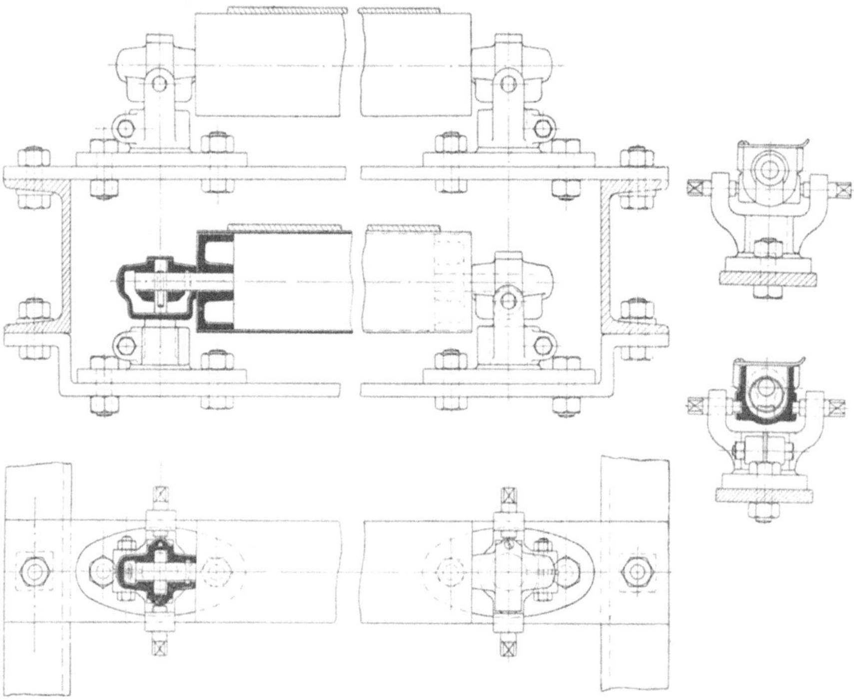

Fig. 130 bis 133

Die Rollenbreite muß mindestens 50 mm mehr als die Bandbreite betragen.

Die Stützrollen werden entweder so konstruiert, daß das Band flach liegt, oder daß es Muldenform erhält. Im ersten Falle empfiehlt es sich, wenigstens an der Beschüttungsstelle und weiterhin in größeren Abständen Schrägrollen zu setzen, die das Band aufbiegen und das allmählich sich ausbreitende Fördergut wieder zusammenführen. Der Durchmesser der Stützrollen schwankt zwischen 80 und 200 mm. Er wird in Amerika durchweg größer gewählt als in Deutschland. Für die Bemessung des Zapfendurchmessers gibt Formel 23 einen Anhalt.

Fig. 130 bis 133 geben die Konstruktion flacher Rollen von Luther wieder, wie sie bei einem für die B. A. M. A. G. gelieferten Bandförderer ausgeführt sind. Die Rollen sind aus Rohren hergestellt und die Zapfen mit gußeisernen Endstücken eingesetzt. An die Stelle der früher üblichen Fettschmierung des Lagers ist Ringschmierung getreten. Der Lagerkörper wird von Schrauben gehalten und kann daher parallel zum Bande verschoben werden, falls infolge ungenauer Montage Schieflaufen eintreten sollte. Die Traggabel ist auf einem zylindrischen Ansatz der Grundplatte festgeklemmt, so daß Einstellung in allen Richtungen möglich ist.

Fig. 134.

Fig. 135.

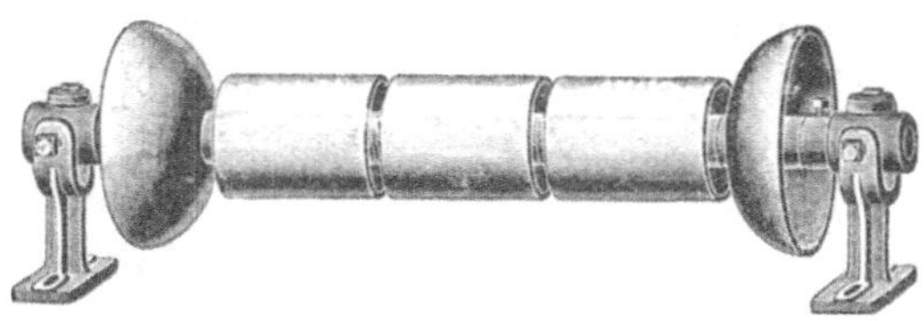
Fig. 136.

Fig. 134 zeigt eine flache Holzrolle von Jeffrey. In Fig. 135 ist die Rolle eingedreht und gibt daher dem Bande Muldenform, wodurch eine stärkere Beschüttung möglich wird. Für bessere Ausführungen ist diese Rollenform unzulässig, weil die Geschwindigkeiten von Rollenumfang und Band nur an zwei Punkten übereinstimmen können und sonst ein Gleiten stattfinden muß, das eine rasche Zerstörung der Bandoberfläche herbeiführt. Vorteilhafter in dieser Hinsicht erscheint die Ausführung Fig. 136 mit unabhängig sich drehenden kugligen Seitenrollen. Zwar ist, da eine Kugelzone zum Anliegen kommt, auch hier ein gewisses Gleiten unvermeidlich, doch tritt die schädliche Wirkung bei der geringen Belastung des Bandrandes weniger hervor.

Fig. 137 bis 139 zeigen ein gut durchgebildetes Ringschmierlager von Webster mit selbsttätiger Einstellung in zwei Richtungen. Eine Filzscheibe verhindert das Eindringen von Staub. Schrägrollen derselben Firma, die beim Passieren des Abwurfwagens heruntergeklappt werden können, gibt Fig. 140 wieder.

Robins war der erste, der dem muldenförmigen Bande zu einem Erfolge verhalf. Er wendet nach Fig. 141 für das belastete Trum drei in einer senkrechten Ebene liegende Stützrollen an, die

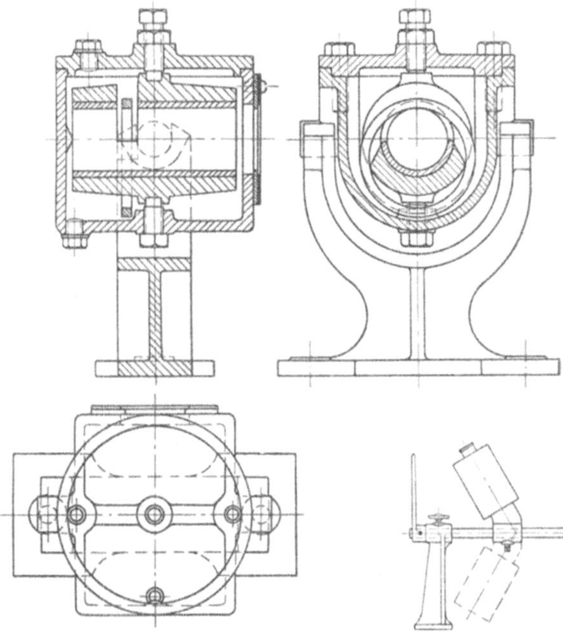

Fig. 137 bis 139.

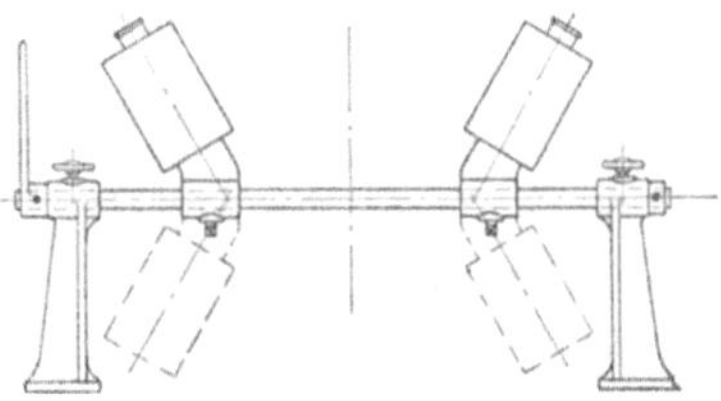

Fig. 140.

sich auf in festen Böcken gelagerten, starkwandigen Rohren drehen. Der Neigungswinkel der Seitenrollen beträgt 15 bis 30°. Die Böcke

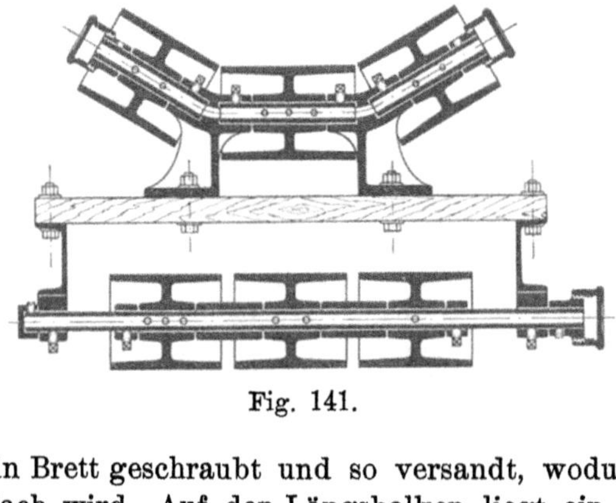

Fig. 141.

werden auf ein Brett geschraubt und so versandt, wodurch die Montage sehr einfach wird. Auf den Längsbalken liegt ein staubdichter Bretterbelag — bei Eisenkonstruktion ein Blech von $1^1/_2$ mm Stärke — um die Rückseite des leeren Trums, das sich ebenfalls auf drei getrennte gußeiserne Rollen stützt, vor Verunreinigung zu schützen. Die Schmierung geschieht durch Staufferbüchsen. Einen Förderer von Robins, als Sortierband benützt, zeigt Fig. 142.

Fig. 142.

Die Rollenanordnung von Robins ist in Amerika geschützt, wird aber in Deutschland mit geringen Änderungen von mehreren Firmen nachgebaut.

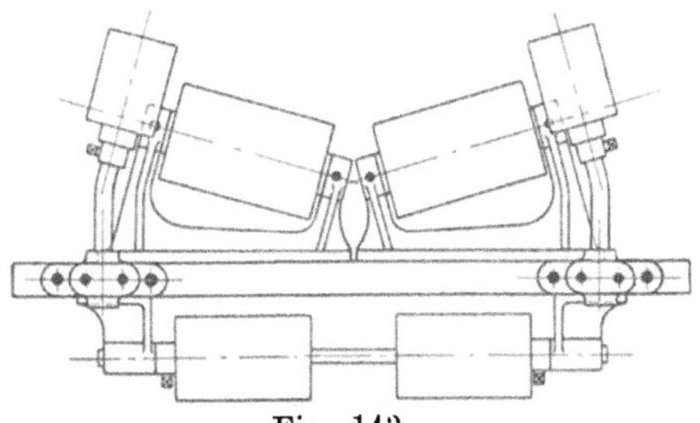

Fig. 143.

Die Muldenform erhöht die Leistungsfähigkeit eines Bandes von gegebener Breite außerordentlich. Die Frage, um wieviel das Aufbiegen die Lebensdauer verkürzt, ist schwerlich zu lösen, solange nicht Versuche mit flachen und muldenförmigen Bändern unter ganz gleichen Umständen gemacht werden. Jedenfalls spielt die Güte des Gurtmaterials eine wichtige Rolle.

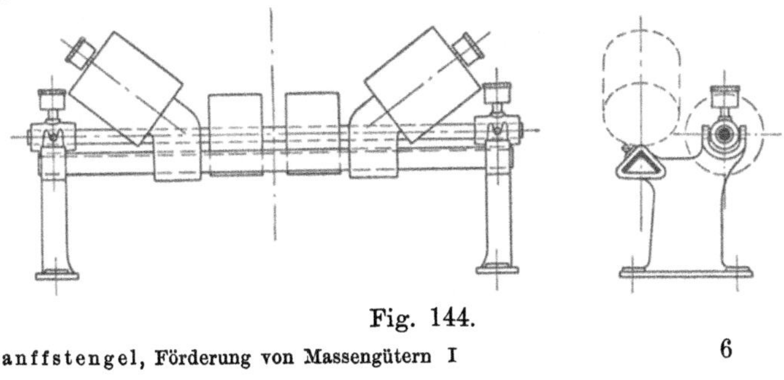

Fig. 144.

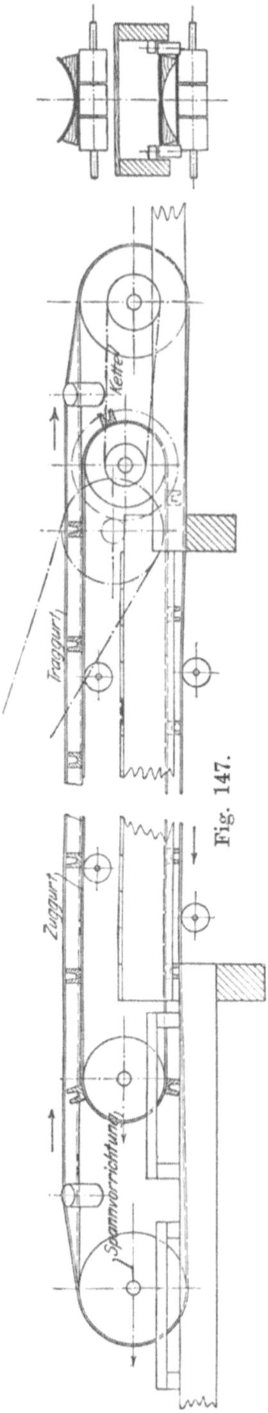

Fig. 147.

Mit der Bauart Robins verwandt sind die Anordnungen Fig. 143 und 144. Im einen Falle ist die wagerechte Mittelrolle fortgelassen, im andern liegen die Rollen in verschiedenen Ebenen. Bemerkenswert ist hier die Stützung der Schrägrollen und ihre durch Fig. 145 erläuterte, selbsttätige Schmierung.

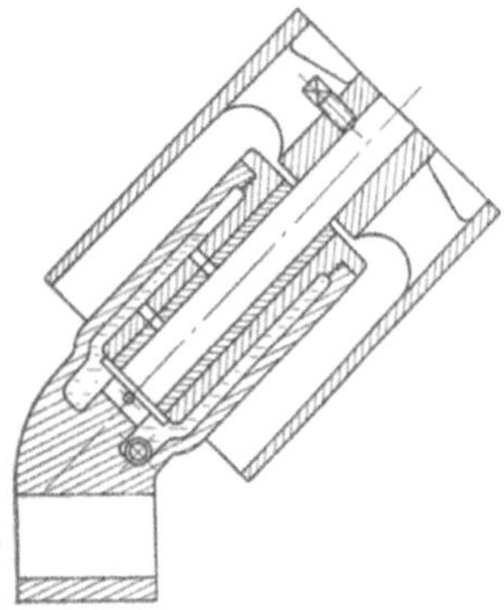

Fig. 145.

Zur Verhinderung seitlichen Ablaufens infolge einseitiger Belastung werden bei allen Muldenbändern in Abständen von 12 bis 15 m Leitrollen gesetzt, wie in Fig. 143 angegeben.

Für gewisse Zwecke, insbesondere breiige Stoffe, werden die Stützrollen verstellbar ausgeführt (Fig. 146).

Zu den Muldenbändern gehört auch der Doppelgurtförderer von Ridgway (Fig. 147). Die Konstruktion ist eine

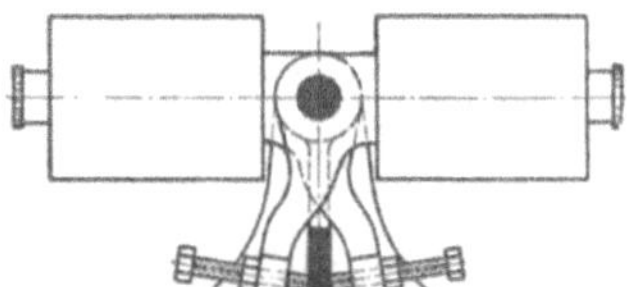

Fig. 146.

folgerichtige Weiterbildung desselben Gedankens, der dem sog. Gummibande zugrunde liegt, nämlich das tragende Element von dem ziehenden zu trennen. Dort nimmt die Baumwolleinlage die Zugkraft auf, während der Gummiüberzug das Band gegen Verletzung von außen her schützt. Hier, bei dem Ridgway-Förderer, überträgt ein inneres flaches Band den größeren Teil der Antriebkraft, und der außen laufende, schwächer gespannte Gurt hat vorwiegend zum Tragen des Fördergutes zu dienen.

Beide Bänder werden durch ihre Antriebscheiben, die durch eine Kette verbunden sind, mit der gleichen Geschwindigkeit bewegt. Jedes Band hat seine eigene Spannvorrichtung. Der Zuggurt wird durch Rollen unterstützt und ist mit ausgerundeten, durch Kupferniete befestigten Holzklötzen besetzt, in die sich das Tragband beim Hingang muldenförmig einlegt. In der Nähe der Endscheiben wird das Tragband durch Schrägrollen zusammengeführt und etwas angehoben, so daß die Bänder sich nur auf dem wagerechten Lauf berühren. Beim Rückgang läuft das Tragband über die Stützrollen und nimmt die Last des Zugbandes auf. Beide Bänder werden hier durch senkrechte Führungsröllchen am seitlichen Ablaufen gehindert.

Das Tragband kann an festen oder beweglichen Abwurfstellen ohne weiteres von dem unteren Gurt abgehoben und wieder zurückgeleitet werden. Im übrigen läßt sich aber die Führung des Bandes offenbar nicht so frei wählen, wie bei den üblichen Konstruktionen.

Gegenüber dem einfachen, durch Schrägrollen aufgebogenen Gurt ist als Vorteil anzuerkennen, daß das Tragband keine scharfen Knicke erfährt und daß es, wenn abgenutzt, allein für sich ersetzt werden kann, während der Zuggurt überhaupt keine nennenswerte Abnutzung erleidet. Jedes Band kann aus dem für seinen Zweck bestgeeigneten Material hergestellt werden. Da fast ausschließlich flache Rollen mit wagerechten Achsen zur Verwendung kommen, so ist es möglich, Ringschmierlager anzuwenden.

Statt der Bänder aus Pflanzenfaserstoffen kommen, wie schon in Kapitel 1 erwähnt, vereinzelt Drahtgurte zur Anwendung, und zwar vorzugsweise für feuchtes Gut, z. B. in Kohlenwäschen. Das Band läßt das Wasser abtropfen und kann gleichzeitig als eine Art von Sieb dienen. Für ähnliche Zwecke werden Bänder verwandt, die aus einer Anzahl nebeneinander liegender Seile bestehen. Auch lassen sich diese Förderer für Stückgut verwenden. Statt runder Seile benutzt die Quadratseilfabrik „Patent Bek" ihre geflochtenen Quadratseile[1]) und stellt so eine ebene Bandoberfläche her. Die Konstruktion hat den weiteren Vorzug, daß das Drehbestreben der Seile und damit die Gefahr seitlichen Herunterfallens des Fördergutes wegfällt. Die Anordnung kann etwa nach Fig. 148 getroffen werden. Die Seile des Förderers *I* liegen zwischen denen des anschließenden Bandes *II*, daß sich um die gemeinsame Leitrolle beliebig schwenken läßt.

[1]) D. R. P. 147384.

Als ein Versuch ist einstweilen das kurvenbewegliche Transportband („Einschienenförderer") von Bek anzusehen.[1]) Es besteht aus einzelnen, durch Gelenkstäbe verbundenen Fahrgestellen, die sich mit je einer Laufrolle auf eine mittlere Schiene stützen. Jedes Gestell trägt einen drehbaren Bügel oder Sattel, über den ein Band gelegt ist, das zwischen zwei Gestellen in einer Mulde

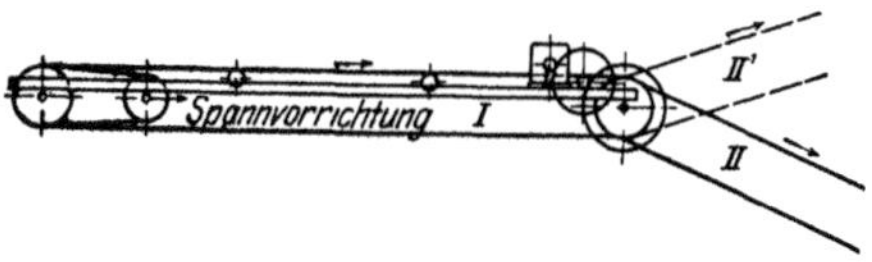

Fig. 148.

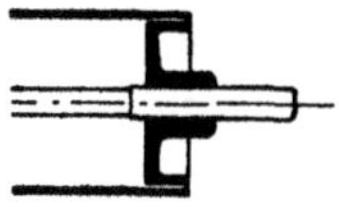

Fig. 149.

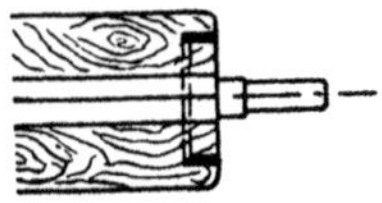

Fig. 150.

durchhängt und hier den Hauptteil des Materials aufnimmt. Zur Entleerung werden die Bügel gekippt, so daß das Material seitlich aus der Mulde herausfällt.

Noch nicht ausgeführt ist meines Wissens der Vorschlag, das Band an zwei Seilen zu befestigen, zwischen denen es wie ein Sack durchhängt, eine Mulde zur Aufnahme des Fördergutes bildend, während die Seile die Zugspannung aufnehmen.[2]) Auch die Idee, Material zwischen zwei gegeneinander gedrückten Gurten senkrecht zu heben, hat noch keinen größeren Erfolg gehabt.[3])

Tabelle 25.

Preise für Tragrollen. (Gebr. Commichau).

Die oberen Zahlen gelten für Rollen aus schmiedeeisernen Rohren mit Stahlachsen nach Fig. 149, die unteren für Holzrollen mit durchgehenden Achsen und schmiedeeisernen Ringen am Ende nach Fig. 150.

Durchmesser	Lange (mm)								
(mm)	250	300	350	400	450	500	600	700	800
100	12,0 6,0	13,0 6,5	14,0 7,0	15,0 7,5	16,0 8,0	17,0 8,5	19,0 9,5	21,0 10,5	23,0 11,5
125	14,0 7,0	15,50 7,75	17,0 8,5	18,5 9,25	20,0 10,0	21,5 10,75	23,5 12,0	25,5 13,25	27,5 14,5
150	17,0 8,5	19,0 9,5	21,0 10,5	23,0 11,5	25,0 12,5	27,0 13,5	29,5 15,0	32,0 16,5	34,5 18,0
200	23,0 —	25,5 —	28,0 —	30,5 —	33,0 —	35,5 —	38,5 —	41,5 —	44,5 —

[1]) D. R. P. 147022.
[2]) Vgl. Luther, S. 99/100.
[3]) Vgl. D. R. P. 168817 und Prakt. Maschinenkonstr. 1905, Tafel 38, Fig 18.

Tabelle 26.

Preise für größere eiserne Rollen mit Stahlachsen. (Gebr. Commichau.)

Durchmesser (mm)	Länge (mm)								
	250	300	350	400	450	500	600	700	800
300	29,0	32,0	35,0	38,0	41,0	44,0	48,0	52,0	56,0
400	36,0	39,5	43,0	46,5	50,0	53,5	58,5	63,5	68,5
500	44,0	48,0	52,0	56,0	60,0	64,0	70,0	76,0	82,0
600	53,0	57,5	62,0	66,5	71,0	75,5	82,5	90,0	98,0

Tabelle 27.

Gewichte und Preise gußeiserner Leitrollen, fertig bearbeitet, gerade gedreht, ohne Achsen. (B. A. M. A. G.)

(Die oberen Zahlen gelten für Gewichte (kg), die unteren für Preise (M))

Durchmesser (mm)	Länge (mm)				
	300	350	400	450	500
200	18,0 22,0	25,0 25,5	30,0 29,0	— —	— —
250	22,0 26,5	30,0 31,5	35,5 35,5	— —	— —
300	27,0 31,0	37,0 37,0	43,0 42,0	— —	— —
400	37,0 40,0	52,0 48,0	58,0 55,0	— —	— —
600	61,0 58,5	83,0 70,0	92,0 81,5	106,0 95,0	122,0 100,0
800	89,0 80,0	120,0 95,0	132,0 111,0	154,0 127,5	174,0 145,0

Tabelle 28.

Preise für Lager mit Kugelbewegung und Staufferschmierung nach Fig. 151. (Gebr. Commichau.)

Bohrung des Lagers (mm)	15	20	25
Preis des Lagers ganz aus Gußeisen	8,0	10,0	13,0
Preis des Lagers mit Rotgußschale und Staufferbüchse	9,5	12,0	16,0

b) Aufgabe und Abwurf.

Zur Materialaufgabe werden Auflaufschurren nach Fig. 152 und 153 verwandt. Die Auflaufbreite kann etwa 0,6 bis 0,7 der Bandbreite sein, die Durchgangsweite D bestimmt sich nach der Stückgröße. Punkt b soll senkrecht über Punkt a liegen, damit keine Stücke unmittelbar auf das Band fallen können. Zweckmäßig ist es, den unteren Teil des Rutschbleches zu krümmen, weil dadurch der Stoß beim Auftreffen sehr gemildert und Band und Fördergut geschont wird. Voraussetzung ist natürlich, daß das Material mit genügender Geschwindigkeit ankommt und nicht etwa durch das Band aus dem Trichter abgezogen wird. Die beiden seitlichen Leitbretter sollen ein Herausspringen des Materials verhindern. Sie werden häufig mit schräg gestellten Gummistreifen versehen, die auf dem Bande schleifen.

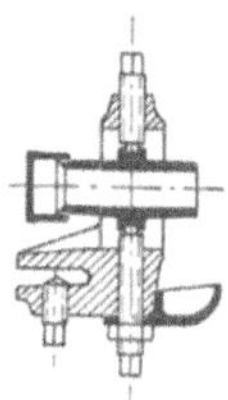

Fig. 151 (zu Tab. 28).

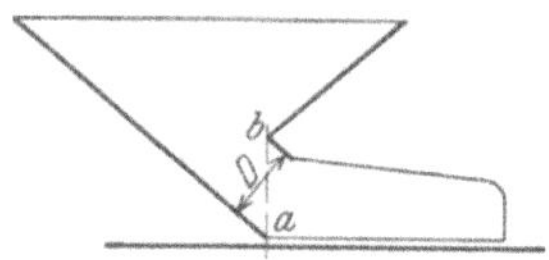

Fig. 152.

Fig. 153.

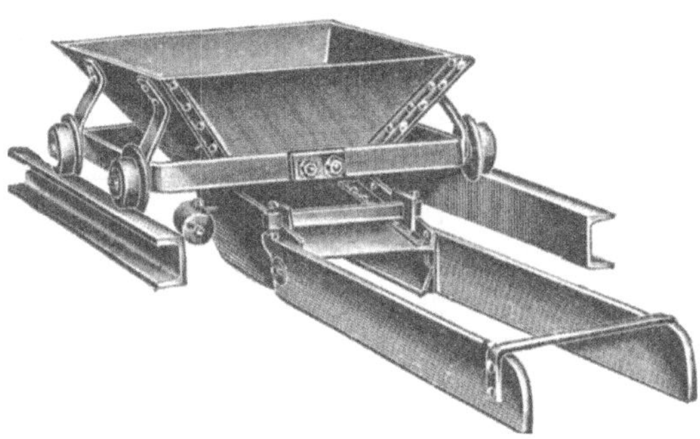

Fig. 154. Auflaufwagen der Guilleaumewerke.

Wenn das Band an verschiedenen Stellen beschickt werden soll, so wird die Auflaufschurre auf Räder gesetzt (Fig. 154).

Die Konstruktion der Auflaufschurre verdient bei dem Förderbande besonders sorgfältiges Studium, weil an dieser Stelle die stärkste Abnutzung auftritt. Der Grundgedanke muß immer der sein, dem Fördergut die Richtung und Geschwindigkeit des Bandes zu erteilen.

Das Abnehmen des Fördergutes geschieht mittels einer Umkehrrolle (Fig. 155), an welcher sich das Gut infolge der Zentrifugalkraft vom Bande löst. Der Punkt, an dem die freie Bewegung des Materials beginnt, wird bestimmt durch die Gleichung:

$$\frac{G}{g} \cdot \frac{v^2}{r} = G \cdot \sin\alpha ; \qquad \sin\alpha = \frac{v^2}{g \cdot r} ;$$

$$\boldsymbol{h = r \cdot \sin\alpha = \frac{v^2}{g}} \cdot \quad \ldots \ldots \ldots \quad (24)$$

Bei Leitrollen von kleinem Durchmesser ergibt diese Formel meistens $h > r$, das Abheben geschieht dann im Rollenscheitel.

Das Bodenblech der Ablaufschurre wird zweckmäßig unter Rollenmitte gelegt, damit auch beim Anlauf des belasteten Förderers kein Material verloren geht. Dadurch geht jedoch bei großen Rollen eine nicht unbeträchtliche Höhe verloren. Falls diese knapp ist, muß man die höchste zulässige Lage des Bleches durch Aufzeichnen der Wurfparabel ermitteln und die Möglichkeit eines Materialverlustes in Kauf nehmen. Bei zerbrechlichem Material ist für möglichst sanftes Auftreffen des Strahles auf das Schurrenblech zu sorgen.

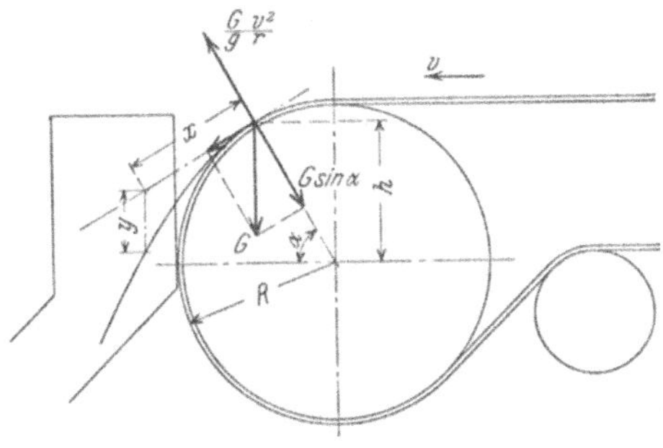

Fig. 155.

Die Parabelverzeichnung geschieht auf Grund der Gleichungen:

$$x = v \cdot t, \qquad y = \frac{1}{2} g \cdot t^2,$$

deren Zusammenziehung ergibt:

$$y = \frac{1}{2} \frac{g}{v^2} \cdot x^2 = \frac{x^2}{2h}. \qquad \ldots \ldots \quad (25)$$

Soll die Abwurfstelle beliebig veränderlich sein, so werden zwei Leitrollen mit der Ablaufschurre auf einem Wagen montiert (Fig. 156 und 157). Das Gut wird nach einer oder nach beiden Seiten hin abgeleitet. In der Figur ist eine verstellbare Klappe an-

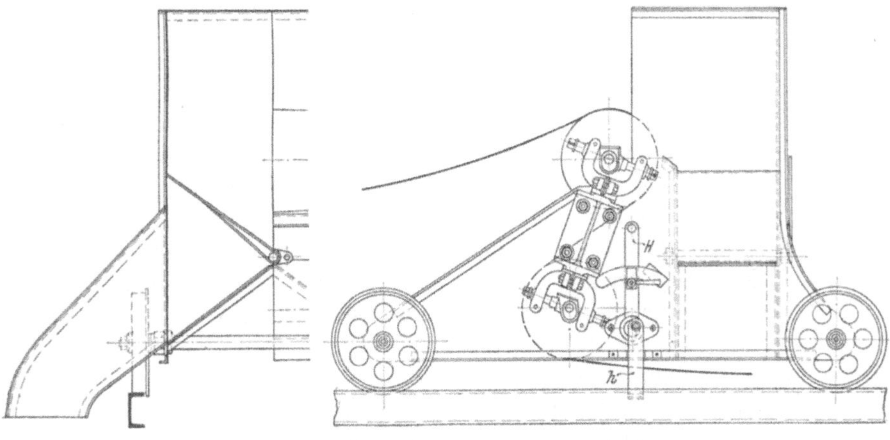

Fig. 156 und 157. Abwurfwagen von Luther.

gegeben, die den Strom nach der gewünschten Seite lenkt. Damit der Wagen nicht vom Bande mitgenommen wird, ist eine Feststellvorrichtung erforderlich, bestehend aus dem Hebel *H* und der durch ein Exzenter bewegten Zugstange *h*, die unter den Flansch des ⊏-Eisens faßt.

Als Fahrbahn für den Abwurfwagen werden entweder die Längsbalken des Bandförderers selbst benutzt, oder besondere Schienen, die an den Längsbalken durch gußeiserne Böcke befestigt sind. In jedem Falle ist darauf zu achten, daß der Abwurfwagen nicht mit festen Teilen, z. B. Schrägrollen, zusammenstößt.

Der Abwurfwagen wird während des Stillstandes des Bandes von Hand verschoben. Häufig trifft man indessen Vorkehrungen,

Fig. 158.

um ihn während des Betriebes selbsttätig langsam hin- und herwandern zu lassen und so ein Lager gleichmäßig zu beschütten. Der Wagen wird dazu entweder in ein von einer feststehenden Winde bewegtes Seil eingehängt, oder er führt sein Fahrwerk mit sich. Im letzteren Falle geht der Antrieb von einer der Leitrollen aus, und die Umsteuerung erfolgt durch Knaggen am Ende der Bahn. Luther treibt das Fahrwerk mit offenem und gekreuztem Riemen an. Die Ausführung von Robins gibt Fig. 158 wieder.

Bei schwerer Belastung des Bandes — z. B. bei Muldenbändern und bei Förderung von Einzellasten — müssen auf dem Abwurfwagen Stützrollen angebracht werden.

Fig. 159 bis 161 zeigen, wie auch ohne Benutzung eines Abwurfwagens ein Lager gleichmäßig beschüttet werden kann. Eine

Reihe von festen Abwurfstellen sind hintereinander eingebaut, deren erste das Fördergut seitlich abfließen läßt. Ist aber an der Abwurfstelle ein Haufen bis zur Mündung des Ablaufrohres aufgeschüttet (Fig. 160), so verstopft sich das Rohr, und das Material fließt auf das Band zurück, um zur nächsten Ablaufstelle geschafft zu werden.

Für den Fall, daß das Band in beiden Richtungen arbeiten soll, kann ein Abwurfwagen nach Fig. 162 zur Anwendung kommen. Durch Umstellen der Klappe wird die Ablaufschurre in die Lage gesetzt, von der einen oder von der andern Seite Material zu empfangen.

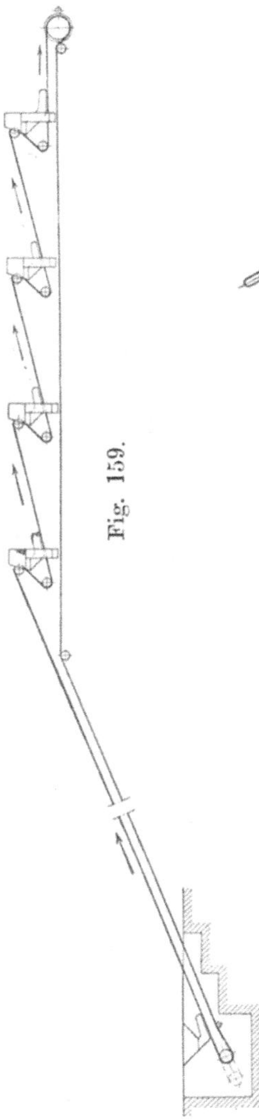
Fig. 159.

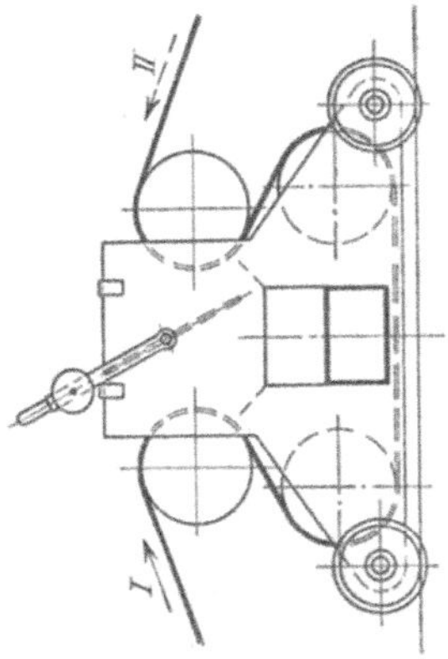

Fig. 162.

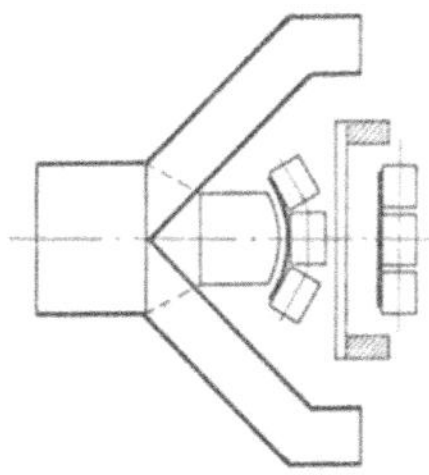
Fig. 161.

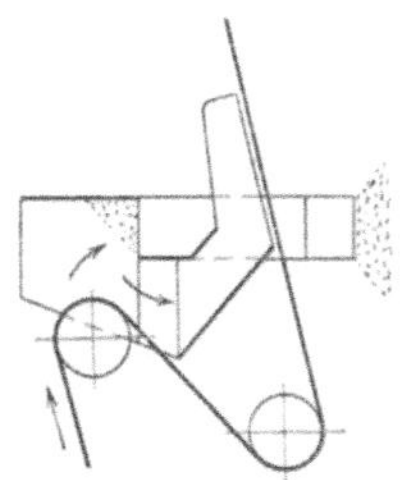
Fig. 160.

Das doppelte Rollenpaar dieser Konstruktion ist vermieden bei der Anordnung Fig. 163.[1]) Die beiden Leitrollen sind auf einem unter etwa 30° geneigten Hebel montiert, der in Punkt A gelagert ist. Wird er durch einen — hier fortgelassenen — Mechanismus um 420° gedreht, so kommen die Rollen in die punktierte Lage und können nun in entgegengesetzter Richtung arbeiten. Die Umstellung ist nicht so bequem, wie bei der anderen Konstruktion, zumal die Schurre versetzt werden muß.

Fig. 164 zeigt, wie eine Abwurfstelle vollständig ausgeschaltet werden kann. Die untere Rolle A ist fest gelagert, die obere B

[1]) D. R. P. 130729.

dagegen in einem Hebel. Wird sie in die Lage B' heruntergeklappt, so kann das Fördergut unter der festen Rolle frei hindurchgehen.

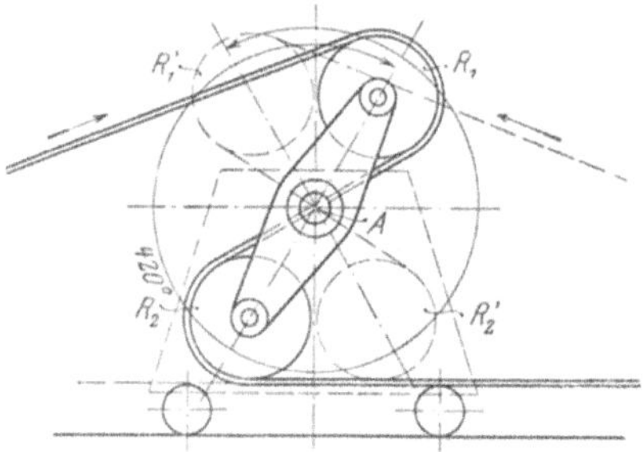

Fig. 163.

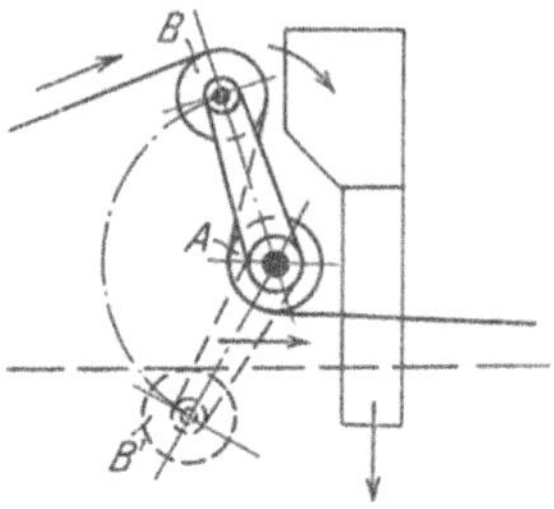

Fig. 164.

Abstreifen des Materials durch ein schräges Brett kommt bei biegsamen Bändern selten in Frage, weil der Gurt sehr darunter leidet, doch läßt es sich in einzelnen Fällen nicht gut umgehen. Buhle[1]) beschreibt einen Ballentransporteur von Unruh & Liebig, bei dem das Band mit Holzleisten eingefaßt ist und durch Hereindrehen eines Stückes der Bordwand, wie in Fig. 165 skizziert, auf einfachste Weise eine Abwurfstelle geschaffen wird. Das Band liegt in einer Steigung von 20°, was das Abstreifen sehr erleichtert.

Fig. 165.

Eine Schädigung des Bandes bringt übrigens auch der Abwurfwagen mit sich. Die doppelte Biegung um 180° in entgegengesetztem

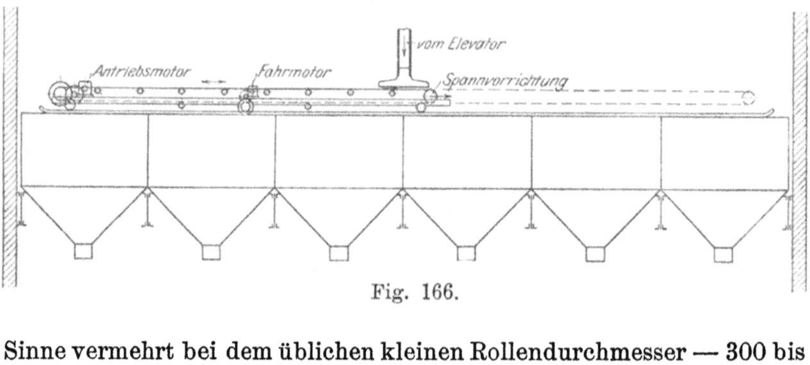

Fig. 166.

Sinne vermehrt bei dem üblichen kleinen Rollendurchmesser — 300 bis 400 mm — die Abnutzung und den Kraftverbrauch nicht unwesentlich. Dazu kommt, daß bei feuchtem Fördergut kleine Teile am Bande haften bleiben und sich in die Oberfläche hineindrücken. Robins reinigt deshalb das Band an jeder Abwurfstelle, indem er unterhalb der Rolle eine rasch rotierende Bürste anbringt, die den Schmutz in die Ablaufschurre schleudert. Weniger wirksam ist ein Abstreifblech.

[1]) Techn. Hülfsmittel III, S. 302/3.

Einen anderen Weg hat Correll (Guilleaume-Werke) bei einer Kesselbekohlung in Mannheim eingeschlagen, indem er nur an den Endrollen abwerfen läßt und, um an jede beliebige Stelle des Bunkers zu gelangen, das ganze Band verschiebbar macht. (Fig. 166). Von dem Elevator aus, der in der Mittelebene des Kesselhauses steht, fördert das umsteuerbare Band nach beiden Seiten. Der Heizer kann den Fahr- und Antriebsmotor von unten steuern. Die Fahrvorrichtung könnte offenbar mit Leichtigkeit so gestaltet werden, daß das Band selbsttätig hin und her wandert und den Bunker gleichmäßig beschüttet.

c) Allgemeine Anordnung.

Typische Beispiele für die Anordnung von Förderbändern geben Fig. 167 und 168. Es ist angenommen, daß das bei *A* ankommende Fördergut entweder durch Band I in einen Bunker verteilt wird oder nach Umstellung der Klappe des Abwurf-

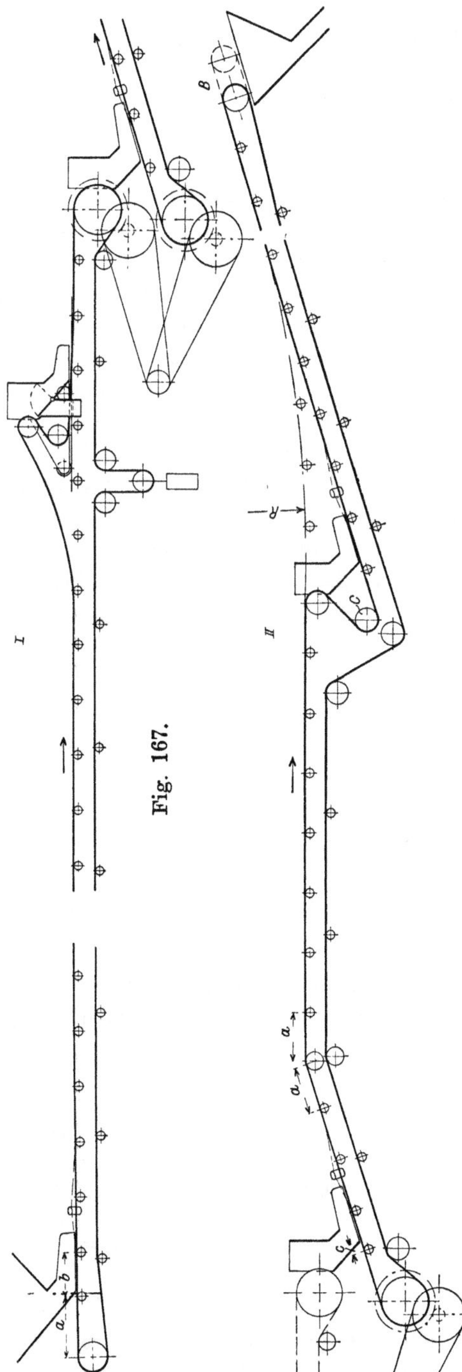

Fig. 167.

Fig. 168.

wagens auf Band II übergeht, das wegen örtlicher Verhältnisse zunächst ansteigend, dann wagerecht und schließlich wieder steigend geführt werden muß. Band II kann auch quer zu I liegend gedacht werden.

Beide Bänder werden von demselben Motor durch Riemen und Zahnradvorgelege angetrieben. Für Band I liegt der Antrieb günstiger als für II, da das belastete Trum den Zug der Antriebscheibe direkt empfängt, während im anderen Fall das mehrfach abgelenkte leere Trum der vollen Spannung ausgesetzt ist. Band I kann eine Gewichtsspannvorrichtung im leeren Trum nahe dem Antrieb erhalten, falls man nicht vorzieht, die Umkehrrolle A am Aufgabeende durch Gewicht oder Schrauben anzuziehen, um die mehrfache Ablenkung des Bandes zu vermeiden. Die Spannvorrichtung für II kann, wie gezeichnet, an der Abwurfrolle B liegen, doch muß in diesem Falle der Fangtrichter der Rollenverschiebung entsprechend erweitert werden. Noch zweckmäßiger erscheint daher Verschieben der Rolle C parallel zum ansteigenden Trum, — vorausgesetzt, daß die Örtlichkeit diese Anordnung zuläßt —, zumal hier geringere Spannung herrscht.

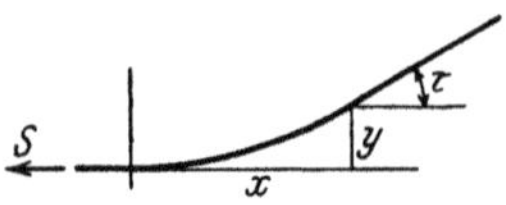

Fig. 169.

Der erste der beiden Knicke im Bande II läßt sich leicht durch Einschalten von Leitrollen überwinden, während beim Übergang von der Wagerechten in die Steigung ein Abwurf, oder, wenn Platz vorhanden ist, eine sehr schwach gekrümmte Kurve, wie punktiert angedeutet, eingeschaltet werden muß. Diese kann als Parabel verzeichnet werden (Fig. 169) nach der Gleichung:

$$y = \frac{q_0}{2S} x^2, \quad \dots \dots \dots \quad (26)$$

wenn mit q_0 das Bandgewicht in kg/m, und mit S die Spannung des Bandes in kg bezeichnet wird.

Die Neigung der Tangente ist:

$$\operatorname{tg} \tau = \frac{q_0}{S} x \quad \dots \dots \dots \quad (27)$$

und der Krümmungshalbmesser im Scheitel:

$$\varrho = \frac{S}{q_0}. \quad \dots \dots \dots \quad (28)$$

Der Rechnung müssen die Verhältnisse beim Anlauf des unbeladenen Bandes zugrunde gelegt werden, weil dabei am leichtesten ein Abheben eintreten kann.

Beispiel.

Gegeben $\tau = 8^0$, $q_0 = 8$ kg/m.

Die Spannung bei Leerlauf sei zu 300 kg berechnet, zur Sicherheit soll aber für den Anlauf $S = 750$ kg zugrunde gelegt werden. Dann ergeben sich die Koordinaten des Anschlußpunktes zu:

$$x = \frac{S}{q_0} \cdot \operatorname{tg} \tau = 13{,}175 \text{ m}$$

$$y = \frac{q_0}{2S} \cdot x^2 = \frac{1}{2} \frac{S}{q_0} \cdot \operatorname{tg}^2 \tau = 0{,}926 \text{ m},$$

ferner

$$\varrho = \frac{S}{q_0} = 93{,}75 \text{ m}.$$

In Fällen, wo das Band durch zeitweiliges Abheben beschädigt werden kann, ist besondere Vorsicht bei der Annahme von S geboten und eventuell auch der Fall zu berücksichtigen, daß das Band beim Anlauf vor der Kurve belastet, in der Kurve leer ist. Robins pflegt einen Kreisbogen von mindestens 75 m Radius auszuführen.

Der Abstand der Stützrollen des belasteten Trums beträgt bei flachen Bändern gewöhnlich 2 bis 2,5 m, bei leichtem Fördergut auch bis zu 3 m, während die schwerer belasteten Muldenbänder, damit sie ihre Form nicht verlieren, in 1,1 bis 1,6 m Abstand gestützt werden. Die kleineren Werte gelten für breite Bänder. Noch geringere Abstände sind bei Förderung von Einzellasten oder von Personen[1]) erforderlich. Durch Verkleinerung des Abstandes wird die jedesmalige Biegung des Bandes verringert und damit der Kraftverbrauch merklich vermindert, auch das Band geschont. Beim leeren Trum sind die Stützrollen 3 bis 5 m voneinander entfernt.

Der Abstand a zwischen einer flachen Leitscheibe und der benachbarten Stützrolle soll bei Muldenbändern nicht zu klein sein, damit das Band nicht gewaltsam deformiert wird. Andererseits darf man ihn, wenn das Band beladen ist, nicht zu groß nehmen, damit das Fördergut nicht Zeit bekommt, sich auszubreiten und herunterzufallen. Üblich ist $a = 800$ bis 1000 mm.

Das Bodenblech der Auflaufschurre soll in geringem Abstande von einer Stützrolle ($c = 100$ bis 150 mm) auf das Band treffen. Die nächste Rolle soll nicht weiter als $b = 750$ bis 900 mm entfernt sein.

Die zulässige Steigung des Bandes ist von dem Reibungskoeffizienten zwischen Fördergut und Band und der Art der Aufgabe abhängig. Erfolgt diese stetig, so stützen die Teile des Materials einander gegenseitig, so daß die Steigung größer sein

---

[1]) Vgl. Z. d. V. d. I. 1901, S. 1349 und 1903, S. 1425.

darf. Für Kohle auf Gummibändern können als größte Steigungen gelten: bei stetiger Förderung 28^0
bei unterbrochener Förderung 23^0.

Einige weitere Beispiele für die Führung von Förderbändern geben die Fig. 170 bis 172. Fig. 170 zeigt eine gute Anordnung für den Fall, daß aus einer Grube gefördert werden muß, in der, örtlicher Rücksichten wegen, auch Antrieb und Spannvorrichtung unterzubringen sind, deren Abmessungen aber möglichst klein gehalten werden sollen. In Fig. 171 ist ein aus

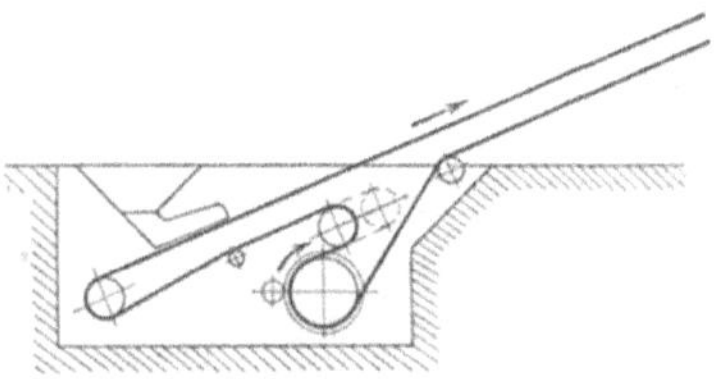

Fig. 170.

Fig. 171.

mehreren gelenkig verbundenen Teilen bestehender Förderer für Fässer abgebildet. Jedes Band wird von dem vorhergehenden mittels Kette getrieben. Die Last tritt von einem Bande zum andern über, ohne daß besondere Leitvorrichtungen nötig wären, wie es bei Getreideförderern ähnlicher Art der Fall ist. Die ganze Vorrichtung ist transportabel und dient zum Entleeren und Beladen von Fahrzeugen. Fig. 172 endlich stellt den Fall dar, daß dasselbe Band zum Füllen und Entleeren eines Silospeichers benützt werden soll, eine Anordnung, die wegen der geringen Anlagekosten zuweilen dem Einbau zweier Bänder vorgezogen wird.

Die Spannvorrichtung läßt sich konstruktiv am einfachsten bei B anbringen, richtiger wäre es aber, sie nach der Stelle der geringsten Spannung, nach D, zu verlegen, wie punktiert angedeutet.

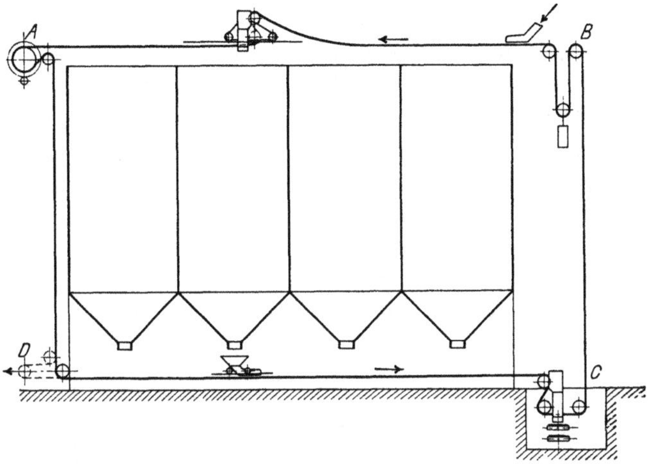

Fig. 172.

d) Bestimmung der Hauptabmessungen und des Kraftverbrauchs.

Die Bandgeschwindigkeit beträgt im Durchschnitt für

Schweres Getreide	2,5 bis 3,5	m/sek
Leichtes Getreide	2 bis 3	„
Steinkohle	1,5 bis 2,5	„
Sortierbänder	0,1 bis 0,3	„
Einzellasten	0,8 bis 1,5	„
Personen	0,5 bis 0,8	„

Je höher die Geschwindigkeit, um so stärker ist der Stoß, den das Fördergut beim Übergang über die Stützrollen erleidet, um so weniger stark darf daher das Band beladen werden.

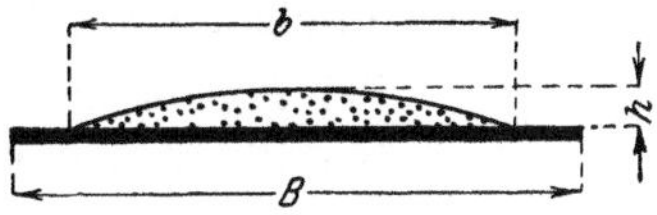

Fig. 173.

Die Förderleistung des flachen Bandes ergibt sich, wenn man die obere Begrenzungslinie des Querschnittes der Materialschicht als Parabel auffaßt, nach Fig. 173 zu

$$Q = \frac{2}{3} b \cdot h \cdot \gamma \cdot v \cdot 3600 \text{ (t/st)} \quad . \quad . \quad . \quad . \quad . \quad . \quad (29)$$

Für ein ruhig laufendes Band darf, wenn in angemessenen Abständen Schrägrollen gesetzt sind, etwa angenommen werden:

$$h = \frac{1}{12} b; \qquad b = 0{,}9\, B - 0{,}05.$$

Damit ergibt sich die Formel der „Hütte“

$$Q = (0{,}9\,B - 0{,}05)^2 \cdot 200 \cdot v \cdot \gamma \quad . \; . \; . \; . \; . \quad (30)$$

Aus dieser Gleichung ergeben sich die Zahlen der folgenden Tabelle, die indessen, ebenso wie die beigefügten Angaben für Muldenbänder, nur als Durchschnittswerte anzusehen sind, die durch Änderung der einzelnen Annahmen beträchtlich variiert werden können. Es empfiehlt sich, besonders bei Muldenbändern, in jedem Falle den Querschnitt von Band und Beschüttung aufzuzeichnen, sofern nicht sichere Erfahrungen mit ähnlichen Ausführungen vorliegen.

Tabelle 29.

Leistung von Förderbändern in t/st.

Bandbreite B (m)	Flache Bänder			Muldenbänder
	Schweres Getreide $v=3{,}0$; $\gamma=0{,}75$	Leichtes Getreide $v=2{,}5$; $\gamma=0{,}5$	Steinkohle $v=2{,}0$; $\gamma=0{,}8$	Steinkohle $v=2{,}0$; $\gamma=0{,}8$
0,30	22	12	15	30
0,40	43	24	31	60
0,50	72	40	51	100
0,60	108	60	77	150
0,70	152	84	108	225
0,80	200	112	144	300
0,90	260	145	185	400
0,10	325	180	230	500
0,11	400	220	280	700
0,12	480	265	340	900

Bei Bestimmung des Kraftverbrauches ist zu berücksichtigen:

1. Die Zapfenreibung der Antriebs- und Leitrollen. Da Bandförderer fast immer in staubigen Räumen arbeiten, so kann der Reibungskoeffizient etwa folgendermaßen angenommen werden:

Bei Fettschmierung . . . . . . $\mu = 0{,}2$
Bei Ringschmierung . . . . . $\mu = 0{,}15$.

2. Die Zapfenreibung der Stützrollen. Solange keine Versuchsresultate vorliegen, empfiehlt es sich, die rollende Reibung und den Biegewiderstand des Bandes durch die Wahl von μ mit zu berücksichtigen und zu setzen:

bei Fettschmierung . . . . . . $\mu = 0{,}25$
bei Ringschmierung . . . . . $\mu = 0{,}20$.

3. Der Widerstand, den der Gurt der Biegung um die Antriebs- und Leitrollen entgegensetzt. Versuche über Bandsteifigkeit liegen

leider nicht vor. Man erhält jedoch für Balatagurte ungefähr richtige Resultate, wenn man setzt:

$$W = 500 \cdot B \cdot \frac{\delta}{D} \quad \ldots \ldots \ldots \quad (31)$$

Hierin ist B die Bandbreite in m,
δ die Dicke des Gurtes,
D der Rollendurchmesser.

Ich gebe die Gleichung (31) mit dem Vorbehalt späterer Berichtigung.[1])

4. Bei ansteigenden Bändern, sowie bei Zwischenabwürfen, die Hubarbeit, deren Betrag nach Gl. (5) ist:

$$N_4 = \frac{Q \cdot H}{270}.$$

Hinzu kommt noch der Beschleunigungswiderstand des Fördergutes an der Aufgabestelle, der indessen in der Regel vernachlässigt werden darf.

Beispiel.

Der in Fig. 174 skizzierte Förderer soll 75 t Steinkohle in der Stunde leisten.

Mit Rücksicht auf die Stückgröße der Kohle wird ein flaches Band von 700 mm Breite und 8 mm Stärke benutzt. Nach Tabelle 29 hat dieses Band bei $v = 2{,}0$ m/sek eine Leistung von 108 t/st, es kann demnach hier mit $2{,}0 \frac{75}{108} = 1{,}4$ m Geschwindigkeit laufen.

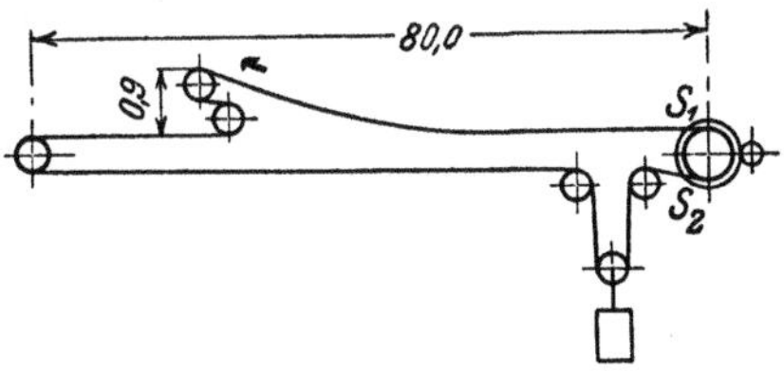

Fig. 174.

Die Antriebsscheibe erhält 800 mm, alle anderen Leitrollen 350 mm Durchmesser. Das Verhältnis $\frac{d}{D}$ betrage bei den Leitrollen im Durchschnitt 1:7, bei den Stützrollen 1:6. Alle Lager haben Ringschmierung.

1. Zapfenreibung der Leitrollen.

Der Gesamtkraftverbrauch bei voller Belastung sei vorläufig auf 5 PS geschätzt. Dann ergibt sich die Antriebskraft zu

$$P = \frac{5 \cdot 75}{1{,}4} = 270 \text{ kg}.$$

[1]) Ich knüpfe hieran die ausdruckliche Bitte, die Gleichung 31 nicht etwa an anderer Stelle wieder abzudrucken.

Mit der üblichen Annahme

$$P = S_2 = \frac{1}{2} S_1$$

berechnet sich das Spanngewicht zu

$$2\,S_2 = 540 \text{ kg}$$

und die Gesamtbelastung aller Leitrollen zu etwa 3500 kg.

Demnach ist:

$$W_1 = 3500 \cdot \frac{1}{7} \cdot 0{,}15 = 75 \text{ kg}$$

$$N_1 = \frac{75 \cdot 1{,}4}{75} = 1{,}40 \text{ PS.}$$

2. Zapfenreibung der Stützrollen.

Das Gewicht des Bandes ist: $q_0 = 7{,}0 \cdot 0{,}08 \cdot 10 \cdot 1{,}0 = 5{,}6$ kg/m,

„ „ „ Fördergutes: $q = \frac{Q}{3{,}6 \cdot v} = \frac{75}{3{,}6 \cdot 1{,}4} = 14{,}9$ „ .

Das ganze Band kann belastet werden, daher ist das in Bewegung befindliche Gewicht zu setzen:

$$80 \cdot 14{,}9 + 2 \cdot 80 \cdot 5{,}6 = \sim 2100 \text{ kg}$$

$$W_2 = 2100 \cdot \frac{1}{6} \cdot 0{,}20 = 70 \text{ kg}$$

$$N_2 = \frac{70 \cdot 1{,}4}{75} = 1{,}31 \text{ PS.}$$

3. Biegewiderstand.

Für die Leitrollen:

$$6 \cdot 500 \cdot 0{,}7 \frac{8}{350} = 48 \text{ kg.}$$

Für die Antriebsscheibe:

$$500 \cdot 0{,}7 \cdot \frac{8}{800} = 3{,}5 \text{ kg.}$$

$$W_4 = 51{,}5 \text{ kg,}$$

$$N_4 = \frac{51{,}5 \cdot 1{,}4}{75} = 0{,}96 \text{ PS.}$$

4. Hubarbeit:

$$N_4 = \frac{75 \cdot 0{,}9}{270} = 0{,}25 \text{ PS.}$$

Somit $N = 1{,}40 + 1{,}31 + 0{,}96 + 0{,}25 = 3{,}92$ PS

und nach Gleichung (6): $\varkappa = \frac{270 \cdot 3{,}92}{75 \cdot 80} = 0{,}175.$

Die berechnete Leistung ist auf die Hauptantriebswelle bezogen. Der Motor wird, wenn ein Riemen- und ein Zahnradvorgelege eingebaut werden, etwa 4,5 PS. leisten.

Bei Auswahl des Motors ist zu berücksichtigen, daß die Anlaufwiderstände das zwei- bis dreifache des Normalen betragen können.

In der „Hütte“ ist für mittlere Verhältnisse angegeben (nach Amme, Giesecke & Konegen):

$$N = \frac{Q \cdot H}{270} + \sqrt{Q}\,[0{,}04\,(1{,}3 + x) + 0{,}008\,\sqrt{Q}\,(0{,}07\,L + 0{,}03\,L_1)].$$

Hierin bezeichnet:

x die Anzahl der Leitrollen (ohne Antriebscheibe)
L die Gesamtlänge von Endrolle zu Endrolle in m
L_1 die Förderlänge in m.

Wird eingesetzt:

$$Q = 75, \quad H = 0{,}9, \quad x = 0{,}6, \quad L = L_1 = 80,$$

so ergibt sich für das vorliegende Beispiel:

$$N = 5{,}1 \text{ PS}.$$

Tabelle 30 gibt eine Reihe von Werten für den Kraftverbrauchskoeffizienten $\varkappa$, die unter Annahme einer Gewichtsspannvorrichtung für Bänder mit und ohne Abwurfwagen nach der Formel der Hütte berechnet sind. Die Tabelle soll in erster Linie einen unmittelbaren Vergleich mit anderen Fördersystemen ermöglichen, zur Bestimmung der Motorstärke ist sie jedoch mit Vorsicht zu benutzen.

Tabelle 30.

Werte für $\varkappa$, bei Vollbelastung des Bandes.

$Q =$	10	20	50	100	200	400
$L =$ 10 (ohne Abwurfwagen) . . .	2,0	1,4	0,92	0,67	0,50	0,37
$L =$ 50 (ohne Abwurfwagen) . . .	0,51	0,39	0,28	0,21	0,17	0,14
$L =$ 50 (mit Abwurfwagen) . . .	0,66	0,50	0,35	0,27	0,22	0,18
$L =$ 125 (ohne Abwurfwagen) . . .	0,29	0,23	0,18	0,14	0,12	0,10
$L =$ 125 (mit Abwurfwagen) . . .	0,35	0,28	0,21	0,17	0,14	0,12

Wie schon früher erläutert, zeigt der Wert $\varkappa$ das Verhältnis des Bewegungswiderstandes zur Nutzlast an. Für einen Bandförderer mit Abwurfwagen, der bei 50 m Förderlänge 80 t/st leistet, läßt sich beispielsweise nach der Tabelle schätzen:

$$\varkappa = 0{,}30,$$

also wäre nach Gleichung 6:

$$N = \frac{0{,}30 \cdot 50 \cdot 80}{270} = 4{,}5 \text{ PS}.$$

e) Anwendbarkeit.

Die Bänder aus biegsamen Stoffen sind nahezu unter allen Verhältnissen anzuwenden und können daher auch mit allen übrigen vorwiegend für wagerechte Förderung bestimmten Vorrichtungen verglichen werden.

Den anderen Förderern mit Zugmittel gegenüber zeichnet sich das biegsame Band durch Einfachheit und ruhigen Lauf aus. Alle Gelenke, Spalten u. dgl. fallen fort, Betriebsstörungen durch Bruch sind bei richtiger Konstruktion nahezu ausgeschlossen, da das Band sich ganz allmählich abnutzt. Die Ansprüche an Bedienung sind, namentlich bei Ringschmierung, äußerst gering. Wegen der hohen Arbeitsgeschwindigkeit fallen Abmessungen und Gewicht des Förderers verhältnismäßig niedrig aus, namentlich bei großen Leistungen.

Nachteilig ist vor allem die begrenzte Haltbarkeit der Gurte. Wenn bei der Auswahl des Gurtmaterials nicht sehr sorgfältig zu Werke gegangen wird, so ist die Lebensdauer recht gering. Damit soll jedoch keineswegs vor den Bändern im allgemeinen, sondern nur vor der Benutzung billiger Fabrikate für schwere Beanspruchung gewarnt werden.

Der Kraftverbrauchskoeffizient ist, wie Tabelle 29 zeigt, je nach Länge und Leistung sehr verschieden. Die Anlagekosten sind ganz von der Güte der Ausführung abhängig.

Es gibt kaum irgendein Material, das sich nicht mit Gurten fördern ließe, nur gegen Hitze sind die Bänder empfindlich. Für schweres und scharfkantiges Gut, wie Steine und Erz, sind allerdings beste Gummibänder erforderlich, deren Preis ziemlich hoch ist.

Ob flachen oder Muldenbändern der Vorzug zu geben ist, läßt sich nicht allgemein entscheiden. Das Aufbiegen verringert ohne Zweifel die Lebensdauer, doch kann die Vermehrung der Leistungsfähigkeit eines Bandes von gegebener Breite diesen Nachteil bei weitem aufwiegen, besonders bei an sich schon hoch beanspruchten, teuren Gurten und bei hohen Förderleistungen, von etwa 100 t/st an.

Biegsame Bänder wurden ursprünglich zur Verteilung des Getreides in Speichern benutzt und dort liegt auch jetzt noch ihr Hauptanwendungsgebiet. Indessen haben sie seit etwa 10 Jahren, besonders in Amerika, sehr schnell an Boden gewonnen. Gasanstalten, Kesselhäuser, chemische Fabriken, Zementfabriken usw. gehören zu den Hauptverbrauchern.

Daß das Band einen der vollkommensten Förderer darstellt, wird am besten dadurch bewiesen, daß es sogar beginnt, mit Becherwerken in Wettbewerb zu treten, in Fällen, wo es sich um reine Hebearbeit handelt. So werden in dem Kraftwerk der Newyorker Untergrundbahn 300 t Kohle in der Stunde durch drei im Zickzack angeordnete, unter $22^1/_2{}^0$ steigende Robins-Bänder auf die Höhe der Bunker gehoben.

7. Kapitel.

Gliederbänder.

Die Glieder- oder Gelenkbänder bestehen aus Holz- bzw. Eisenplatten, die einzeln an das Zugmittel angeschlossen sind und so eine Art von beweglichem Tisch bilden, auf dem das Material während der Förderung ruht.

a) Ausführung.

Als Zugmittel wird fast immer Kette, nur selten Seil benutzt. Zur Stützung des Bandes dienen in der Regel Laufrollen oder feste Tragrollen, da bei Gleitstützung einer der Hauptvorzüge des Bandes, der geringe Kraftverbrauch, wegfallen würde.

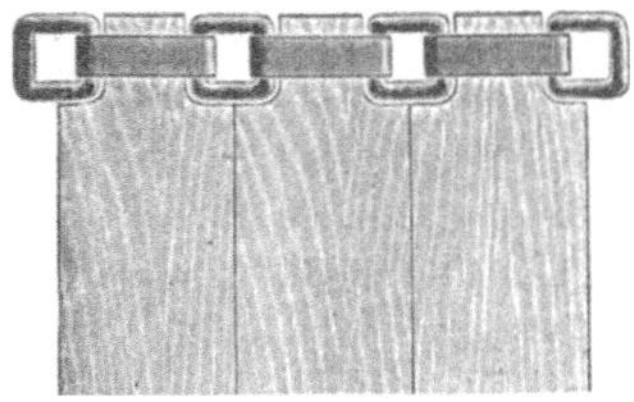

Fig. 175.

Die einfachsten Formen von Gelenkbändern mit ebener Oberfläche zeigen die Figuren 175 und 176. Die beiden Ausführungen unterscheiden sich im wesentlichen dadurch, daß im einen Falle die Ketten seitlich, im andern unter dem Bande liegen. Erstere Anordnung hat den Vorzug, daß auch auf dem rückkehrenden

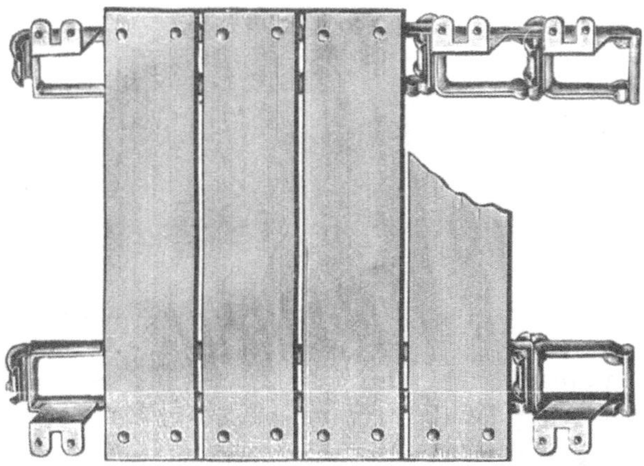

Fig. 176. Gliederband von Wilh. Stöhr.

Strang zur Unterstützung Kettenrollen verwendet werden können, während die andere Konstruktion flache Tragrollen erfordert, über welche die Holzbrücken mit der Tragseite laufen. Dagegen liegt hier die Kette besser geschützt.

Fig. 177 gibt ein Band mit seitlich liegenden Rollenketten, die beim Hin- und Rückgang auf eisernen Schienen laufen.

Die verschiedenen Arten der Plattenbefestigung sind aus den Figuren ohne weiteres zu erkennen. Sollen die Gliederbänder zum Fördern feinkörnigen bzw. grushaltigen Materials benützt werden, so müssen die Platten sich ohne Zwischenraum berühren. Damit in diesem Falle der dichte Schluß auch beim Umlaufen von Leitrollen erhalten bleibt, sind die Kettenmittellinien in die Ebene der Berührungslinien der Platten zu legen. Beispielsweise muß in Fig. 178, wo das Material über

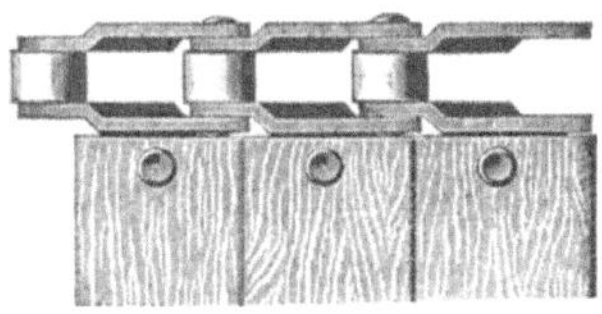

Fig 177

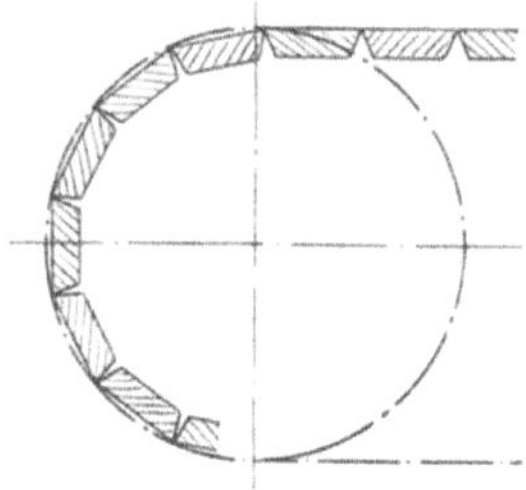

Fig. 178.

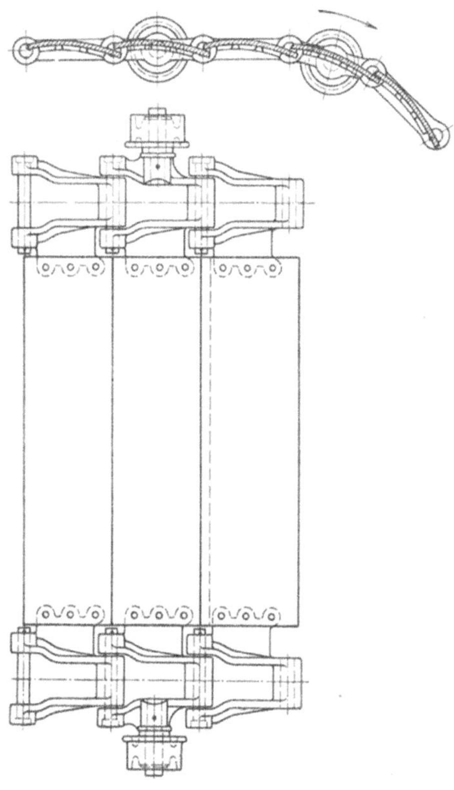

Fig. 179. Gliederband von Stotz.

die Endrolle abgeworfen wird, die Ebene der Kettenachsen mit der Oberfläche des Bandes zusammenfallen. Untenliegende Kette wäre hier ausgeschlossen.

Ein noch besserer Abschluß ergibt sich, wenn die Platten einander überdecken, was freilich nur bei Eisenplatten, ihrer geringen Stärke wegen, möglich ist. Fig. 179 zeigt eine solche Ausführung. Die Platten sind hier nach dem Radius der Umkehrrollen gewölbt, so daß das Band beim Abwurf eine nahezu zylindrische Trommel bildet, von welcher, z. B. bei Förderung von nassem

Ton, haftengebliebenes Material durch einen feststehenden Abstreifer entfernt werden kann. Durch die Wölbung wird gleichzeitig die Festigkeit erhöht. Die Ketten liegen außen und sind mit gebogenen Lappen zur Aufnahme der Platten versehen. Jedes zweite Glied trägt eine Laufrolle. Die Berührungslinien der Platten fallen mit den Gelenkachsen der Ketten zusammen.

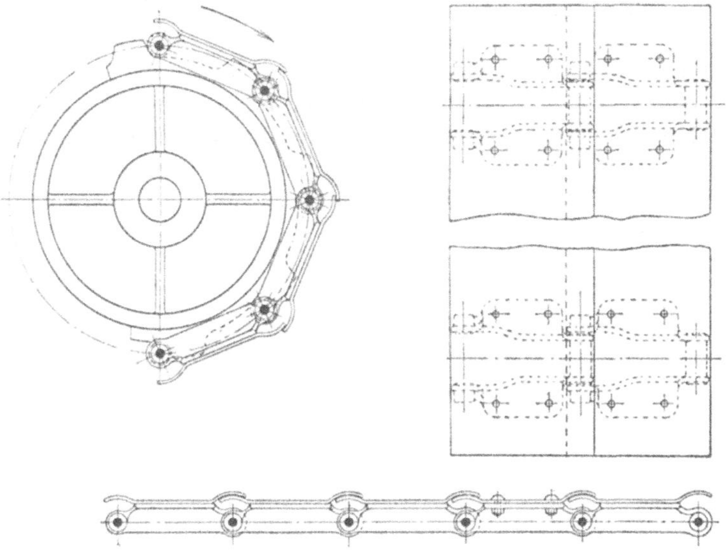

Fig. 180—182. Gliederband von Stotz.

Bei der Ausführung, nach Fig. 180 bis 182 ist dies nicht der Fall, da die Kette unten liegt. Die Platten sind deshalb an der Überdeckungsstelle so gekrümmt, daß sie sich bei gegenseitiger Drehung um die Kettenbolzen frei ineinander verschieben können.

Die Leistungsfähigkeit der flachen Bänder wird häufig, wie in Fig. 183 skizziert, durch Anbringung seitlicher Führungsbretter erhöht, indessen ist eine starke Beschüttung, die etwa den ganzen so gebildeten Rinnenquerschnitt ausfüllen würde, nur bei ganz kurzen Förderern, z. B. Zubringebändern, ratsam, weil an den Führungen starke Reibung auftritt.

Zur Materialzuführung dient, ähnlich wie bei biegsamen Bändern, eine Auflaufschurre, die indessen wegen der geringen Geschwindigkeit und größeren Widerstandsfähigkeit des Förderers weniger sorg-

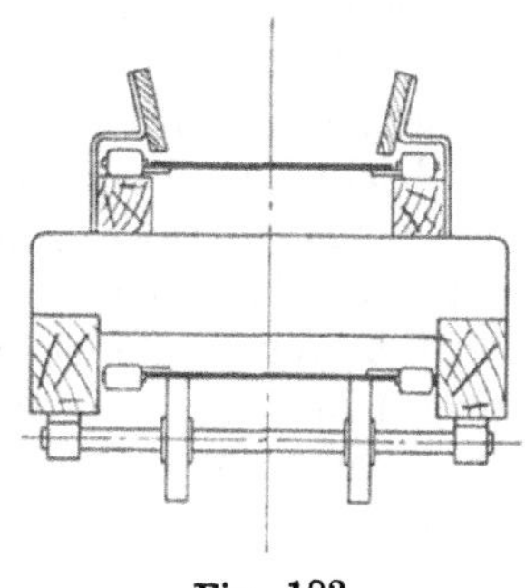

Fig. 183.

fältig ausgeführt wird, als dort, und hauptsächlich den Zweck hat, das Gut zusammenzuhalten. Häufig wird das Band an beliebiger Stelle durch Schaufeln beladen. Der Abwurf kann, wie schon erwähnt, an der Endrolle vor sich gehen. Flache Bänder lassen sich auch an Zwischenstellen, mit Hilfe von Abstreichern entladen (Fig. 184). Um an beliebiger Stelle abwerfen zu können, kann man einen fahrbaren Abstreicher verwenden.

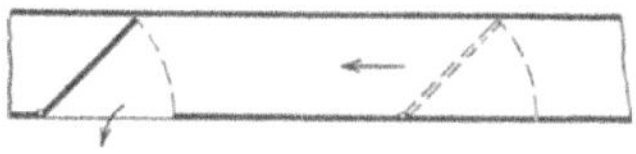

Fig. 184.

Wesentlich leistungsfähiger und daher für Transport von Massengütern beliebter als flache Bänder sind die sogenannten Trogförderer, die durch Aufbiegen des Plattenrandes bzw. Annieten aufrechter Bleche entstehen. Verschiedene Ausführungen zeigen die Fig. 185 bis 188. In Fig. 187 hat das Band nur deshalb so große Breite er-

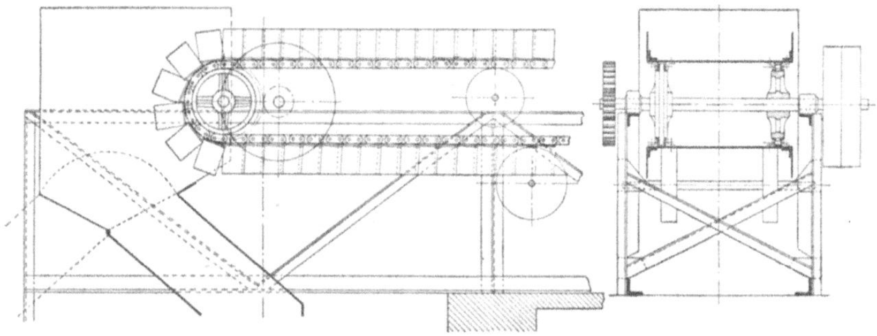

Fig. 185 und 186. Trogförderer von Eitle.

halten, weil die Ketten nicht mit dem Fördergut in Berührung kommen sollen. Ein Trogförderer mit Seil ist in Fig. 188 wiedergegeben.

Die B. A. M. A. G.[1]) benützt zur Förderung und Ablöschung von glühendem Koks in Fällen, wo auf Schonung des Materials besonderer Wert gelegt wird, ein rostartiges Band, dessen ursprüngliche Ausführung die Fig. 189 bis 191 wiedergeben. Der Gliederrost, welcher gleichzeitig als Trag- und Zugmittel dient, wird voneinander überdeckenden Blechwangen eingefaßt, so daß ein Rinnenquerschnitt entsteht. Die Bahn der Laufrollen wird durch ein überhängendes Dach *D* vor dem niederfallenden Koks geschützt. Die oberen Ansätze *A* der einzelnen Roststäbe dienen dazu, bei ansteigendem Laufe ein Zurückrutschen des Materials zu verhindern, während die in größeren Zwischenräumen angebrachten unteren Ansätze *B* einen

[1]) D. R. P. 152681.

Rechen bilden, der das durchgefallene, feine Material nach Art von Kratzerschaufeln wegräumt. Die Ansätze *B* reichen nicht ganz auf

Fig 187. Forderband von Stotz.

den Boden der Blechrinne, in der sich das Ganze bewegt, sondern lassen unten eine etwa 5 mm hohe Schicht Koksgrus liegen. Sobald der Koks aus den Retorten auf den Förderer fällt, wird er durch Brausen abgelöscht.

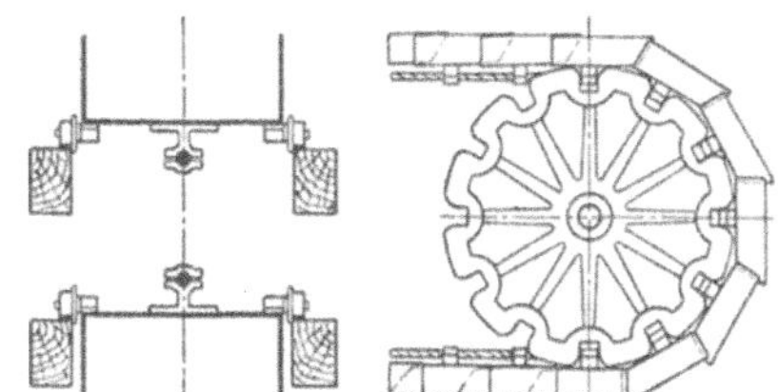

Fig. 188.

Man hat früher schon versucht, den Koks tragend fortzubewegen und gleichzeitig zu löschen, indem man ihn in mit Wasser gefüllte Becher fallen ließ. Diese litten jedoch sehr stark durch die beim Eintritt noch glühenden Stücke, während gleichzeitig die Qualität des Koks infolge Durchtränkens mit Wasser verschlechtert wurde. Ein Rost verhält sich günstiger, da er gründ-

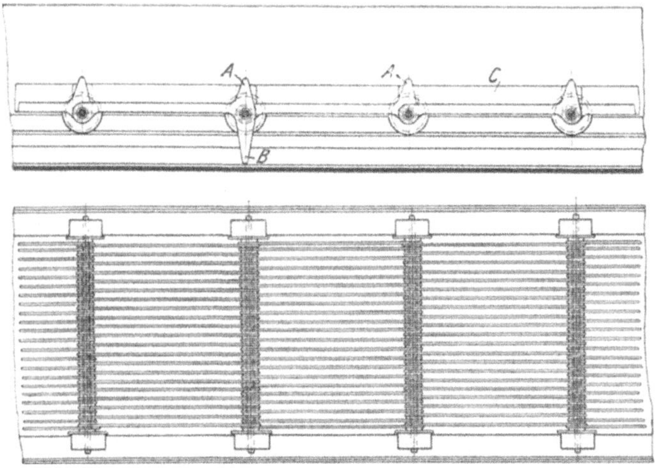

Fig. 189 und 190.

lichere Kühlung erfährt, auch leidet der Koks viel weniger, da das Sprengwasser schnell abfließt. Den Koksschleppern[1] ist dieser Förderer außer aus den genannten Gründen besonders deshalb überlegen, weil er die durch Gleiten entstehende Schädigung von Rinne und Koks vermeidet und weniger Kraft verbraucht. Übermäßige Erhitzung der Rinne durch glühende Teile kann nicht eintreten, da der Boden, wie schon bemerkt, stets von einer bereits abgelöschten, dünnen Lage Grus bedeckt bleibt.

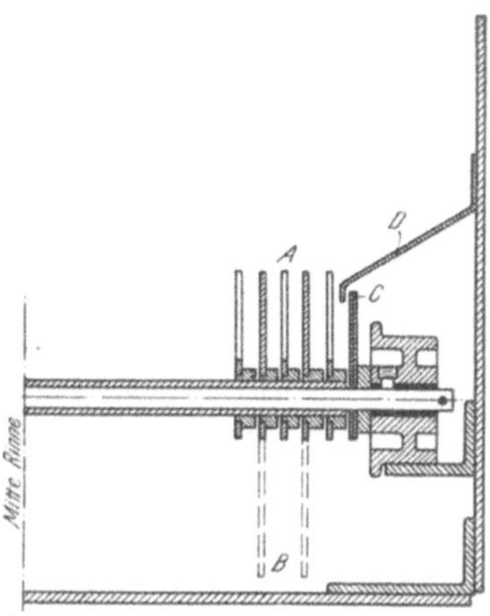

Fig. 191.

Die neuere Ausbildung des Förderers (nach Marshall) wird durch Fig. 192 bis 195 veranschaulicht. Die Kette ist aus dem Bereich des glühenden Materials nach oben verlegt und der Rost daran in Form einzelner Körbe aufgehängt, die sich voneinder un-

1) Vgl. S. 57 und 61.

Fig. 192.

abhängig von der Kette lösen und daher leicht auswechseln lassen. Jeder Korb wird durch zwei Seitenwände aus Blech und Flacheisen gebildet, die an den Enden wieder durch Flacheisen verbunden sind. Zwischen diese werden die Rundeisen des Tragrostes eingespannt. Die Stirnflacheisen jedes fünften oder sechsten Korbes sind verbreitert, so daß sie den Koksgrus in der Rinne bis auf die zum Schutze notwendige Bodenschicht mitnehmen. Die beiden Ketten werden in der Mitte jedes Korbes durch Rundeisen gegeneinander abgesteift. Sie sind entweder mit Laufrollen versehen oder werden von festen Rollen getragen, die an der Rinne — bzw. beim Rücklauf auf der Stützkonstruktion — gelagert sind.

Fig. 193.

Das Fördergut wird, wie Fig. 194 verdeutlicht, am Ende des fördernden Trums abgeworfen, da sich die einzelnen Elemente beim Umlaufen der Leitrolle voneinander entfernen

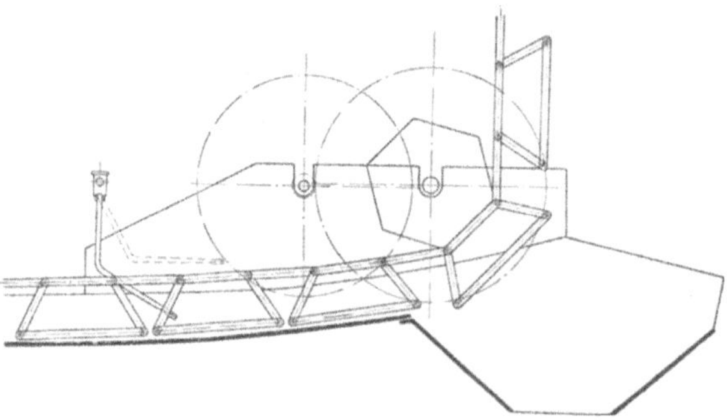

Fig. 194.

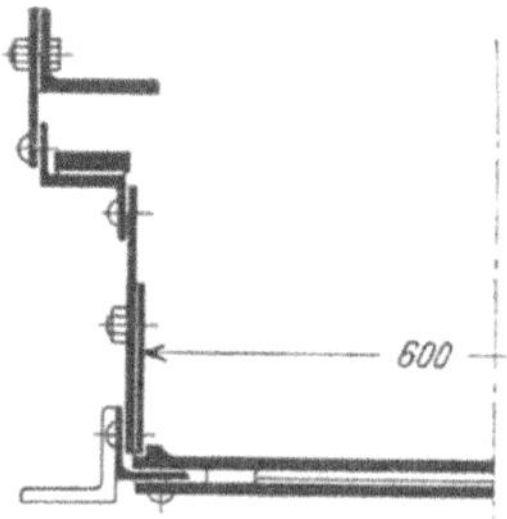

Fig. 195.

und gleichzeitig eine schräge bzw. später senkrechte Lage einnehmen. Aus der Skizze geht hervor, daß das leere Trum sich nur oben zurückführen läßt. Nahe dem Abwurf ist wieder eine selbsttätige Brause angebracht und Rinne und Kette in leichter Biegung nach oben geführt, so daß das Wasser im Troge bleibt.

Fig. 195 gibt einen Querschnitt durch die Rinne. Die gußeisernen Bodenplatten können nach Entfernung der mit wenigen Schrauben befestigten Seitenbleche herausgenommen werden. Die über den Laufschienen angegebenen Winkel haben nur den Zweck, Herausspringen der Kette in der Ablenkung zu verhindern, und fehlen auf dem geraden Laufe.

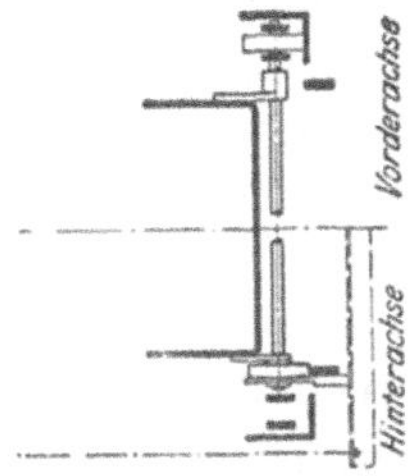

Fig. 197.

Entleerung durch Abstreicher ist bei den trogförmigen Bändern ausgeschlossen, der Abwurf kann also nur an der Endrolle stattfinden. Bei verschiedenen neueren Konstruktionen wird indessen ein Zwischenabwurf dadurch ermöglicht, daß die einzelnen Pfannen, aus denen der Trog besteht, sich durch Kippen entleeren lassen. Die Link Belt Co. führt einen solchen Förderer aus, der nach Fig. 196 und 197 aus übereinandergreifenden zweiachsigen Wagen besteht. Die Vorderseite eines jeden Wagens geht durch und bildet gleichzeitig den Gelenkzapfen der Kette, zwischen deren Gliedern die Laufrollen angebracht sind. Diese stützen sich auf ein ununterbrochen durchgehendes Winkeleisen. Die Hinterachse hat keine Verbindung mit den Ketten. Die Flacheisenschiene, welche die hinteren, näher zusammensitzenden Laufrollen stützt, ist an den Entleerungsstellen nach unten gebogen, doch laufen hier die Spurkränze auf ein bewegliches Schienenstück *A*. Wird dieses entfernt, etwa heruntergeklappt, so entleeren sich die Wagen infolge des Niedergehens der Hinterräder.

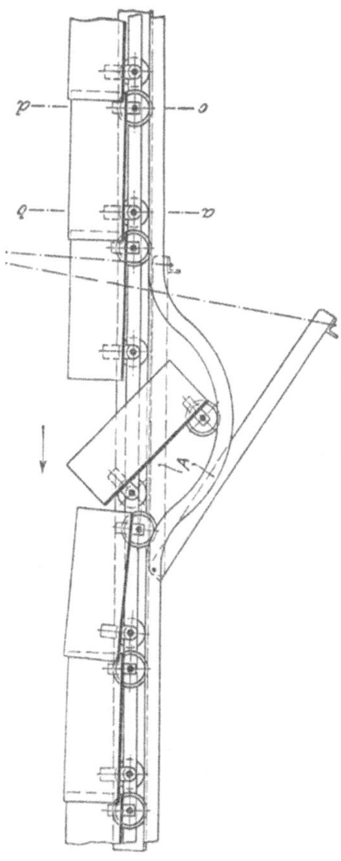

Fig. 196.

Andere amerikanische Firmen wenden nur eine Schiene an und müssen dann die Vorderräder, statt zwischen die Kettenglieder, in dieselbe Ebene legen wie die Hinterräder. An der Unterbrechungsstelle wird die Vorderachse durch die Kettenspannung gehalten und bewegt sich wagerecht weiter. Fig. 198 zeigt einen solchen Förderer von Jeffrey. Eine ganz ähnliche Konstruktion ist unter Nr. 144480 in Deutschland patentiert.[1])

Von den amerikanischen Ausführungen weicht etwas weiter die Bauart Humboldt[2]) ab, die in Fig. 199 in der Anwendung auf ein aus Flacheisenstäben gebildetes, rostartiges Band dargestellt ist.

Die einzelnen Stäbe sind an der Laufachse *A* drehbar aufgehängt und am andern Ende durch eine durchgehende Stange *S* zusammengehalten, so daß sie sich nur gemeinsam bewegen können. Durch Rohrstücke wird für die Einhaltung des richtigen Abstandes zwischen den Stäben gesorgt. Die Kettenglieder *K* bilden einen erhöhten Rand, der eine starke Beschüttung des Bandes ermöglicht.

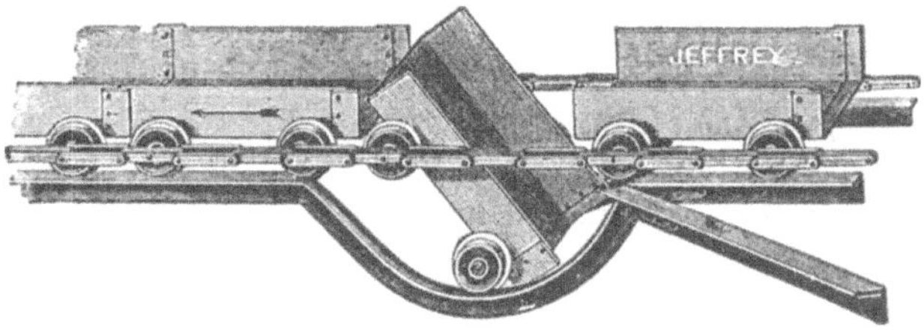

Fig. 198.

Die Stäbe werden am freien Ende durch einen Bügel *B* gestützt, der um die nächstfolgende Laufachse schwingt und sich unter der Wirkung seines Eigengewichts senkrecht einzustellen sucht. Treffen nun die an den beiden Enden des Bügels angebrachten Rollen R_1 gegen den Anschlag *C*, so werden sie zur Seite geschlagen, und die Stäbe fallen herunter und entleeren sich. Um sie wieder in die richtige Lage zu bringen, dient eine Führungsschiene *D*, gegen welche die auf dem Bolzen *S* angebrachten Rollen R_2 anlaufen. Nahe der höchsten Stellung angekommen, schlagen die Flachstäbe mit ihren schrägen Nasen den senkrecht hängenden Bügel *B* zur Seite und legen sich wieder richtig ein. Ehe der Rost in die normale Lage kommt, muß jedoch das nachfolgende Element so weit abgelenkt sein, daß der Bügel aus der Lage B'' in seine natürliche Stellung zurückkehren kann.

Die B. A. M. A. G. führt einen Trogförderer nach Fig. 200 aus, welcher ebenso wie die amerikanische Konstruktion aus drehbaren

---

[1]) Vgl. Dingler 1906, S. 275.
[2]) D. R. P. 160803.

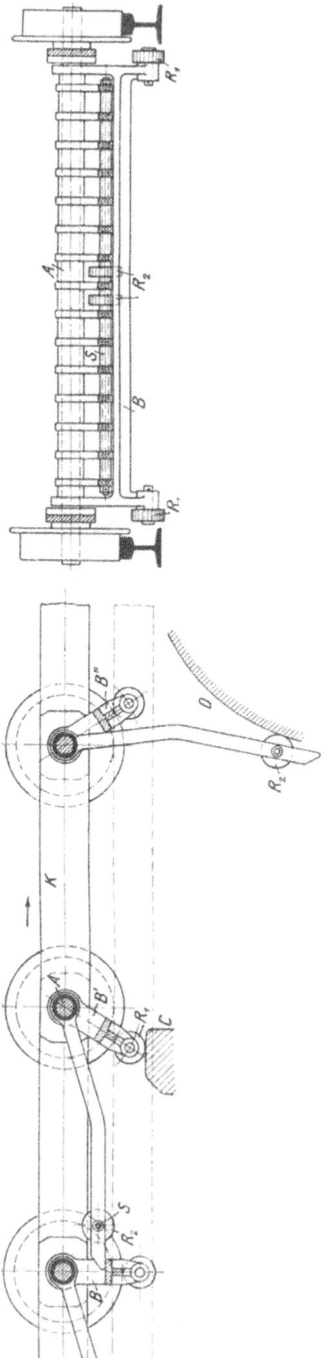

Fig. 199.

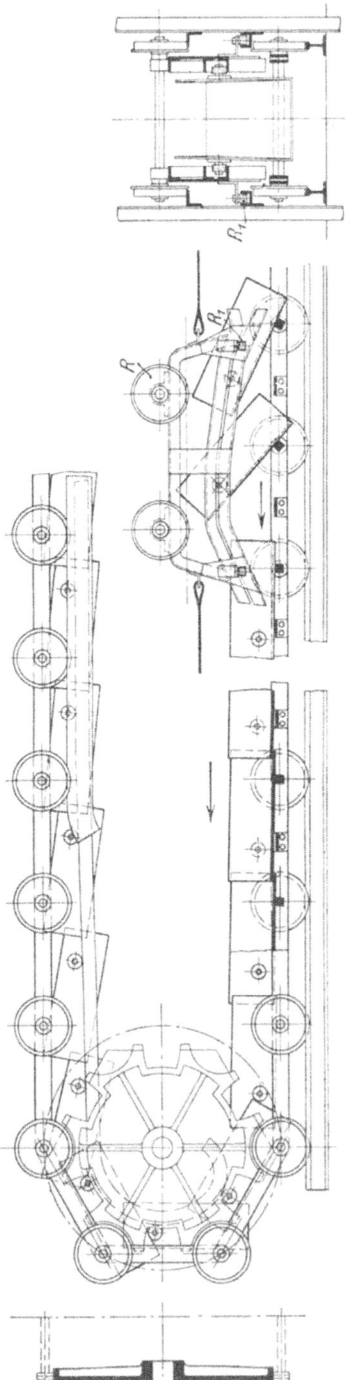

Fig. 200.

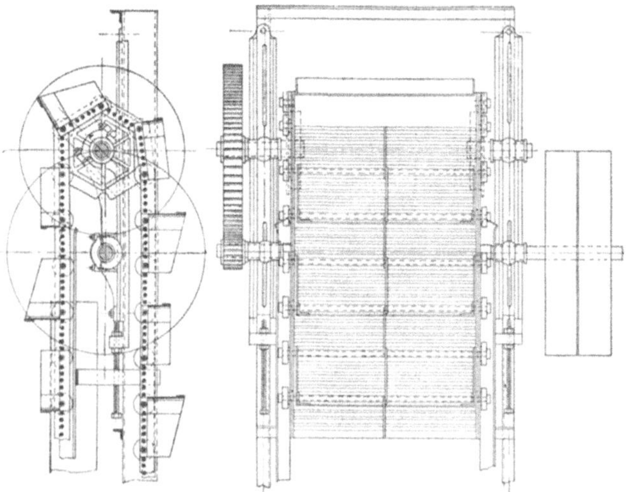

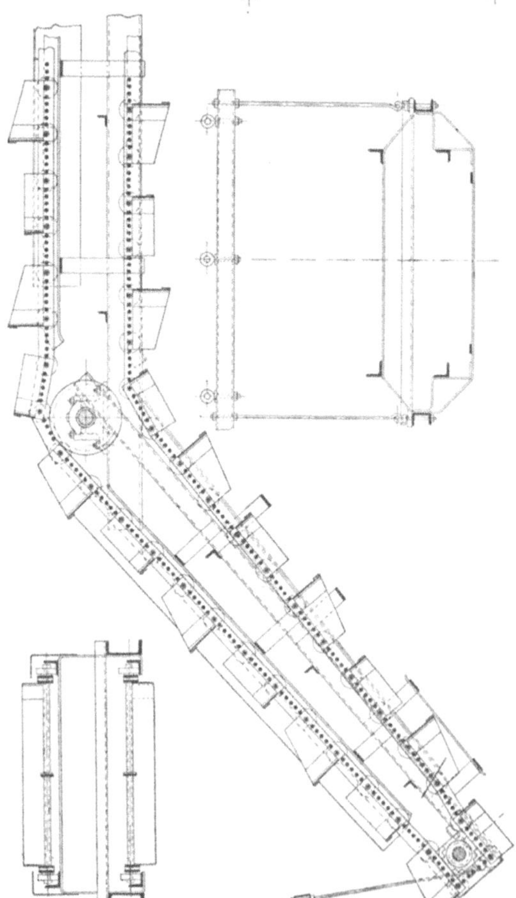

Fig. 201 bis 204.

Rinnenteilen besteht, doch werden diese beim Abwurf nicht gesenkt, sondern am vorderen Ende angehoben. Die Anordnung bringt den Vorteil mit sich, daß eine fahrbare Kippvorrichtung, ein Abwurfwagen, angewandt werden kann, was bei jenen nicht möglich ist, da die Laufschiene an der Abwurfstelle unterbrochen werden muß.

Jeder Wagen hat nur eine Achse und stützt sich am andern Ende auf einen an die Kettenflacheisen genieteten Bügel. Vorn an jeder Seite des Troges ist ein Röllchen angebracht, das von den Kippschienen beim Durchgang gehoben wird und so das Rinnenstück dreht. Das Gestell, an dem die Schienen befestigt sind, ruht auf den Rädern *R* und wird durch ein Seil beliebig verfahren. Röllchen R_1, die in ⊔-Führungen laufen, verhindern seitliches Schwanken der Kippschienen.

Die bisher beschriebenen Bänder nehmen Steigungen bis zu etwa 15°. Bei Anwendung von Holzbrücken oder gewölbten Blechen oder bei Förderung von haftendem Material können sie auch etwas steiler arbeiten. In Steigungen, die den Reibungswinkel überschreiten, muß jedoch das Rutschen des Materials durch Querleisten verhindert werden. Ein Beispiel hierfür gibt das sogenannte Cornetsche Band, das in Kohlenzechen zur Verladung von Stückkohle in Eisenbahnwagen viel angewandt wird (Fig. 201 bis 205, nach Schüchtermann & Kremer). Ein Teil dieses Bandes ist, durch ein Gegengewicht ausgeglichen, drehbar aufgehängt und kann durch eine Winde gehoben und gesenkt, also der Höhe der Schüttung im Wagen angepaßt werden, so daß fast jeder Fall vermieden wird. Das Band selbst besteht aus Flacheisenketten mit zwischengenieteten Rundstäben, bildet also einen Rost, der kleine Teile, die vom Rätter nicht ausgeschieden sind, durchfallen läßt. Auf der horizontalen

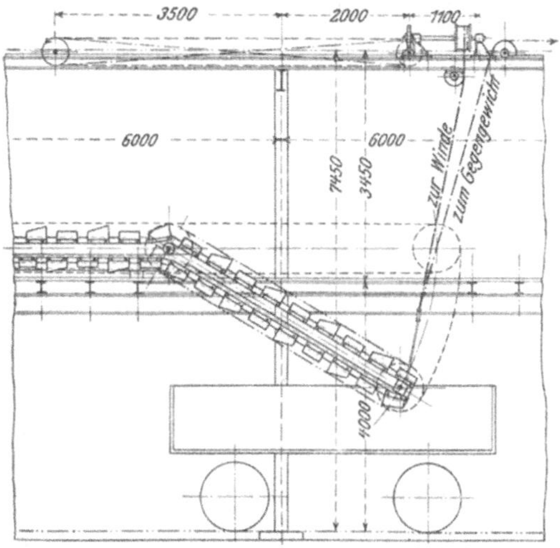

Fig. 205.

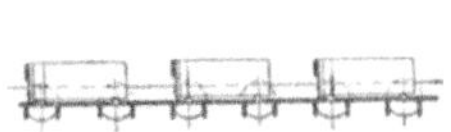
Fig. 206.

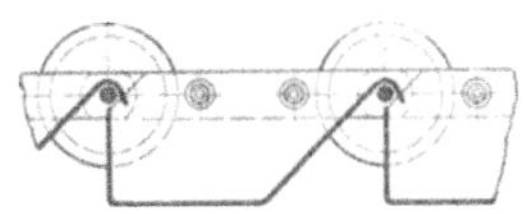
Fig. 207.

Strecke werden Steine ausgelesen. Jedes zweite Kettenglied trägt eine Art Blechkasten, welcher auf der geneigten Strecke die Kohle zurückhält. Jeder zweite Kasten wiederum hat eine erhöhte Rückwand, die beim Rücklauf über den Boden streift und das durchgefallene Material nach Art eines Kratzers sammelt und in einen Behälter fördert.

Da das freie Bandende nicht wohl durch eine Spannvorrichtung belastet werden kann, so sind Antriebs- und Vorgelegewelle in einem verschiebbaren Schlitten gelagert.

Die Kette wird von Laufrollen gestützt und durch ein übergebogenes Blech nach Möglichkeit vor Verschmutzen geschützt.

Fig. 206 zeigt eine ähnliche Ausführung, bei der die Roststäbe durch Platten ersetzt sind.

Die in Fig. 207 skizzierte, für stärkere Steigung vielfach angewandte Form, zeigt noch mehr als die vorige Konstruktion den Übergang zum Becherwerk. Der Abwurf kann nur an der Umkehrrolle erfolgen.

Für die Beförderung von Stückgütern, wie Säcken und Kisten,

Fig. 208.

kommen außer den zuerst beschriebenen flachen Bändern, namentlich denen mit Holzbrücken, verschiedene Spezialkonstruktionen zur Anwendung. Dazu gehört u. a. die in Fig. 208 abgebildete dachförmige Kette. Zwei oder mehrere Stränge laufen in passendem Abstand parallel zueinander und schaffen quer darüber gelegte Hölzer oder Kisten fort. Sie ragen nur wenig über den Holzfußboden heraus, so daß die Güter sich bequem aufbringen lassen.

Für die Fortschaffung schweren Gepäcks in Bahnhofshallen ist der Rundförderer Fig. 209 vorzugsweise geeignet. Er besteht aus zweiachsigen Wagen, die aus Profileisen hergestellt und mit Holz gedeckt sind. Je zwei benachbarte Wagen werden durch ein an den Drehzapfen *D* angreifendes Zwischenstück verbunden, das sich in halbkreisförmige Aussparungen der Wagendeckung legt. Das Ganze bildet eine zusammenhängende, horizontal beliebig ablenkbare Kette. Die Oberfläche liegt in gleicher Höhe mit dem Fußboden. Dieser Umstand, zusammen mit der sehr geringen Fahrgeschwindigkeit, ermöglicht ein bequemes Auf- und Abbringen schwerer Teile. Stücke, die infolge Unachtsamkeit oder Überlastung der Arbeiter nicht an der richtigen Stelle abgenommen wurden, kehren nach Vollendung eines Umlaufes wieder dorthin zurück. Wegen der großen Kettenteilung kann nur Schleppkettenantrieb in Frage kommen.

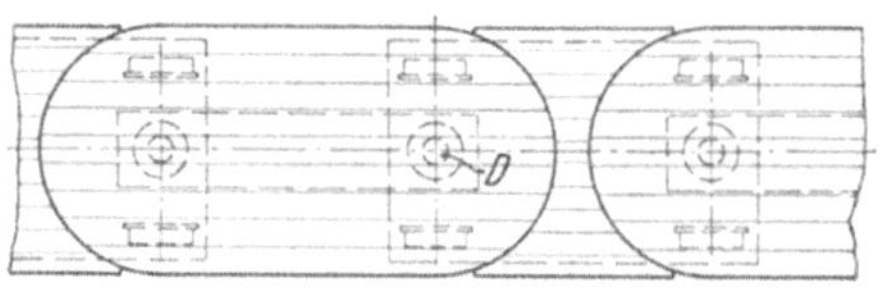

Fig. 209.

Zum Schlusse sind noch Steigbänder oder Rampenförderer zu erwähnen, die zur Beförderung von Menschen, eventuell gleichzeitig von Lasten, dienen.

Den Längsschnitt und die Abbildung eines für das Ladegeschäft an Schiffen bestimmten schweren Förderers geben die Fig. 210 und 211.

Fig. 210.

Das Band besteht aus scharnierartig ineinandergreifenden gebogenen Platten, die mit eisenbeschlagenen Holzschwellen belegt sind. So entsteht eine rauhe Oberfläche, auf welcher der Fuß des Arbeiters, der mit seiner Karre darauf fährt, auch in Steigungen guten Halt findet. Das Ende des Bandes wird ähnlich wie in Fig. 206 verstellbar aufgehängt, so daß es der Bordhöhe der Schiffe und dem veränderlichen Wasserstande angepaßt werden kann. Zur Stützung dienen Laufrollen an jedem Gelenk.

Fig. 211.

Steigbänder für Personentransport in Warenhäusern und Bahnhöfen können in ganz ähnlicher Weise gebaut werden. Nur ist hier sehr ruhiger Lauf, völlige Gefahrlosigkeit beim Betreten und Verlassen, sowie feinere Ausführung zu fordern.

Eine von der normalen abweichende Bauart wird durch Fig. 212

verdeutlicht.[1]) An den Gelenkpunkten der Laschenkette sind Gußstücke befestigt, welche Treppenstufen tragen und durch an Schienen geführte Laufrollen auf dem fördernden Trum stets parallel zu sich selbst gehalten werden. Diese Anordnung umgeht also das Schrägstellen des Fußes und läßt daher eine stärkere Steigung zu (1 : 2 statt 1 : 3). Auf einer Hochbahnstation in New York arbeitet eine solche bewegliche Treppe, die indessen so langsam geht, daß das Publikum, um die Zeit abzukürzen, gleichzeitig noch die Stufen hinaufläuft. Eine größere Geschwindigkeit ist wohl mit Rücksicht auf die mit der Trennung der Stufen verbundene Gefahr nicht zulässig.

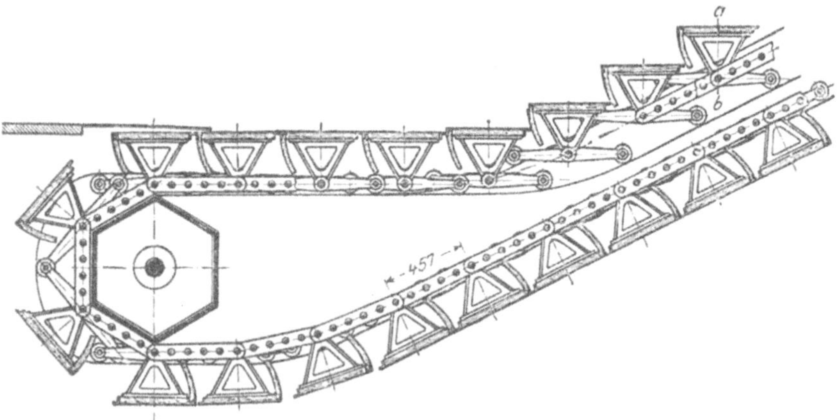

Fig. 212.

Bezüglich der Gesamtanordnung der Gelenkbänder kann auf Fig. 201 verwiesen werden. Im allgemeinen ist sie ähnlich der von Kratzern, insbesondere sind Antrieb und Spannvorrichtung ebenso anzuordnen wie dort. Das rückkehrende Trum liegt, wenn man von wenigen Ausnahmen absieht, stets unterhalb des beladenen. Wenn die Ketten außen liegen oder Laufrollen vorhanden sind, ist ein Übergang vom wagerechten zum ansteigenden Lauf oder umgekehrt in der Regel ohne Schwierigkeit auszuführen. Bei untenliegender Kette und Festrollenstützung sind dagegen Ablenkungen weniger bequem auszuführen.

b) Bestimmung der Hauptabmessungen und des Kraftverbrauchs.

Für die Wahl der Kettengeschwindigkeit, die zwischen 0,2 und 0,6 m/sek zu liegen pflegt, sind im wesentlichen dieselben

[1]) Nach Kammerer, Z. d. V. d. I. 1901, S. 1352. Die Quelle gibt eine interessante Beschreibung der Steigbander, die im Jahre 1900 in Paris ausgestellt waren.

Gesichtspunkte maßgebend wie bei Kratzern. Sehr niedrige Geschwindigkeiten (0,1 bis 0,3 m/sek) haben Lesebänder. Bei Anwendung fester seitlicher Führungsbretter und starker Beschüttung muß mit Rücksicht auf die Reibung die Geschwindigkeit ermäßigt werden.

Die Leistung eines Bandes ist, wenn der Beschüttungsquerschnitt und die Geschwindigkeit gegeben sind, wie bei biegsamen Bändern zu ermitteln aus der Formel:

$$Q = f \cdot \gamma \cdot v \cdot 3600 \text{ (t/st)} \quad \ldots\ldots \quad (31)$$

Bei trogförmigen Bändern ist f gleich dem Rinnenquerschnitt. Für flache Bänder ohne Seitenleisten läßt sich f ebenso bestimmen, wie für biegsame Bänder, doch können hier die Schüttbreite und die Schütthöhe größer angenommen werden, da das Band ruhiger läuft und daher die Schüttung ihre Form behält. Man darf für Kohle und andere Mineralien etwa annehmen:

$$b = B - 0{,}10 \text{ m}, \qquad h = \frac{1}{6} b \text{ bis } \frac{1}{9} b$$

und, wie oben: $$f = \frac{2}{3} b \cdot h .$$

Mit $h = \frac{1}{6} b$ ergibt sich als Höchstleistung:

$$Q = 400 (B - 0{,}1)^2 \cdot \gamma \cdot v \quad \ldots\ldots \quad (32)$$

Für die Berechnung des Kraftverbrauchs kommen in Betracht:

1. Der Bewegungswiderstand der Stützrollen. Ausführung und Wartung pflegen etwas besser zu sein als bei Kratzern, weshalb gesetzt wird:

für Laufrollen $w = \frac{1}{12}$ bis $\frac{1}{18}$

„ feste Tragrollen $w = \frac{1}{15}$ bis $\frac{1}{20}$.

2. Die Zapfenreibung der Antriebs- und Leitrollen.
Angenommen sei:

für Fettschmierung $\mu = 0{,}2$

„ Ölschmierung $\mu = 0{,}15$.

3. Der Biegewiderstand der Ketten.
Wie bei Kratzern, ist:

$$W_3 = \mu \frac{d'}{D} (S_1 + S_2).$$

Da die Ketten aber hier weniger stark verschmutzen, so mag im Mittel gesetzt werden:

$$\mu = 0{,}5.$$

4. Falls ein Abstreifer vorhanden ist, der Abstreifwiderstand, der sich aus folgender Überlegung ergibt.

Ein in der Mitte des Bandes liegendes Stück muß sich auf dem Bande um dessen halbe Breite verschieben, wobei die Arbeit $\mu \cdot G \cdot \frac{B}{2}$ geleistet wird. Dem Gleiten am Abstreifer entlang entspricht außerdem nach Fig. 213 die Arbeit:

$$\mu^2 \cdot G \cdot \sin\alpha \frac{B}{2 \sin\alpha}.$$

Endlich findet während des Abstreifens noch ein Gleiten in der Richtung des Bandes, sowie Verschiebung innerhalb der Masse statt. Da die Arbeitsbeträge hierfür rechnerisch nicht festzustellen sind, so mögen sie schätzungsweise durch den Koeffizienten ζ berücksichtigt werden. Die Gesamtarbeit ist dann:

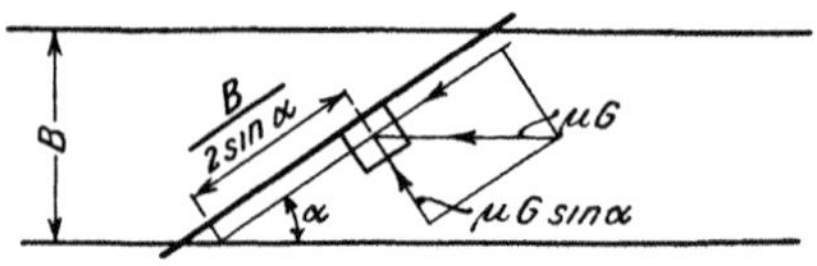

Fig. 213.

$$A = \zeta \cdot \mu \cdot G \cdot \frac{B}{2}(1 + \mu).$$

Die Arbeit in der Sekunde ergibt sich, wenn $G = \frac{Q}{3,6}$ gesetzt wird. Somit ist:

$$N_4 = \zeta \cdot \mu \cdot \frac{Q}{270} \cdot \frac{B}{2}(1 + \mu).$$

ζ wird um so kleiner sein, je kleiner α ist. Für mittlere Winkel dürfte etwa $\zeta = 2$ angenähert richtige Werte für N_4 ergeben.

5. Bei ansteigender Förderung die Hubarbeit, im Betrage von

$$N_5 = \frac{Q \cdot H}{270}.$$

Tabelle 31 enthält Angaben über Durchschnittsausführungen von Bändern für Steinkohlenförderung, die indessen nur einen raschen Vergleich ermöglichen sollen und in keiner Beziehung maßgebend sind. Die Werte für die Stundenleistung sind aus Formel 32 mit $\gamma = 0,8$ berechnet, die Werte für den Kraftverbrauchskoeffizienten aus der Gleichung:

$$\varkappa = \frac{w(q + q_0)}{q}.$$

Die an den Leitrollen auftretenden Widerstände sind also vernachlässigt und dafür $w = \frac{1}{12}$ eingesetzt. Die Tabelle gilt nur für Bänder mäßiger Länge.

Tabelle 31.

Durchschnittswerte für flache, wagerecht laufende Gliederbänder für Steinkohle, ohne Randeinfassung und ohne Abstreifer.

Bandbreite B (m)	Geschwindigkeit v (m/sek)	Leistung Q (t/st)	Leergewicht q_0 (kg/m)	Belastung q (kg/m)	Kraftverbrauchskoeffizient $\varkappa$
0,4	0,60	17	30	8	0,40
0,5	0,55	28	35	14	0,29
0,6	0,50	40	42	22	0,24
0,7	0,45	52	50	32	0,22
0,8	0,40	62	60	43	0,20
1,0	0,30	78	80	72	0,18
1,2	0,25	97	95	108	0,16

c) Anwendbarkeit.

Gliederbänder treten an die Stelle von biegsamen Bändern bei schwerem, harten Fördergut und rauhem Betriebe, dem ein biegsames Band mittlerer Ausführung nicht mehr gewachsen ist. Wo das eine und wo das andere vorzuziehen ist, läßt sich nicht allgemein entscheiden. Sehr hohe Leistungen — über 150 t — lassen sich aber wohl in allen Fällen mit biegsamen Bändern am besten bewältigen, sofern es sich nicht um zu kleine Entfernungen handelt. In diesem Falle zeigt sich wieder das eiserne Band überlegen, da die hohen Leitrollenwiderstände des anderen Fördermittels dann einen überwiegenden Einfluß auf den Kraftverbrauch ausüben (vgl. Tabelle 30).

Durch die neueren Vervollkommnungen, die Entleerung an Zwischenpunkten betreffend, ist es den Gliederbändern möglich geworden, bei nicht zu kleinen Leistungen auch mit Kratzern in Wettbewerb zu treten, denen sie, was Schonung des Gutes und Kraftverbrauch anbetrifft, weit überlegen, bezüglich der Anlagekosten allerdings unterlegen sind.

Ihre Hauptanwendung finden die Gliederbänder in großen Gaswerken, in Bergwerken als Lese- und Verladebänder, in Ziegeleien zum Transport des nassen Tones, ferner zum Fördern von Einzelgütern aller Art, wie Säcken, Kisten, Formkästen usw.

8. Kapitel.

Becherwerke mit festen Bechern.[1])

Zur Aufnahme des Fördergutes dienen Gefäße, die mit einem umlaufenden Zugmittel fest verbunden sind und ihre Lage diesem gegenüber stets unverändert beibehalten. Die Becherwerke mit festen Bechern werden vorwiegend zum Heben, nur selten für Horizontalförderung benutzt.

a) Wahl der Becherform mit Rücksicht auf Gesamtanordnung, Füllung und Entleerung.

Das Becherwerk in seiner einfachsten Form besteht aus dem mit Bechern besetzten Zugmittel und einer oberen und einer unteren Scheibe, deren eine fest liegt und angetrieben wird, während die andere in einem Spannschlitten gelagert ist (vgl. Fig. 221). Man bezeichnet diese Ausführung gewöhnlich mit dem Namen „Elevator".

Bei der Wahl der Becherform ist in erster Linie die Rücksicht auf gute Entleerung maßgebend.

Es ist ohne weiteres klar, daß ein tiefer Becher sich wegen der Reibung, die das Material an den Seitenwänden findet, weniger leicht entleert als ein Becher mit flacher Wölbung, ebenso, daß sich in spitzen Ecken leicht Teile festklemmen können. Daraus geht hervor, daß für anhaftende Stoffe, wie Mehl, Zement, Rohzucker u. dgl. flache Becher mit gerundeten Böden zweckmäßig sind. Diese Becher füllen sich auch leicht, während bei tiefer Form das Gut oft gar nicht bis zum Grunde des Bechers gelangt und statt dessen einen Haufen über der Becheröffnung bildet. Für Stoffe wie schweres Getreide, Kohle, Steine usw. werden dagegen tiefe Becher vorgezogen, weil sie bei gleichem Materialaufwand größeren Fassungsraum haben.

Bei Betrachtung des Ausschüttvorganges hat man zwischen schnellaufenden und langsamlaufenden Elevatoren zu unterscheiden, je nachdem, ob die Zentrifugalkraft die Entleerung der Becher wesentlich beeinflußt oder die Schwerkraft allein wirksam ist. Eine scharfe Grenze läßt sich natürlich nicht ziehen.

Den Entleerungsvorgang bei schnellaufenden Elevatoren, die in der Regel senkrecht oder in sehr geringer Neigung gegen die

---

[1]) Die Becherwerke stehen auf der Grenze nach den unstetig arbeitenden Fördermitteln hin. Kettenelevatoren für Fässer, Steine und andere Einzellasten sind, obwohl in Konstruktion und Arbeitsweise mit den Becherwerken nahe verwandt, in Band II untergebracht, da irgendwo eine Scheidungslinie gezogen werden mußte.

Senkrechte arbeiten, veranschaulicht Fig. 214. Ein Korn, das auf der Rückwand des Bechers liegt, wird durch die Zentrifugalkraft abgehoben, wenn — mit den Bezeichnungen der Figur —

$$\frac{v^2}{r} = g \cdot \cos \alpha \quad \text{ist.}$$

Vom Punkte A aus beschreibt das Korn eine Parabel. Es ist:

$$x = v \cdot t; \qquad y = \frac{1}{2} g \cdot t^2, \text{ also}$$

$$y = \frac{1}{2} g \frac{x^2}{v^2} = \frac{x^2}{2\, r \cdot \cos \alpha} \quad . \quad . \quad . \quad . \quad . \quad . \quad . \quad (33)$$

Durch Aufzeichnen zusammengehöriger Lagen von Korn und Becher läßt sich ermitteln, ob beide noch einmal zusammentreffen. Im Falle der Kurve I geschieht das nicht.

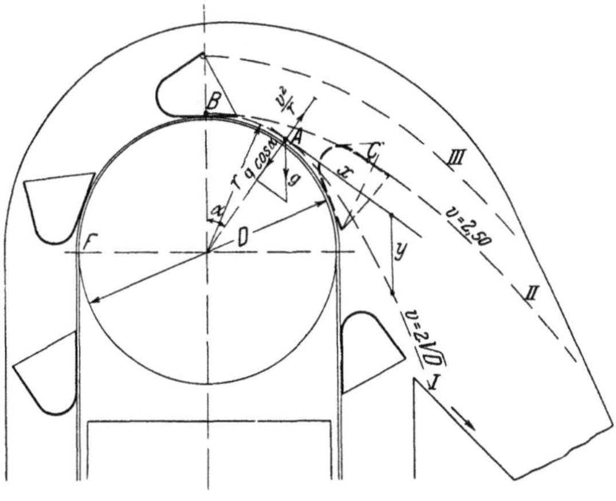

Fig. 214.

Wird die Geschwindigkeit jedoch höher gewählt, beispielsweise so, daß der Abwurf im Scheitel bei B beginnt, so stellt sich heraus, daß im Punkte C das Korn von der mit größerer Geschwindigkeit sich bewegenden Vorderwand des Bechers eingeholt wird. Es kann dadurch aus seiner Richtung soweit abgelenkt werden, daß es, statt auf das Ablaufblech zu gelangen, wieder in das Elevatorgehäuse zurückfällt. Noch mehr werden die weiter zurück und der Becherwand näher gelegenen Körner am freien Entleeren gehindert. Ein Teil der Becherfüllung wird daher jedesmal nutzlos gehoben.

Man kann diesen Mißstand dadurch beseitigen, daß man dem Becher eine flachere Form gibt, wie punktiert angedeutet. Für nicht zusammenhängendes Material ist diese Form indessen ungünstig, weil sie die Leistung herunterzieht. Erhält dieser Becher nämlich reichliche Füllung, so schleudert, sobald der Becher beim Aufstieg bei *F* auf die Scheibe gelangt, die Zentrifugalkraft einen Teil des Inhaltes heraus, während bei der anderen Form die höher gezogene Vorderwand widersteht. Daher ist es zweckmäßiger, die Geschwindigkeit zu verringern, obwohl dann, wie aus den Kurven I und II hervorgeht, das Ablaufblech tiefer gesetzt werden muß.

Bisher war angenommen, daß es sich um einen Körper von unendlich großem spezifischen Gewicht handelt, auf den der Luftwiderstand keinen Einfluß ausübt. Für Schwergetreide ist diese Annahme angenähert zulässig, bei leichtem Gut dagegen muß berücksichtigt werden, daß der Luftwiderstand die Körner zurückzuhalten sucht, daß sie also leichter von dem Becher wieder eingeholt werden. Deshalb ist hier die flache Becherform in Verbindung mit geringerer Geschwindigkeit vorzuziehen.

Becher für Mehl erhalten die in Fig. 215 skizzierte, von H. Aug. Schmidt zuerst ausgeführte Form. Das Mehl haftet beim

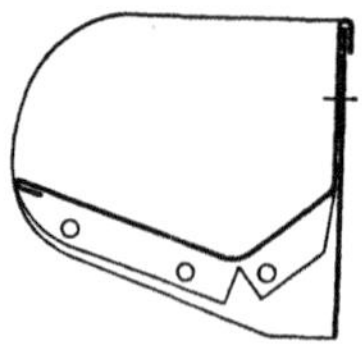

Fig. 215.

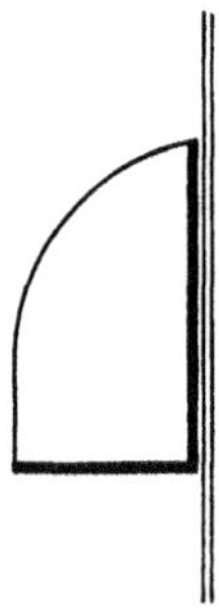

Fig. 216.

Fig. 217.

Aufsteigen an den hohen Seitenwänden, die daher reichliche Becherfüllung ermöglichen, ohne das Ausschütten wesentlich zu behindern.

Für Stoffe, die sehr zum Zusammenbacken neigen, wird zuweilen die ganz flache Form der Fig. 216 gewählt.

Die in Fig. 214 skizzierten Becher müssen einen gewissen Abstand voneinander haben, damit der voraufgehende Becher nicht die freie Entleerung des folgenden hindert. Die notwendige Größe des Abstandes ist durch Einzeichnen verschiedener Lagen des voraufgehenden Bechers und Vergleich derselben mit der Wurfkurve des am weitesten voraneilenden Kornes zu ermitteln. Becher von der Form der Fig. 217 können dagegen unmittelbar aneinander gesetzt werden, da der Rücken eine Ablaufschurre bildet, welche die Ladung richtig weiterbefördert. Solche Elevatoren sind bei gleicher Gurtbreite zwei- bis dreimal so leistungsfähig wie gewöhnliche Becherwerke, da die Fördermenge der Becherzahl proportional ist, fallen also bei gegebener Leistung weniger schwer und unhandlich aus. Da immer mehrere Becher im Eingriff sind, vollzieht sich außerdem der Schöpfvorgang ruhiger. Der Auswurf erleidet bei verminderter Geschwindigkeit, z. B. beim Anlassen und Stillsetzen des beladenen Elevators, keine Störung, auch sind höhere Geschwindigkeiten zulässig als bei gewöhnlichen Bechern, weil bei nicht zu hoher Lage des Ablaufbleches die von der Vorderwand zurückgehaltenen und

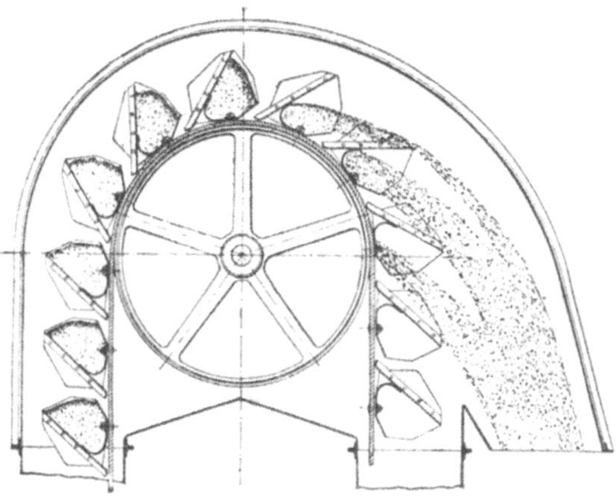

Fig. 218.

senkrecht niederfallenden Körner beim Auftreffen auf den nächsten Becher zur Seite geworfen werden. Unruh & Liebig haben diese für Elevatoren von größerer Leistung jetzt allgemein angewandte Becherform eingeführt.

H. Aug. Schmidt ändert die Konstruktion ab, indem er nach Fig. 218 die Rundung des Bodens beibehält und die Vorderwand des Bechers durch eine besonders angenietete Schüttrinne ersetzt, die sich mit ihrem abgerundeten Fuße auf das Band stützt, dadurch auch bei dem senkrechten Aufstieg dem Becher besseren Halt gebend.

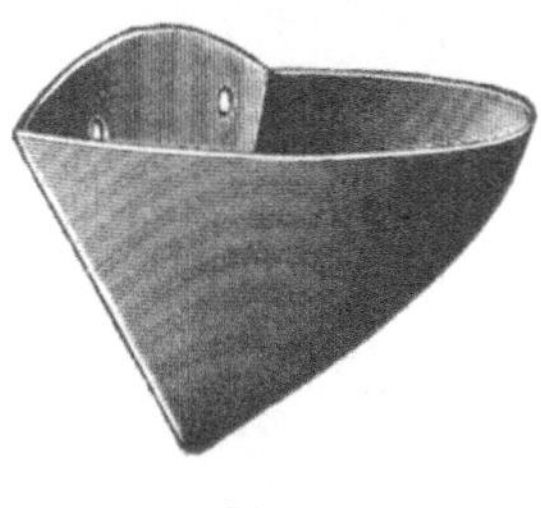

Fig. 219.

Eine neuere, dem gleichen Zweck dienende Becherform von H. Aug. Schmidt (Trichterbecher) zeigt Fig. 219.

Bei geringerer Geschwindigkeit beginnt der Auswurf schon, ehe die Zentrifugalkraft den Druck zwischen Fördergut und Becherrücken aufhebt, indem die Ladung an der Rückwand abrutscht. Der Entleerungsvorgang, den Zentrifugalkraft, Schwerkraft und Reibung beeinflussen, läßt sich rechnerisch schwer verfolgen, zumal durch den Schöpfwiderstand das Material in den Becher fest hineingepreßt sein kann. Je nach der Größe der Leitrolle ist bei Geschwindigkeiten von etwa 0,8 bis 1,0 m/sek abwärts der Einfluß der Zentrifugalkraft so gering, daß bei senkrecht stehendem Elevator ohne besondere Vorkehrungen kein guter Abwurf mehr zu erreichen ist. Der Elevator muß daher nach Fig. 220 schräg gestellt und die Lage des Ablaufbleches wieder durch Aufzeichnen der Fallkurve ermittelt werden. Bei sehr niedriger Geschwindigkeit ist demnach die Kante des Ablaufbleches etwa senkrecht unter die Vorderkante des Bechers in der Lage zu setzen, bei der die ersten Materialteile herausfallen können, lockeres Gut vorausgesetzt. Üblich ist eine Schrägstellung von 45 bis 60°.

Fig. 220.

Es gibt indessen verschiedene Mittel, um einen langsam laufenden Elevator auch bei senkrechter Stellung vollständig zu entleeren. So hat Ablenkung des niedergehenden Stranges (Fig. 221) dieselbe Wirkung wie Schrägstellung des ganzen Elevators, bedingt aber die Anwendung doppelter seitlicher Ketten. Auch bei der Anordnung nach Fig. 222 sind Doppelketten erforderlich. Der Becher muß in diesem Falle so geformt sein, daß der Inhalt auf dem kurzen horizontalen oder schwach geneigten Wegstück von der Rückwand abgleitet. Da bei der Entleerung gar kein Fall oder Stoß eintritt, so erscheint die Einrichtung vorzugsweise für leicht zerbrechliche Stoffe, wie Stückkohle, geeignet. Ein anderes Mittel ist das, den Becherinhalt auf einer umlaufenden geneigten Schurre abgleiten zu lassen, wo er die zum Übertritt auf das feste Ablaufblech erforderliche horizontale Geschwindigkeit erhält. Schon die Becherformen Fig. 217 und 218 geben ein Mittel hierfür an die Hand. Besser ist es jedoch, die Rutsche länger zu machen, z. B. durch Annieten eines

Fig. 221.

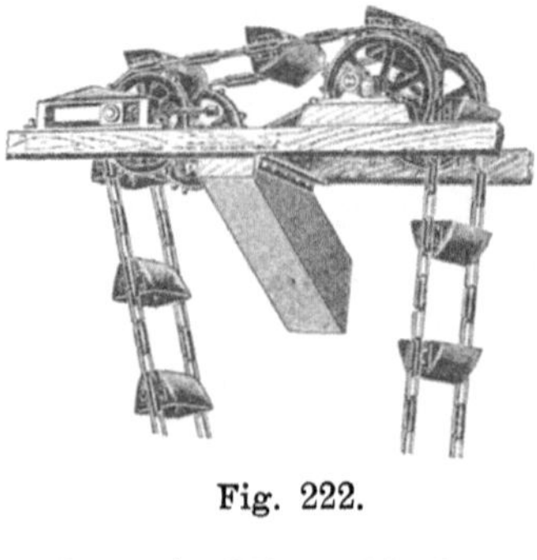

Fig. 222.

Verlängerungsbleches an die Becherrückwand (Fig. 223). Denselben Zweck erreicht nach Fig. 224 die Link Belt Co., indem sie an den Kettenscheiben kurze Rinnenstücke befestigt, die bei der Entleerung jedes Bechers in der richtigen Lage sind, um den Inhalt

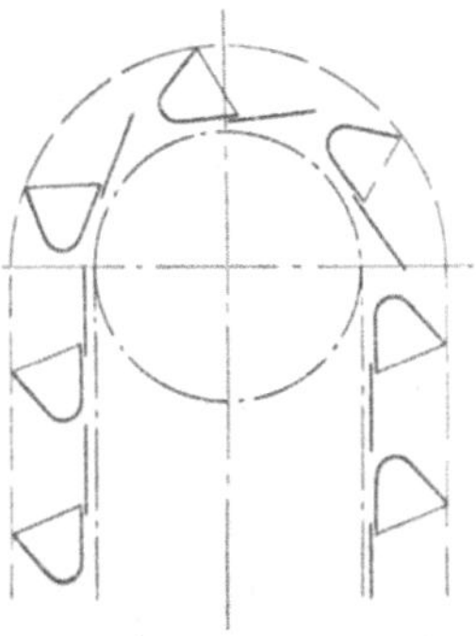

Fig. 223.

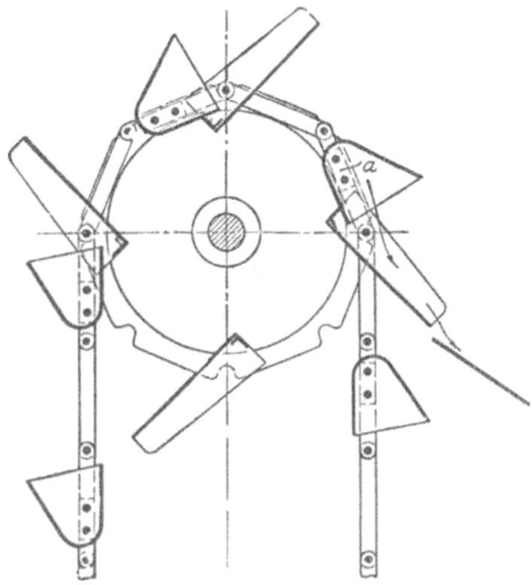

Fig. 224.

zur Seite zu werfen. Die Becher müssen soweit auseinandergesetzt werden, daß die Rinnen zwischen ihnen hindurchgehen können.

Wenn die Abwurfstelle nicht am höchsten Punkte liegen, sondern beliebig veränderlich sein soll, so kann durch drei in einem verschiebbaren Rahmen gelagerte Leitrollen eine Ausbiegung geschaffen werden, auf deren unterem Strange die Ladung über die entsprechend geneigte Vorderwand des Bechers abgleitet (Fig. 225). Durch die dreifache Ablenkung wird die Abnutzung der Kette allerdings nicht unwesentlich vermehrt.

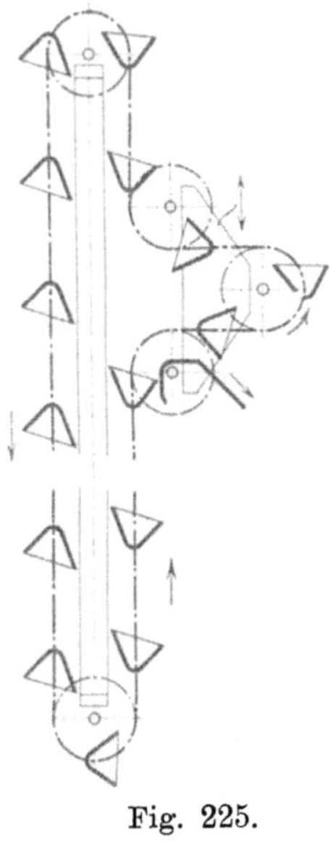

Fig. 225.

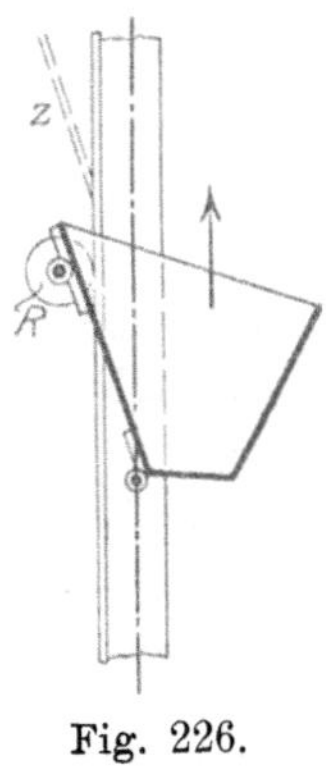

Fig. 226.

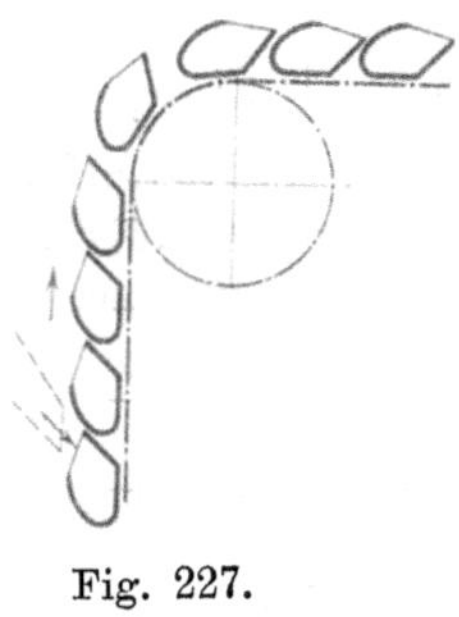

Fig. 227.

Die Ablenkung läßt sich vermeiden, wenn man auf die starre Verbindung zwischen Kette und Becher verzichtet. Ein dahingehender Vorschlag ist in der deutschen Patentschrift Nr. 155890 niedergelegt. Wie die Figur 226 zeigt, ist jeder Becher an seinem unteren Ende durch ein Gelenk mit der Kette verbunden und hat beim Aufsteigen Neigung, nach vorn umzukippen, da sein Schwerpunkt rechts von der Kette liegt. Er wird aber durch Rollen *R*, die an der oberen Ecke angebracht sind und sich gegen die Rückseite der Führungswinkel legen, in seiner aufrechten Stellung gehalten. An der Stelle, wo der Becher gekippt werden soll, wird eine der beiden Rollen durch die Zunge *Z* nach links abge-

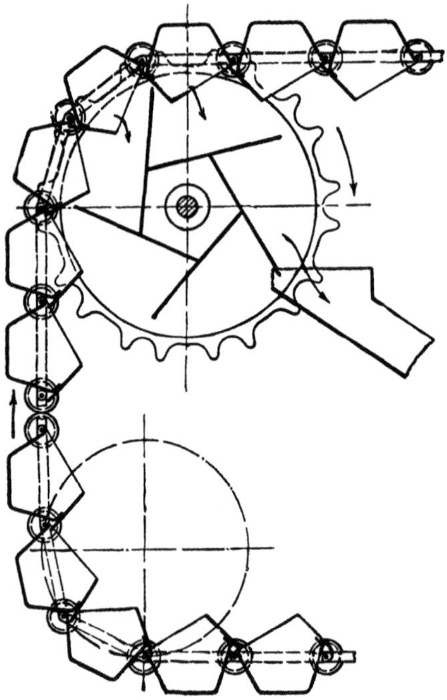

Fig. 228.

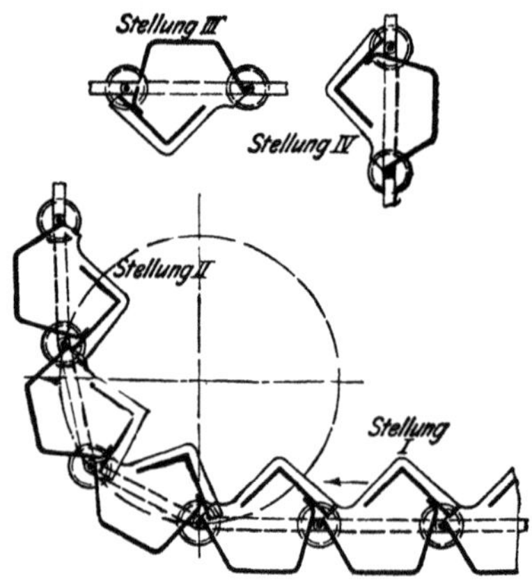

Fig. 229.

lenkt, bis der Schwerpunkt sich über den Aufhängepunkt hinausbewegt hat, so daß der Becher ganz nach links überkippt und sich entleert. Die Zunge kann verschoben oder abgeklappt und dadurch die Abwurfstelle verlegt werden.

Neue Becherformen ergeben sich, wenn die Anforderung gestellt wird, daß das Becherwerk nicht nur senkrecht, sondern auch wagerecht fördern soll.

Fig. 227 zeigt einen solchen Elevator, der zuerst senkrecht, dann wagerecht arbeitet.[1] Die Becher sind dicht aneinander gesetzt, weil das Fördergut dem senkrechten Strang durch eine Schurre

[1]) Aus „La Mécanique à l'exposition de 1900“.

stetig zugeführt wird. Ebensogut könnte indessen bei etwas veränderter Becherform der Elevator schöpfen. Das Material erleidet bei der ersten Ablenkung eine Umlagerung und wird am Schluß des wagerechten Laufes ausgeworfen.

In Fig. 228 (Link Belt Co.) wird zuerst wagerecht, dann senkrecht gefördert. Die Form des Bechers ist im wesentlichen dieselbe wie in Fig. 227, nur wird die Kette in entgegengesetzter Richtung abgelenkt. Das Material läßt sich an beliebiger Stelle auf dem unteren wagerechten Strang durch eine Schurre zuführen. Da das Rückenblech jedes Bechers die Vorderkante des nächstfolgenden überdeckt, ist ein Vorbeifallen von Material ausgeschlossen. Die Entleerung geschieht am Ende des senkrechten Laufes mit Hilfe

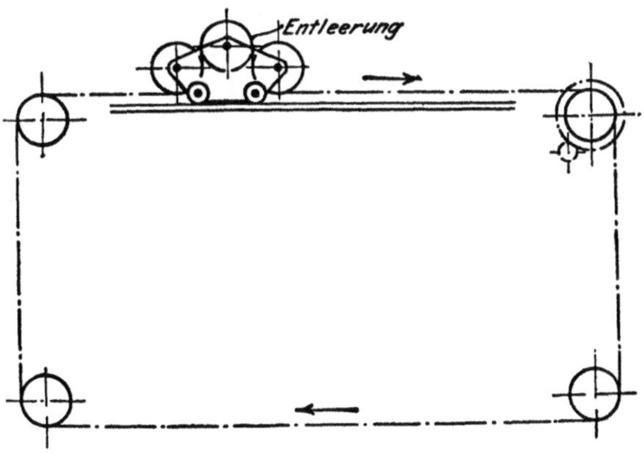

Fig. 230.

einer Flügeltrommel, deren Zellen den Inhalt von je zwei Bechern aufnehmen und an die Ablaufschurre weitergeben.

Soll auch der obere Strang zur Förderung herangezogen werden, so erhalten die Becher durch Hinzufügen eines weiteren Bleches die in Fig. 229 dargestellte Form. Es findet nun auch bei dem Übergang vom senkrechten zum oberen wagerechten Lauf, von Stellung II zu Stellung III, eine Umlagerung statt, ohne daß Fördergut herausfällt, und erst bei Drehung um 270^0 — Stellung IV — entleert sich der Becher. Wie aus der Figur hervorgeht, ist nur eine ziemlich geringe Becherfüllung möglich. Für großstückiges Fördergut wird die Zugangs- bzw. Entleerungsöffnung überhaupt zu klein. Das Material wird durch eine von dem wellenförmigen Becherrand auf- und niederbewegte Rinne stoßweise aufgegeben.

Das Becherwerk kommt nur zur Anwendung, wenn beliebiger Abwurf auf dem oberen Strange verlangt wird. Die Gesamtanordnung zeigt Fig. 230. Um die Becher in die Stellung IV zu bringen, ist ein Abwurfwagen nötig, der wegen der großen Kettenscheiben ein ziemlich schwerfälliges Konstruktionsglied bildet und infolge der wiederholten Ablenkung der Kette nach entgegengesetzten Richtungen den Verschleiß sehr befördert.

Eine Konstruktion, die demselben Zwecke dient, aber nicht mehr ein reines Becherwerk darstellt, ist in Fig. 231 skizziert. Symmetrisch ausgeführte Becher, die an Doppelketten befestigt sind, schieben zunächst auf dem unteren wagerechten Lauf das an beliebiger Stelle aufgegebene Fördergut in einem Troge vor sich her, füllen sich dann beim Übergange in die senkrechte Bewegung — wobei etwa fallengelassenes Gut vom nächsten Becher aufgenommen wird — und wirken oben wieder wie Kratzerschaufeln. An der Entleerungsstelle wird ein Schieber aufgezogen.

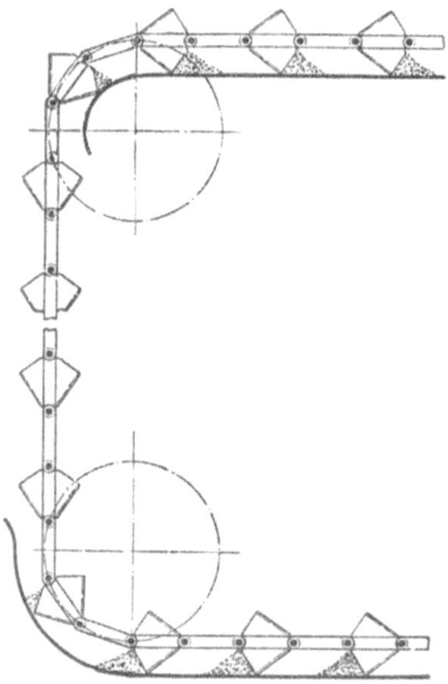

Fig. 231.

Die Einfachheit dieses „Kratzerbecherwerkes" hat ihm in Amerika viele Freunde verschafft. Das Schleifen des Materials bringt indessen die Nachteile hohen Kraftverbrauchs und der Wertverminderung bei zerbrechlichem Material mit sich, weshalb die Bauart nur für kleine Leistungen oder kurze Wege zu empfehlen ist.

Zum Entleeren von Schiffen baut die Link Belt Co. eine Elevatorform, die in ihren Einzelteilen mit dem eben beschriebenen Kratzerbecherwerk übereinstimmt. Dieser „einziehbare Elevator" kann etwa nach Fig. 232 angeordnet sein. Der senkrecht ins Schiff hinabhängende Strang der Becherkette hat kein festes Gerüst, sondern trägt nur unten ein Eisengestell, an dem die Lager für die Kettenscheibe befestigt sind, und dessen Gewicht beim Schöpfen die Becher in das Fördergut hineindrückt. Innerhalb des Turmes ist die Kette wieder nach unten über eine Kette geführt, sodaß sich der Elevator mittels einer Winde, die mit dieser Rolle in Verbindung steht, verkürzen oder verlängern läßt. Durch Verschieben des Laufwagens, in welchem die oberen Kettenscheiben gelagert sind, kann der Elevator außerdem ohne Änderung seiner Länge wagerecht bewegt werden. Auf dem Wege von der Laufkatze bis zum Füllrumpf wirken die Becher schiebend. Da die Entfernung veränderlich ist, muß das Gleitblech auf dieser Strecke zum Verschieben oder Ausziehen eingerichtet sein. Der Ausleger kann so konstruiert sein, daß er sich beim Vorbeigehen von Schiffsmasten aufziehen läßt.

Da die Becher im vorliegenden Falle nur nach einer Seite hin als Kratzerschaufeln zu dienen haben, so könnten sie wie normale Elevatorbecher mit einseitiger Ausladung ausgeführt werden.

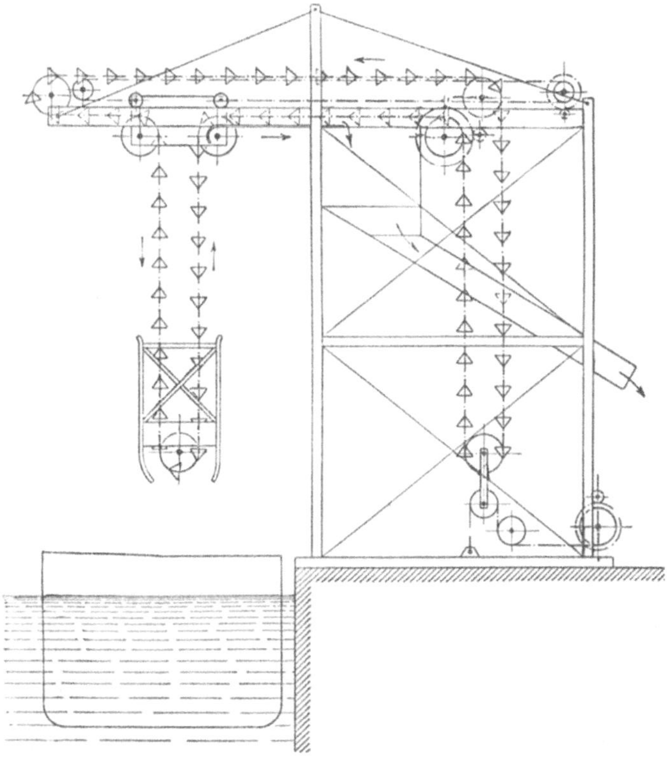

Fig. 232.

Eine eigentümliche Konstruktion der Link Belt Co. muß hier eingeschoben werden, wenn sie auch, da die Becher eine gewisse Beweglichkeit besitzen, streng genommen nicht in dieses Kapitel gehört. Die Vorrichtung (Fig. 233 bis 236) dient demselben Zweck wie die zuletzt beschriebenen Ausführungen. Zur Verwendung kommt eine aus Rundeisen hergestellte Einstabkette, die sich in einer senkrechten Ebene bewegt und mit ihren an den Gelenken angebrachten Rollen an zwei Schienen entlang geführt wird. Die

Becher sind einseitig so angeschlossen, daß sie frei um die Längsachse der Kette schwingen können. Auf der andern Seite wird der Becher durch eine weitere Laufrolle unterstützt. Er ist als Wagen mit rechteckigem Querschnitt ausgeführt und durch schräge Wände geteilt, die beim senkrechten Aufsteigen das Material festhalten. Auf dem unteren wagerechten Lauf bilden die ohne Spielraum aufeinanderfolgenden Wagen gewissermaßen eine zusammenhängende

Fig. 233.

Rinne, die ohne besondere Hilfsvorrichtungen von einer einfachen Rutsche aus gefüllt werden kann. Während des Aufstieges werden sodann die Becher durch eine schraubenförmig gewundene Hilfsschiene um 180° verdreht (Fig. 234), so daß sie oben dieselbe Stellung einnehmen wie unten, aber sich auf der andern Seite der Kette befinden. An einem beliebigen Punkte des oberen Laufes bewirkt eine weitere, an einem verschiebbaren Gestell angebrachte Spiralschiene eine nochmalige Drehung um die Kettenachse (Fig. 235 und 236), bei der die Wagen sich entleeren, um umgestürzt weiter zu laufen. Unten kommen sie dann in der richtigen Stellung an.

Verlegt man den Lauf der Einstabkette in eine wagerechte Ebene, so können die frei schwingenden Becher gleichfalls in der richtigen Lage geführt werden, mit der offenen Seite nach oben. Man erhält damit gewissermaßen ein beliebig entleerbares, kurvenbewegliches eisernes Band.

b) Die Ausführung der Becher und ihre Befestigung am Zugmittel.

Als Material für die Becher dient Eisenblech, das verzinkt oder verzinnt sein kann, Stahlblech oder Temperguß.

Leichte Becher für Getreide u. dgl. werden häufig aus einem Stück Blech hergestellt und nur am Rücken genietet. Die obere Kante des Rückens wird durch eine Kappe aus Blech verstärkt, auch können die Becher eine Randeinfassung erhalten (Fig. 237 bis 239 und Tabellen 33 bis 37).

Einen seitlich genieteten Becher für schwere Beanspruchung, aus einem Stück hergestellt, veranschaulichen Fig. 240, welche das zugeschnittene Blech zeigt, und Fig. 241. Webster stellt diese Form in Blechstärken von 0,6 bis 3,5 mm her.

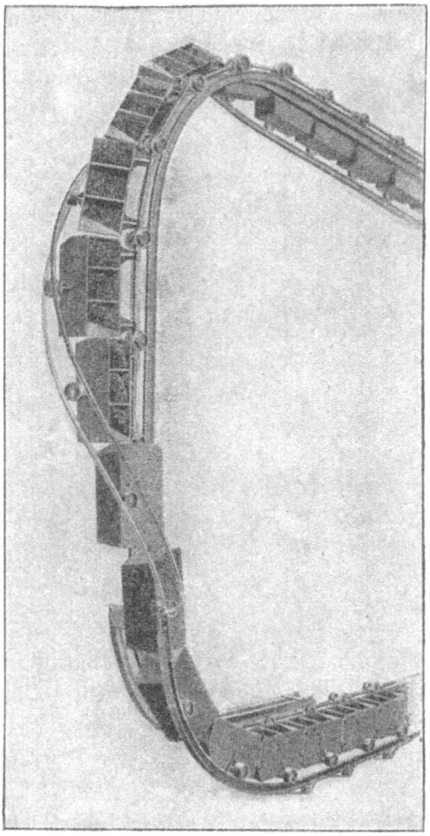

Fig. 234.

Große Widerstandsfähigkeit haben die aus Stahlblech gepreßten, ungenieteten Becher.

Wenn nicht größere Mengen von Bechern nach demselben Modell hergestellt werden, so ist das Pressen nicht wirtschaftlich und daher ganz zu vermeiden. Es müssen dann mög-

Fig. 235.

lichst einfache, durch Ausschneiden und Biegen herstellbare Formen angewandt werden.

Fig. 242 bis 244 zeigen einen Becher von A. Stotz, dessen Stirn- und Rückwand aus einem Stück gebogen und mit den beiden Seiten-

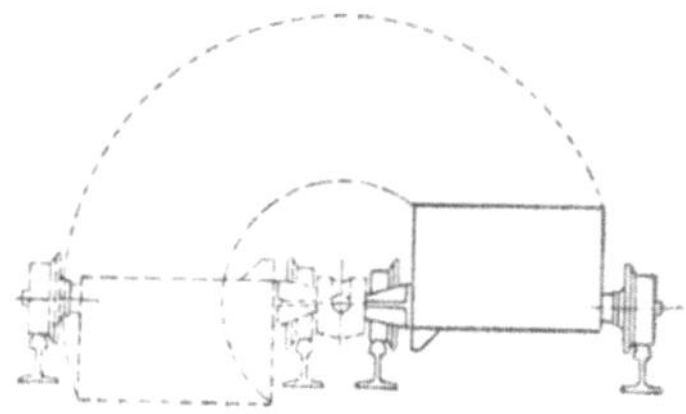

Fig. 236.

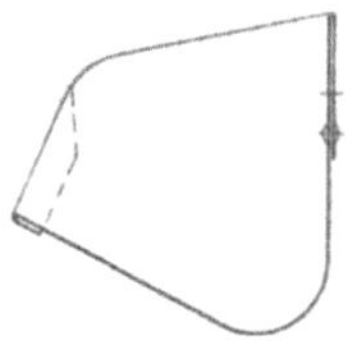

Fig. 238.

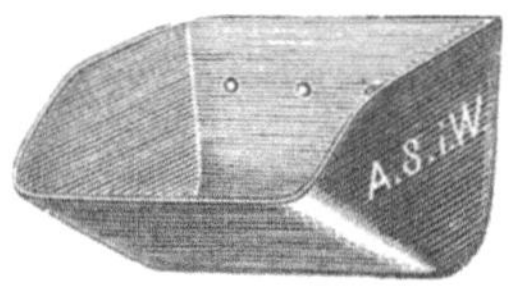

Fig. 237.

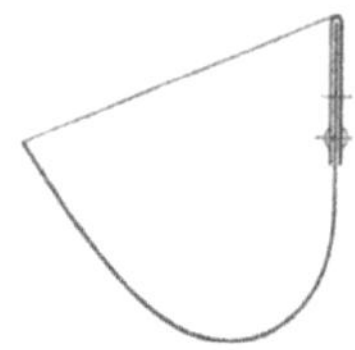

Fig. 239.

wänden durch Winkel verbunden ist. Die Kanten sind mit einem Flacheisen eingefaßt. Häufig erhält nur die vordere Schöpfkante eine solche Verstärkung.

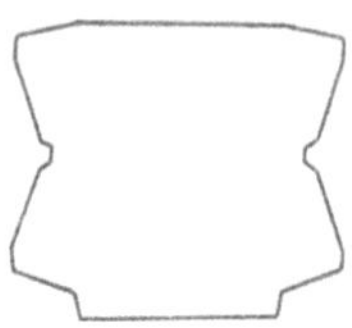

Fig. 240.

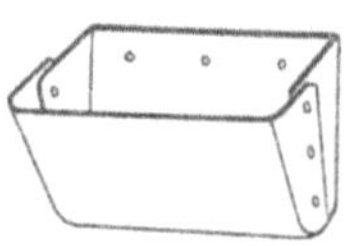

Fig. 241.

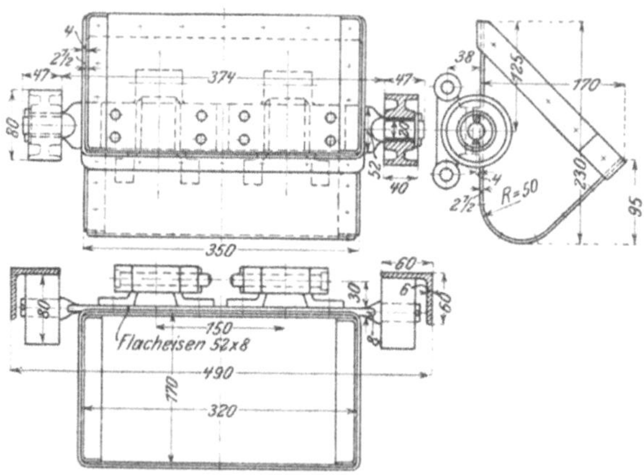

Fig. 242 bis 244.

Ist ein abgerundeter Boden mit Rücksicht auf die Natur des Materials nicht unbedingt nötig, so werden die Becher mit scharfen Ecken nach Fig. 245 bis 247 ausgeführt.

Zum Heben gewaschener Kohle oder anderer nasser Stoffe, werden häufig gelochte Becher verwandt, die das Wasser abtropfen lassen (Fig. 248).

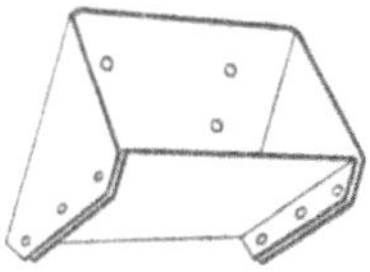

Fig. 245.

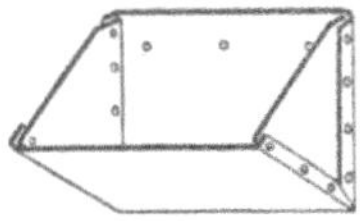

Fig. 246

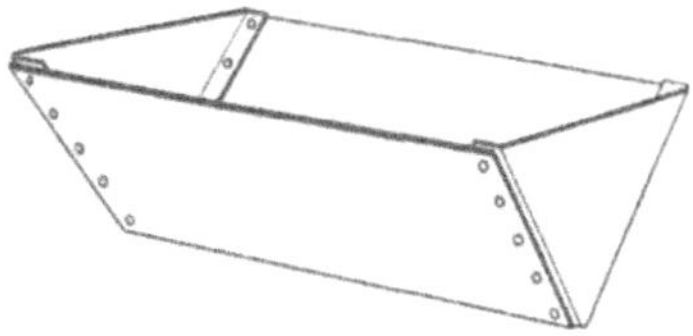

Fig. 247.

Fig. 249 zeigt einen Becher, dessen Rücken nach dem Radius der Leitscheiben gekrümmt ist. Die Ausführung ist für Getreide-

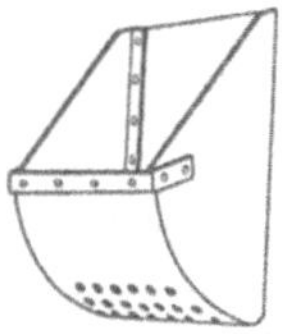

Fig. 248.

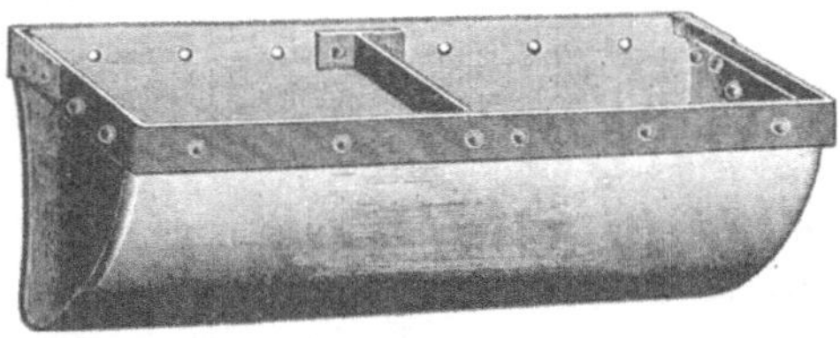

Fig. 249.

elevatoren von sehr hoher Leistung bestimmt und wird in Breiten von 300 bis 500 mit Ausladungen von 150 bis 200 mm hergestellt. Die Mittelversteifung kommt von 400 mm Breite an zur Anwendung.

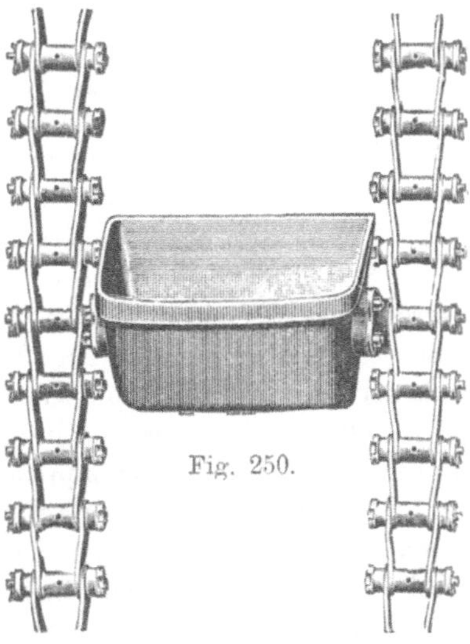

Fig. 250.

Einen Becher aus Temperguß — für schwere Beanspruchung — gibt Fig. 250 wieder (vgl. Tabelle 38, Fredenhagen).

Als Zugmittel kommen Kette, Seil und Gurt in Betracht.

Kette wird vorzugsweise für langsam laufende Becherwerke und schwere Stoffe verwandt, doch finden sich Tempergußketten auch wohl bei raschlaufenden Getreideelevatoren von größerer Leistung. Entweder ist ein einzelner Strang vorhanden, der in der Mitte des Becherrückens angreift, oder zwei Stränge, die beide am Becherrücken oder aber an den Seitenblechen anfassen können. Durch die Doppelkette, die für Becherbreiten von etwa 250 mm in Frage kommt, erhält der Becher größere Stabilität, namentlich beim Schöpfen. Seitliche Lage der Ketten bringt diese näher der Schöpfkante, verringert also das auf die Kette ausgeübte Moment. Beim Rückenangriff kommt dagegen die Kette weniger mit dem Material im Schöpftrog in Berührung, auch wird die Baubreite des Elevators geringer. Seitenketten sind

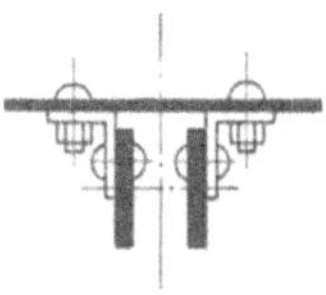

Fig. 251.

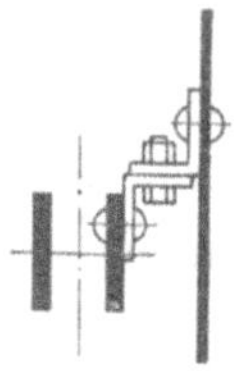

Fig. 252.

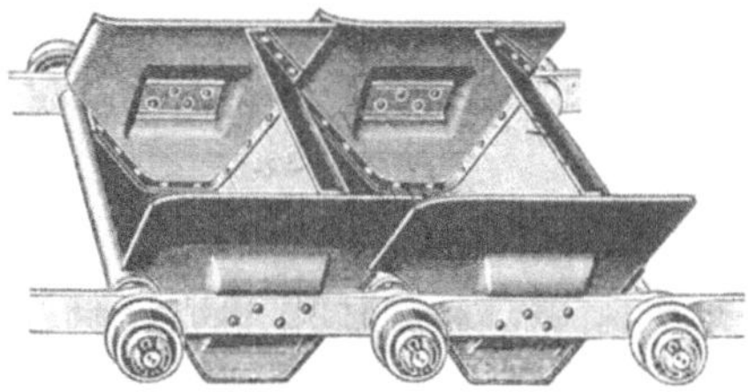

Fig. 253.

nicht zu vermeiden, wenn eine Ablenkung nach der Becherseite hin stattfindet (vgl. z. B. Fig. 221).

Die Befestigung des Bechers ist je nach der Lage der Ketten verschieden.

Flacheisenketten können mit dem Becher mittels kurzer Winkeleisenstücke verbunden werden (Fig. 251 und 252). Bei seitlicher Lage

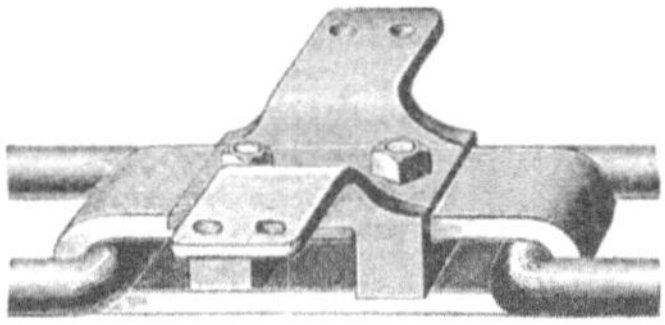

Fig. 254.

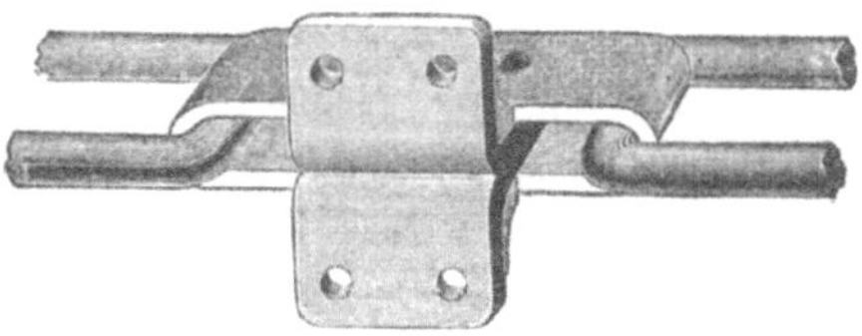

Fig. 255.

werden die Becher allerdings meistens an die Kettenglieder angeschraubt oder angenietet (Fig. 253), doch erleichtert die in Fig. 252 skizzierte Anordnung das Auswechseln und schont die Kette.

Ketten mit abwechselnden Rund- und Flacheisen-Gliedern werden mit Befestigungslappen nach Fig. 254 bzw. 255 versehen.

Eigentliche Rundeisenketten erhalten geschmiedete oder gegossene Befestigungsglieder nach Fig. 256. Für Tempergußketten sind in Fig. 257 und 258 Beispiele gegeben.

Zur Befestigung dienen meist Schrauben mit halbrunden Köpfen.

Wenn der Elevator geneigt steht, so bedürfen die Becher, wenigstens auf dem fördernden Strang, einer Unterstützung. Ähnlich wie beim Kratzer kann ein Flacheisen auf die Rückwand des Bechers genietet werden, an dessen überstehenden Enden Gleit-

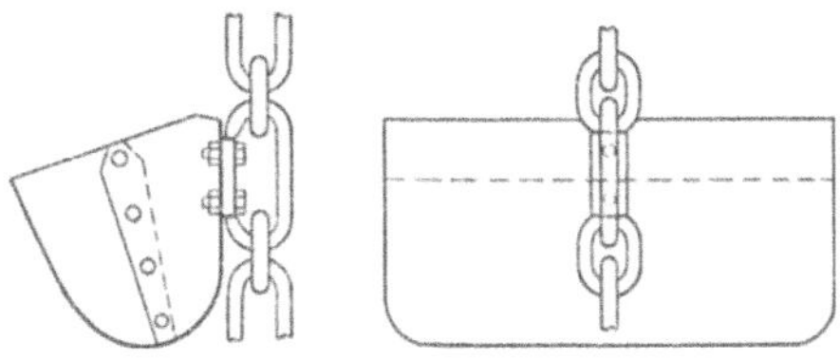

Fig. 256.

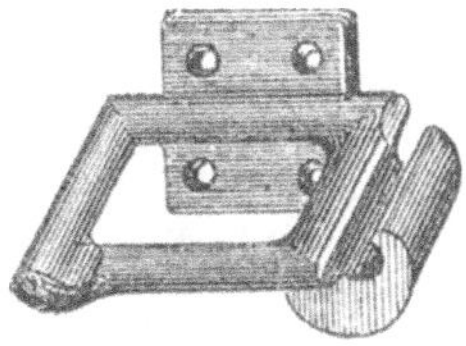

Fig. 257.

klötze oder Laufrollen angebracht sind (Fig. 242 bis 244). Häufig werden statt dessen feste Tragrollen angewandt (vgl. Fig. 282).

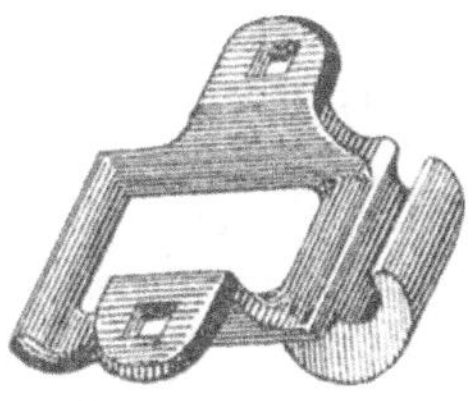

Fig. 258.

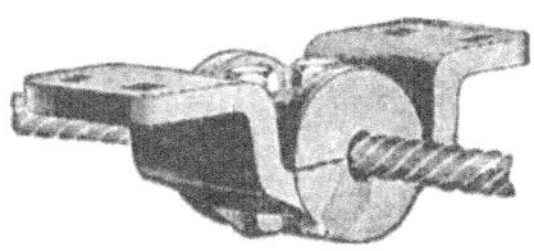

Fig. 259.

Fig. 260.

Seile werden bisher in Deutschland meines Wissens gar nicht, in Amerika selten für Elevatoren benutzt. Die Fig. 259 bis 261 geben die nötigen Einzelheiten für Rücken- und Seitenangriff.

Gurte werden bei Elevatoren für Getreide und ähnliche Stoffe angewandt, die geringen Schöpfwiderstand bieten, beispielsweise auch für Nußkohle. Die Gurte dürfen nicht zu schwach sein, damit die Schrauben für die Becherbefestigung die nötige Auflage finden. Der Riemen muß etwas breiter sein als der Becher.

Fig. 261.

Kaniss verwendet folgende Gurtstärken und Scheibendurchmesser:

Tabelle 32.

Gurtstärken nach A. W. Kaniss.

Blechstarke der Becher (mm) . . .	bis 1,25	1,5 bis 2,0	uber 2,0
Hanfgurte (glatt gewalzt) (mm) . .	3 bis 5	6 bis 10	8 bis 12
Genähte Baumwolltuchriemen . .	4 fach	$\geq$ 6 fach	$\geq$ 8 fach
Gewebte Baumwollriemen	normal	doppelt	extra
Kamelhaarriemen	normal	normal	extra
Balatariemen	4 fach	$\geq$ 5 fach	$\geq$ 6 fach
Scheibendurchmesser (mm)	$\geq$ 400	$\geq$ 600	800 bis 1000

Zur Verbindung der Riemenenden können, wie bei den Transportbändern, aufgenähte Decklaschen oder Riemenkrallen benutzt werden. Ein billiges und stoßfrei arbeitendes Mittel ist der Schienenverbinder (Fig. 262). Die geriffelten Schienen erstrecken sich über die ganze Gurtbreite und nehmen die aufgebogenen Riemenenden zwischen sich. Für Hanfgurte werden häufig Schnallstrippen angewandt, die den Gurt bequem zu verlängern oder verkürzen gestatten, so daß bei einfachen Ausführungen die Spannvorrichtung wegfallen kann (Fig. 263, nach Seyffert). Baumwollriemen werden auch endlos gewebt geliefert. Die Löcher für die Befestigungsschrauben müssen mittels Pfriemen in den Gurt eingestochen werden. Die von Kaniss empfohlenen runden oder quadratischen Schraubenösen erhöhen die Widerstandsfähigkeit der Lochleibungen wesentlich.

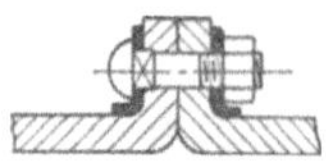

Fig. 262.

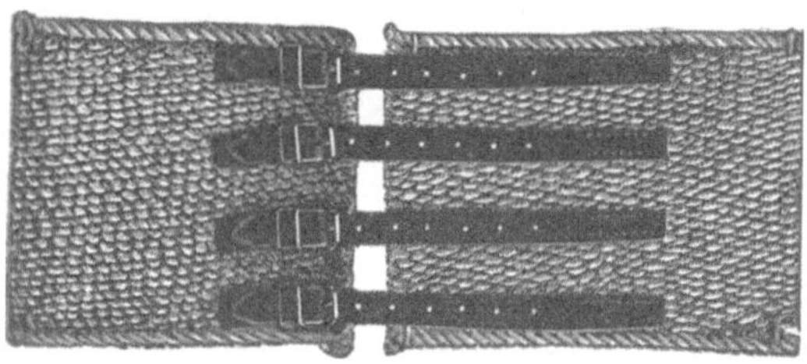

Fig. 263.

Die Schrauben erhalten flache Köpfe, damit sie leicht über die Rollen laufen. In Fig. 264 ist der Kopf zur Erhöhung der Festigkeit mit Rippen versehen, so daß die Platte sehr dünn gehalten werden kann. Der Kopf ist geschlitzt und kann daher beim Anziehen der Mutter mit einem Schraubenzieher festgehalten werden. Ein viereckiger Schaftansatz verhindert die Drehung des in Fig. 265 abgebildeten Bolzens.

Kaniss stellt Schrauben nach Fig. 266 zu folgenden Preisen her:

Durchmesser 6,6 mm; Länge mit Kopf 19 mm; Preis für 100 Stück M 2.75,
" 6,6 mm; " " " 23 mm; " " 100 " M 3.00.

Preise von H. Aug. Schmidt:

Durchmesser (mm) . . .	7	7	8	8	8	10
Länge (mm)	17	22	20	25	30	35
Preis für 100 Stück (M) .	3,00	3,20	4,00	4,50	5,00	8,00.

Fig. 264.

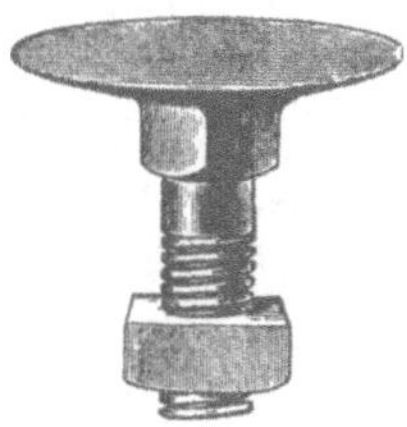
Fig. 265.

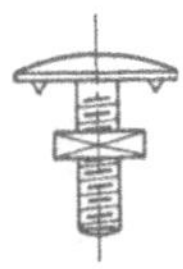
Fig. 266.

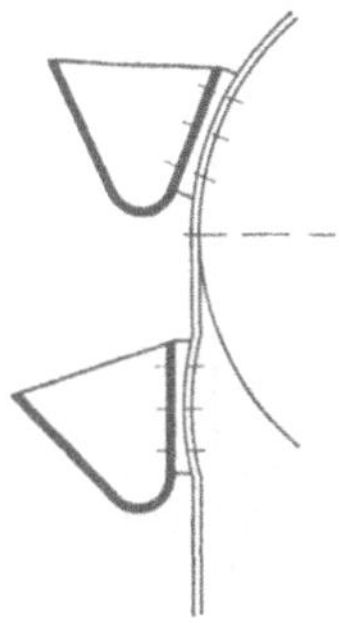
Fig. 267.

Für die Lebensdauer des Gurtes ist es, namentlich bei schweren Bechern, von Vorteil, wenn man den Schraubenköpfen Unterlagscheiben aus Leder gibt und auch zwischen Becher und Gurt ein Stück weichen Stoffes einlegt, da hierdurch die ungünstige Beanspruchung, welche die Verbindung beim Umlaufen der Scheibe erleidet, abgeschwächt wird. Speyerer verwendet für schwere Becher eine Zwischenlage nach Fig. 267, die nach dem Radius der Gurtscheibe gekrümmt ist, also in allen Lagen eine vollkommene Stützung ergibt.

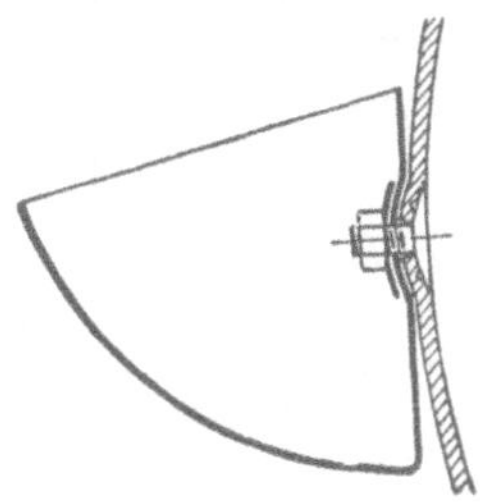
Fig. 268.

Fig. 268 zeigt eine Verbindung mit versenkten Schrauben und entsprechend eingepreßten Bechern nach H. Aug. Schmidt, die ein vollständiges Anliegen des Riemens an der Gurtscheibe ermöglicht.

Tabelle 33.

Tief bombierte Elevatorbecher aus Schwarzblech.
(A. W. Kaniss, Wurzen.) Preise (M) für je 100 Stück.

Becher-inhalt	Breite	Höhe	Ohne Randeinfassung						Mit Randeinfassung			
			Blechstärke (mm)						Blechstärke (mm)			
(l)	(mm)	(mm)	0,75	0,875	1,00	1,25	1,50	2,00	1,00	1,25	1,50	2,00
0,10	70	70	21,—	23,—	—	—	—	—	—	—	—	—
0,15	80	80	23,—	24,—	25,—	—	—	—	—	—	—	—
0,20	90	85	24,50	25,50	26,50	28,50	37,—	—	—	—	—	—
0,30	100	95	26,50	27,50	29,50	31,50	39,—	53,—	50,—	57,—	61 —	85,50
0,35	110	100	—	30,50	32,—	33,—	40,—	59,—	55,—	61,—	64,50	91,—
0,40	120	105	—	32,—	34,—	37,—	43,—	63,—	59,—	64,50	66,50	100,—
0.50	130	110	—	34,—	37,—	40,—	47,50	71,—	64,50	68,50	70,50	109,—
0,60	140	115	—	—	43,—	45,50	53,—	77,—	69,50	74,—	79,—	112,—
0,80	150	130	—	—	47,50	51,—	58,—	93,50	72,—	80,—	84,50	128,—
0,95	160	130	—	—	51,—	56,—	64,50	101,—	78,—	85,50	89,—	137,—
1,10	170	130	—	—	56,—	60,—	69,50	109,—	86,50	90,—	99,—	142,—
1,40	180	140	—	—	60,—	65,50	75,—	118,—	90,—	99,—	104,—	152,—
1,60	190	140	—	—	64,50	70,—	79,—	127,—	94,—	104,50	112,—	161,—
1,80	200	145	—	—	69,50	76,—	84,50	137,—	101,50	113,—	118,—	171,—
2,00	220	160	—	—	—	—	—	—	116,—	122,—	127,—	180,—
3,00	300	160	—	—	128,—	136,—	147,—	200,—	171,—	178,—	184,—	247,—

Verzinnte oder verzinkte Becher kosten 25 % mehr.

Tabelle 34.

Flach bombierte Elevatorbecher aus Schwarzblech.
(A. W. Kaniss, Wurzen.) Preis (M) für je 100 Stück.

Becher-inhalt	Breite	Höhe	Blechstärke (mm)					
(l)	(mm)	(mm)	0,75	0,875	1,00	1,25	1,50	2,00
0,10	70	65	16,50	18,—	19,—	—	—	—
0,15	80	75	18,50	20,—	21,—	—	—	—
0,22	90	85	21,—	22,50	25,50	31,—	—	—
0,30	100	90	22,—	25,—	29,50	33,—	41,—	55,—
0,35	110	100	24,50	29,50	33,—	38,—	45,50	61,—
0,40	120	105	28,50	34,—	37,—	42,—	50,50	66,50
0,50	130	115	—	37,—	43,—	47,50	55,—	72,—
0,60	140	120	—	40,—	46,50	52,—	60,—	80,—
0,75	150	125	—	43,—	50,—	56,—	63,50	87,—
0,90	160	130	—	—	55,—	61,—	68,50	97,—
1,00	170	135	—	—	61,—	66,50	74,—	106,—
1,15	180	140	—	—	65,50	71,—	79,—	116,—
1,35	190	150	—	—	70,—	78,—	88,—	125,—
1,50	200	150	—	—	74,—	83,50	93,—	135,—
1,60	210	150	—	—	78,—	88,50	102,—	142,—
1,70	220	160	—	—	83,—	95,—	112,—	152,—
2,00	240	160	—	—	92,—	105,—	122,—	164,—
2,20	260	160	—	—	106,—	119,—	131,—	176,—
2,40	280	160	—	—	119,—	133,—	140,—	190,—
2,60	300	160	—	—	133,—	147,—	152,—	204,—

Verzinnte und verzinkte Becher kosten 25 % mehr.

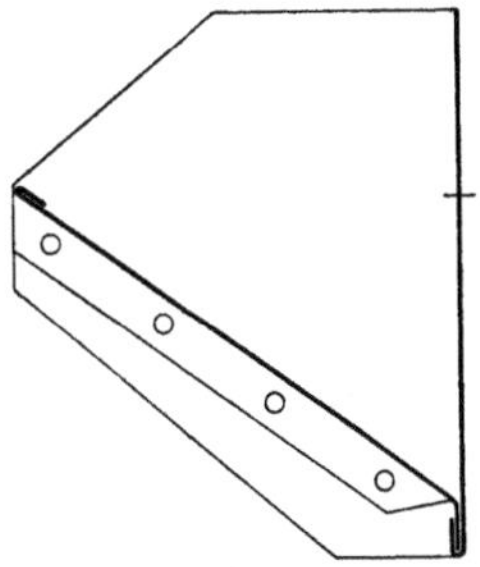

Fig. 269.

Tabelle 35.

Schüttrinnenbecher für große Leistungen (Fig. 269) (H. Aug. Schmidt).

Dimensionen in mm		Arbeitsinhalt in Litern	Stück pro Meter	Kleinster Gurtscheibendurchmesser	Preis (M) fur 100 Stück bei Blechstarken von			
Breite	Hohe				1,00	1,20	1,50	2,00
100	100	0,4	8	450	57	71	—	—
100	125	0,5	7	500	71	86	—	—
125	125	0,6	7	600	86	100	119	—
150	125	0,7	7	600	105	114	138	—
150	150	0,9	6	700	114	134	151	169
175	150	1,1	6	700	133	160	181	193
200	150	1,3	6	800	151	181	201	223
250	150	1,6	6	800	181	195	224	255

Tabelle 36.

Trichterbecher nach Fig. 219 (H. Aug. Schmidt).

Dimensionen in mm		Arbeitsinhalt in Litern	Stundliche Leistung in Litern bei einer Geschwindigkeit von 2,5 m/sek	Stück pro Meter	Preise fur 100 Stuck in Mark				
Breite	Hohe				Blech Nr. 22 = 0,6 mm	Blech Nr. 21 = 0,8 mm	Blech Nr. 20 = 0,9 mm	Blech Nr. 19 = 1 mm	Blech Nr. 18 = 1,2 mm
70	65	0,07	8200	13	16	17	18	20	24
80	75	0,12	12900	12	17	18	19	21	26
90	80	0,15	13500	10	18	20	21	24	29
100	90	0,2	16200	9	21	22	24	27	33
110	100	0,25	18000	8	25	26	28	32	39
120	100	0,3	21600	8	27	29	32	35	42
130	115	0,4	25200	7	31	33	36	38	46
140	120	0,5	31500	7	33	35	38	42	51
150	125	0,65	35100	6	40	43	48	53	64
160	125	0,75	40500	6	47	49	54	59	71
170	130	0,9	44500	5,5	51	55	60	65	78
180	130	1	49500	5,5	55	60	65	70	84
190	135	1,2	54000	5	60	68	75	85	102
200	135	1,3	59000	5	65	75	82	95	115

Tabelle 37.

Mehlelevatorbecher nach Fig. 215 (H. Aug. Schmidt).

Breite auf dem Riemen (mm)	Hohe (mm)	Arbeitsinhalt in Liter ca.	Preis fur 100 Stuck in Mark	Bechergurtenscheiben Durchmesser	Bechergurtenscheiben Breite
70	65	0,05	20	300	100
80	75	0,1	22	350	120
90	85	0,15	28	350	130
100	90	0,2	32	400	140
110	100	0,25	36	450	150
120	105	0,3	43	450	160
130	115	0,35	49	450	170
140	120	0,4	55	500	180
150	125	0,45	59	500	190
160	130	0,5	64	500	200
170	135	0,55	68	500	210
180	140	0,6	78	500	220
190	150	0,8	90	500	230
200	150	0,9	100	500	240
210	150	1,1	110	600	250
220	160	1,3	120	600	260
240	160	1,5	130	600	280
260	160	1,7	145	600	300
270	160	1,9	165	700	310
280	170	2	170	700	320
290	170	2,2	185	700	330
300	170	2,5	200	700	340

Tabelle 38.

Elevatorbecher aus schmiedbarem Guß nach Fig. 250, 270 und 271a—c (Wilhelm Fredenhagen, Offenbach a. M.).

Nr.	Breite	Form A.				Form B.				Form C.			
		Ausl a	Höhe h	Inhalt	Preis pro Stück	Ausl a	Höhe h	Inhalt	Preis pro Stück	Ausl a	Hohe h	Inhalt	Preis pro Stück
	mm	mm	mm	l	M	mm	mm	l	M	mm	mm	l	M
3	75	65	45	0,16	1,05	—	—	—	—	—	—	—	—
4	100	75	50	0,26	1,40	—	—	—	—	75	25	0,16	1,05
5	125	85	55	0,42	1,65	—	—	—	—	80	30	0,26	1,40
6	150	95	65	0,63	1,90	100	75	0,95	2,45	95	30	0,37	1,75
7	180	105	70	0,90	2,20	—	—	—	—	110	35	0,55	2,10
8	200	115	70	1,17	2,45	125	90	1,80	3,15	115	40	0,75	2,45
9	230	125	80	1,56	2,80	—	—	—	—	130	40	1,00	3,15
10	255	135	85	2,00	3,50	150	115	3,40	4,90	140	45	1,35	3,85
12	305	150	100	3,00	4,90	180	125	5,50	7,00	165	50	2,12	4,90
14	355	170	105	4,60	6,30	—	—	—	—	—	—	—	—
15	—	—	—	—	—	215	150	10,00	10,50	—	—	—	—
16	405	185	115	6,00	9,80	—	—	—	—	—	—	—	—
18	460	195	125	8,00	13,30	255	180	16,50	13,30	—	—	—	—
21	530	—	—	—	—	290	200	25,00	18,20	—	—	—	—
24	610	230	160	15,00	16,80	330	230	36,00	25,20	—	—	—	—
30	760	265	190	27,00	22,40	—	—	—	—	—	—	—	—

c) Das Elevatorgestell.

Das Gestell wird in Holz oder Eisen ausgeführt, zuweilen auch Kopf und Fuß in Eisen und die Umhüllung der senkrechten Stränge in Holz. Für leichte Stoffe, wie Getreide und gemahlene Körper, genügen Holzgestelle, doch wird mit Rücksicht auf Feuersicherheit — und bei beweglichen Elevatoren auf Gewichtsersparnis — häufig Eisen vorgezogen.

Der Elevatorfuß (vgl. die folgenden Figuren) erhält, wenn aus Holz hergestellt, einfache rechtwinklige Formen, bei Ausführung

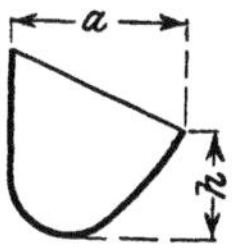

Fig. 270.

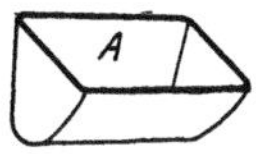

Fig. 271 a.

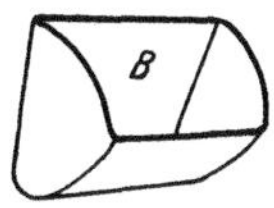

Fig. 271 b.

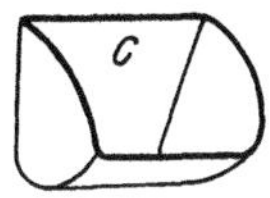

Fig. 271 c.

in Eisen dagegen wird der Boden gewölbt. Je besser er sich dem Becherlauf anschmiegt, um so geringer wird der Schöpfwiderstand, und um so weniger Material bleibt nach Schluß der Arbeit im Schöpftrog zurück. Das Fördergut wird durch ein Rohr so zugeführt, daß es den Bechern entgegenfließt.

Wenn möglich, sollte jedes Stück, sobald es in den Schöpftrog eintritt, von den Bechern gefaßt werden, ohne vorher zur Ruhe zu kommen, weil sonst das Eindringen der Becherkante und die Reibung bei der inneren Verschiebung des Materials einen beträchtlichen Arbeitsverlust verursachen. Speisevorrichtungen, die jedem Becher seine Ladung zumessen, sind daher für Elevatoren, die mit stückigem Fördergut arbeiten, besonders wichtig. Bei Getreide ist der Schöpfwiderstand so gering, daß es sich nicht lohnt, besondere Vorkehrungen zu treffen.

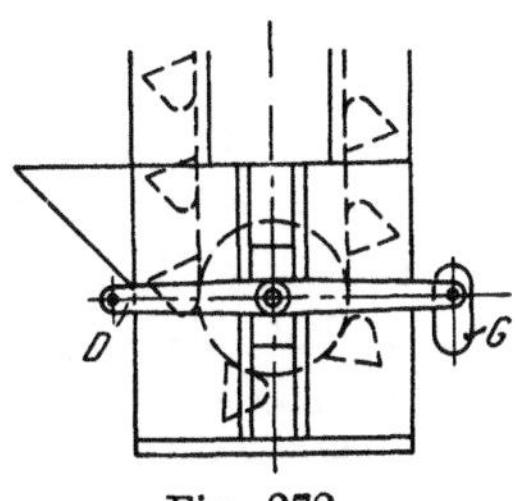

Fig. 272.

Die Seitenschilde des Schöpftroges sind mit Türen zu versehen, die etwaige Verstopfungen zu beseitigen gestatten. Die Türen müssen zurückspringen, damit die Wand innen glatt bleibt. Der Boden kann so eingehängt werden, daß er sich nach Lösung einiger Schrauben herunterklappen läßt und so eine gründliche Reinigung des Troges vorzunehmen gestattet. Die Schilde sind dann durch Stehbolzen gegeneinander zu versteifen.

In Deutschland wird der Trog meist aus Blechen und Winkeln hergestellt, nur ausnahmsweise aus Gußeisen (vgl. Fig. 274). Die amerikanischen Firmen gießen die Seitenschilde in bestimmten

Nummern für verschiedene Raddurchmesser und Becherausladungen und ändern je nach der Becherbreite die Länge der Versteifungsbolzen und die Breite des eingelegten Bodenbleches.

Die Spannvorrichtung, die gewöhnlich am Elevatorfuß angebracht ist, kann nach einer der früher für Schraubenspannung angegebenen Formen (z. B. Fig. 55) ausgeführt und angeschraubt oder mit den Schilden zusammengegossen werden.

Unruh & Liebig versehen ihre Gurtelevatoren mit einer Gewichtsspannung, die schematisch in Fig. 272 skizziert ist. *G* ist

Fig 273.

das Spanngewicht, *D* der feste Drehpunkt des Spannhebels, in dem die Gurtscheibenwelle gelagert ist.

Die B. A. M. A. G. benutzt bei Kohlebecherwerken den Schöpftrog selbst als Spanngewicht, indem sie ihn an der Achse der unteren Kettenscheibe aufhängt und in Schlittenführungen am Gestell sich verschieben läßt.[1])

Fig. 273 zeigt eine Ausführung der Link Belt Co. nach normaler amerikanischer Bauart. Bemerkenswert ist die Einkapselung der Spannvorrichtungen, deren Schrauben durch ein Kettengetriebe verbunden sind. Die Spindeln sind hohl und führen den Lagern

[1]) D. R. P. 143717. Vgl. Dingler 1906, S. 321.

das Öl zu. Die Seitenschilde stehen nicht parallel, sondern divergieren nach der Einlaufseite hin, wodurch die Bewegung der Becher erleichtert wird.

Die Lager der unteren Leitrolle haben nur geringen Druck aufzunehmen und können daher sehr einfach ausgeführt werden. Die Lagerflächen sollten indessen möglichst vor dem Staub, der sich im Schöpftrog entwickelt, geschützt werden.

Um das Wühlen der Becher im Material zu verhindern und so Kraftverbrauch und Abnutzung zu reduzieren, lagert Eitle die untere Rolle fest, so daß der Becher sowohl seitlich wie radial nur etwa 10 mm Spielraum gegen den Trog besitzt (Fig. 274).[1]) Damit dieser nicht zu voll wird, ist eine Regelungsklappe angebracht, die je nach der Stückgröße höher und tiefer gestellt werden kann. Große Stücke, die der Elevator nur halb gefaßt hat, werden beim Aufgang durch die Klappe entweder vollends in den Becher hineingedrückt oder zurückgehalten. Klemmungen verhindert die Nachgiebigkeit der Klappe.

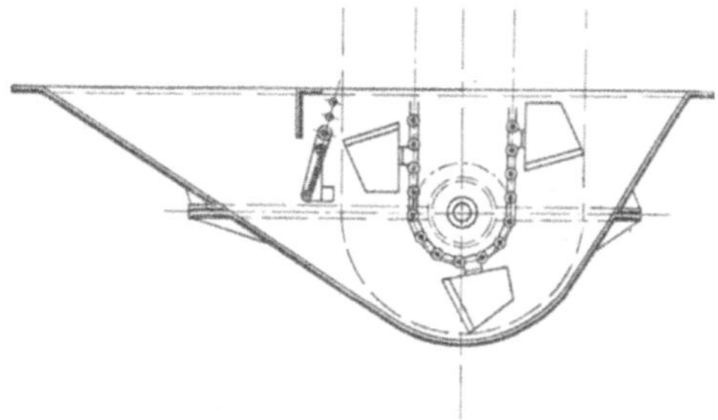

Fig. 274.

Soll der Elevator vom Lager schöpfen, so fällt der Trog fort. Schiffselevatoren für Getreide erhalten statt dessen ein Gitter, das die Becher vor der Berührung mit festen Teilen schützt.

Der Elevatorkopf wird so gestaltet, daß die Auswurfbahn frei bleibt (vgl. Fig. 214). Bei Ausführung in Schmiedeeisen werden des besseren Aussehens wegen runde Formen bevorzugt. Das Gehäuse pflegt nahe der Mittelebene der Welle geteilt zu sein. Am unteren Teil ist auf einem kräftigen Träger die Antriebswelle, häufig auch eine Vorgelegewelle, gelagert. Das obere Stück wird als abnehmbare Haube ausgebildet, meist auch mit einer Tür versehen, welche den Auswurf zu beobachten gestattet.

Einkapselung des Kopfendes ist nur nötig, wenn beim Auswurf Staub entsteht, wie bei Förderung von Getreide und Mahlprodukten. Dasselbe gilt betreffs der Umhüllung der beiden Kettenstränge, die aus zwei getrennten Rohren zu bestehen pflegt. Kreisrunde Rohre (Fig. 275, nach Jeffrey) sind bei geeigneten Einrichtungen billig

[1]) Nach C. Eitle, Kohlen- und Koksaufbereitungen der Neuzeit, Journal für Gasbeleuchtung und Wasserversorgung 1896, Nr. 18.

herzustellen, finden sich aber in Deutschland selten. Rechteckige Rohre können nach Art der Fig. 276 ausgeführt werden. Der die ⊏-förmige Rinne schließende Deckel ist aufgeschraubt und läßt sich behufs Revision leicht entfernen. Häufiger kommt der in Fig. 277 skizzierte Querschnitt vor, da er weniger Material und Nietarbeit beansprucht. Elevatoren von geringerer Höhe werden zweckmäßig im ganzen eingekapselt (Fig. 278). Die Blechstärke pflegt 1 bis 2 mm zu betragen.

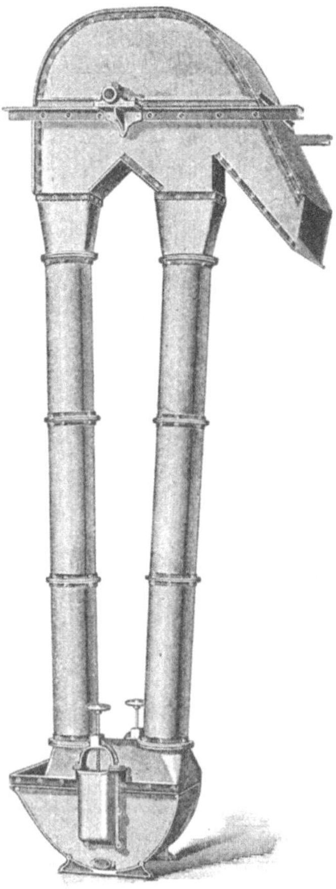

Fig. 275.

Wählt man die obere Gurtscheibe, um richtigen Abwurf zu erhalten, größer als die untere, so müssen die Rohre schräg angeschlossen werden (Fig. 275). Bei Elevatoren, die verschiedene Lagen einnehmen können, wie Schiffselevatoren, sind sie dem Durchhang der Gurte entsprechend auszubauchen, wenn nicht die Becher an Winkeleisen geführt werden (Fig. 278).

Bezeichnet

q_0 das Gewicht von Strang und Bechern in kg/m,

S die Gurtspannung an der unteren Rolle in kg,

so ist unter Beachtung der in Fig. 279 eingeschriebenen Bezeichnungen angenähert:

$$f = \frac{a^2 \cdot q_0}{8\left(S + q_0 \frac{h}{2}\right)}.$$

Nach Bestimmung dieses Wertes können die Tangenten in den Endpunkten und darauf die ganze Parabel in bekannter Weise ver-

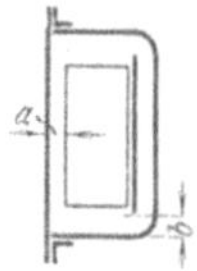

Fig. 276.

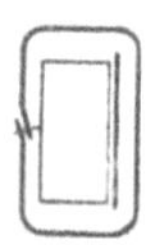

Fig. 277.

Fig. 278.

zeichnet werden.[1]) Da die Neigung sehr gering und daher der Bogen entsprechend flach zu sein pflegt, so ist Ersatz der Kettenlinie durch die Parabel zulässig. Die Umhüllung wird aus zwei oder drei geradlinigen Stücken zusammengesetzt, wie in der Figur angedeutet. Fällt die Ausbauchung zu stark aus, so ist die Spannung S zu erhöhen.

Findet auch eine Schrägstellung nach der anderen Seite hin statt, so muß für den beladenen Strang dieselbe Untersuchung durchgeführt werden.

Die beiden Rohre werden bei beweglichen Elevatoren durch eine leichte Winkelverkreuzung miteinander verbunden.

Elevatoren für nichtstäubende Güter laufen meist offen. Schöpftrog und Kopfscheibe sind entweder vollständig getrennt auf dem Fußboden bzw. einem vorhandenen Gerüst montiert oder

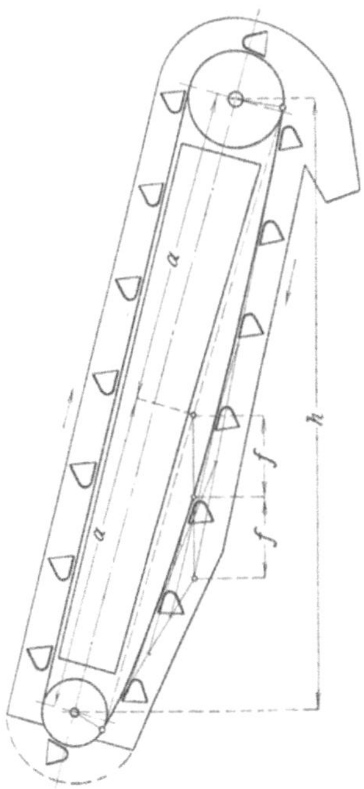

Fig. 279.

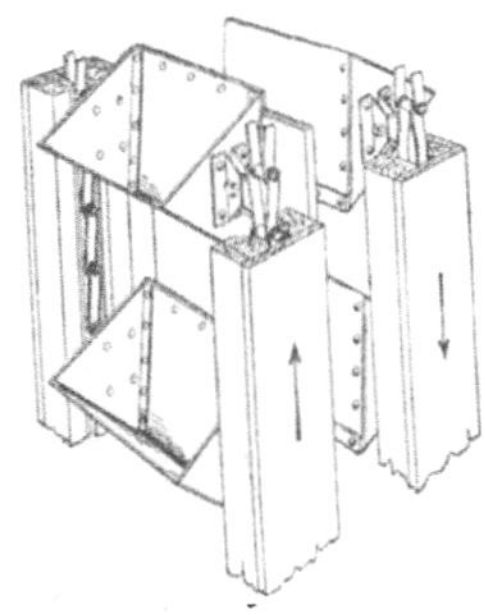

Fig. 280.

durch ein Gestell aus Holz oder Eisen verbunden, welches Schwanken der Ketten verhindert und bei schräger Lage außerdem die zur Kettenachse senkrechte Komponente des Gewichtes aufzunehmen hat.

Für senkrechte Elevatoren ist die in Fig. 280 (Link Belt Co.) skizzierte Anordnung bestimmt, die der Kette gute Führung und Schutz gegen Verunreinigungen gewährt. Die vier ⊔-Führungen sind in einem einfachen Holzgerüst angebracht zu denken.

Fig. 281 (A. Stotz) zeigt einen unter verschiedenen Neigungswinkeln arbeitenden Elevator, der für die Entleerung von Schlamm-

[1]) Vgl. „Hütte", Riemen und Seilbetrieb.

gruben bestimmt und daher horizontal in jeder Richtung beweglich ist. In dem Gerüst werden durch das Eigengewicht[1]) Biegungsmomente

Fig. 281.

[1]) Bei hartem Fordergut auch durch den Schopfwiderstand.

hervorgerufen, weshalb das Gerüst als Träger mit den Führungs-$\sqsubset$-Eisen als Gurtungen und einem steifen Diagonalverband ausgebildet wurde.

In Fig. 282 und 283 (Eitle) werden die Gerüstträger durch zwei kräftige $\sqsubset$-Eisen gebildet, auf denen die Achsen der Tragrollen für den fördernden Strang gelagert sind. Dieser ist mit einer Blechverschalung umgeben, die zum Schutz gegen herunterfallende größere Stücke dient. Beim Abstieg schleifen die Becherkanten an Halbrundeisen.

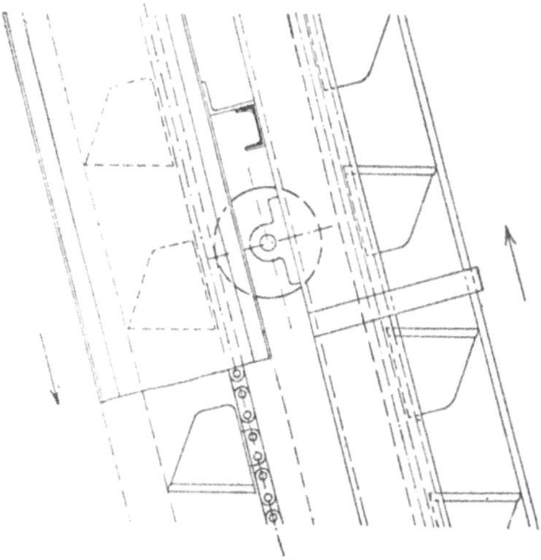

Fig. 282.

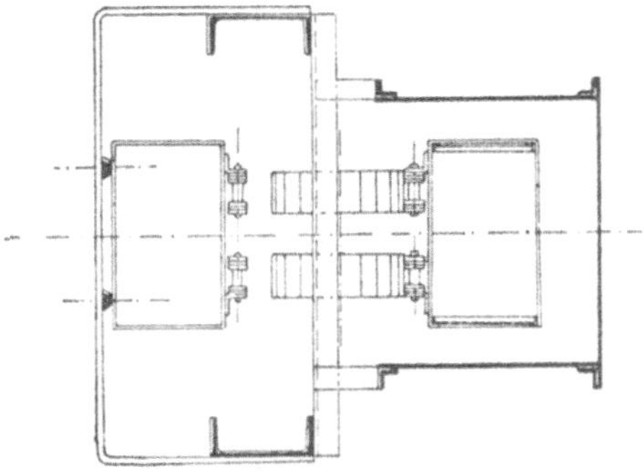

Fig. 283.

Tabelle 39.[1])

Kopf- und Fußstücke von Elevatoren. (Gußeiserne Seitenschilde mit Blecheinlagen.) (Wilhelm Fredenhagen, Offenbach a. M.)

Durchmesser der Kettenrader	Normale Lichtweite	Kopfstücke		Fußstücke mit Spannvorrichtung (einfache Ausführung)		Fußstücke mit gekapselter Spannvorrichtung	
		Preis normal (M)	mehr für je 50 mm großere Lichtweite (M)	Preis normal (M)	mehr für je 50 mm großere Lichtweite (M)	Preis normal (M)	mehr fur je 50 mm größere Lichtweite (M)
300 bis 360	250	95,0	6,0	115,0	5,0	155,0	6,0
380 bis 430	300	140,0	9,0	145,0	7,5	195,0	9,0
460 bis 500	350	200,0	12,0	210,0	10,0	270,0	12,0
540 bis 600	400	—	—	320,0	12,5	—	—

[1]) Vgl. auch die Tabelle über Becherwerke von Pohlig: Buhle, Techn. Hilfsmittel III, S. 295.

Tabelle 40.

Becherwerke für kiesige Materialien mit kurzgliedrigen Kranketten, Stahlgußbechern und Rädervorgelege. (G. Luther, Braunschweig.)

Nr.	Becherbreite (mm)	Leistung in Zementmehl rund (t/st)	Becherwerk von 10 m Gesamthöhe: Kraftverbrauch rund (PS)	Becherwerk von 10 m Gesamthöhe: Gewicht wenn Gehäuse ganz aus Schmiedeeisen (kg)	Becherwerk von 10 m Gesamthöhe: Gewicht wenn Gehäuse und Fuß aus Schmiedeeisen, Rohre aus Holz (kg)	Gewicht für 1 m mehr oder weniger: bei schmiedeeisernem Rohr (kg)	Gewicht für 1 m mehr oder weniger: bei Holzrohr (kg)
1	120	2,5	0,7	1070	970	53	41
2	150	4,0	1,0	1320	1220	65	53
3	200	8,0	1,5	1770	1570	92	80
4	250	10,0	1,8	2100	2000	105	93
5	300	15,0	2,0	2300	2200	105	103
6	350	22,0	3,0	2630	2530	140	128

Tabelle 41.

Gurtbecherwerke für Mahlprodukte mit Bechern aus Stahlblech, Holzgehäuse und Riemenscheibenantrieb. (G. Luther, Braunschweig.)

Nr.	Becherbreite (mm)	Gurtscheiben-durchmesser (mm)	Gurtscheiben-breite (mm)	Leistung in Zementmehl rund (t/st)	Kraftbedarf rund (PS)	Gewicht eines Becherwerks von 10 m Höhe rund (kg)	Gewicht für 1 m mehr oder weniger rund (kg)
1	80	360	100	1,5	0,3	345	25
2	110	440	135	2,5	0,5	390	28
3	130	500	150	3,0	0,7	450	32
4	160	510	180	4,0	1,0	480	37
5	200	520	230	8,0	1,5	560	58
6	260	750	280	10,0	1,8	720	58

Tabelle 42.

Preise für Elevatoren aus Holz mit festen Lagern, ohne Antriebscheibe. (H. Aug. Schmidt, Wurzen.)

Abmessungen der Gurtscheiben								
	Durchm. (mm)	300	350	400	400	400	450	450
	Breite (mm)	100	120	120	140	160	140	160
Kopf und Fuß einfach	(M)	110,—	125,—	130,—	140,—	150,—	155,—	165,—
„ „ „ doppelt	„	175,—	195,—	210,—	220,—	230,—	240,—	260,—
Holzrohre per aufsteigenden Meter einfach	„	6,70	7,30	7,30	8,20	8,80	8,20	8,80
Holzrohre per aufsteigenden Meter doppelt	„	11,50	12,40	12,40	13,30	14,30	13,30	14,30
Abmessungen der Gurtscheiben								
	Durchm. (mm)	450	500	500	500	600	600	600
	Breite (mm)	180	180	200	220	200	250	300
Kopf und Fuß einfach	(M)	180,—	190,—	200,—	210,—	240,—	260,—	300,—
„ „ „ doppelt	„	280,—	320,—	340,—	360,—	380,—	430,—	480,—
Holzrohre per aufsteigenden Meter einfach	„	9,70	9,70	10,30	11,30	13,40	16,—	18,30
Holzrohre per aufsteigenden Meter doppelt	„	16,10	16,10	17,10	19,—	22,30	27,—	31,—

Tabelle 43.

Preise für eiserne Elevatoren, ohne Antriebscheibe. (H. Aug. Schmidt, Wurzen.)

Abmessungen der Gurtscheiben									
	Durchm. (mm)	300	350	400	450	500	500	600	600
	Breite (mm)	100	120	140	160	180	200	250	300
Kopf und Fuß mit einfachen Lagern . . .	(M)	150,—	180,—	210,—	240,—	285,—	300,—	375,—	435,—
Kopf und Fuß mit Ringschmierlagern .	„	175,—	210,—	245,—	275,—	325,—	340,—	415,—	480,—
Mehrpreis für Spindelspannung	„	24,—	24,—	28,—	28,—	35,—	35,—	40,—	40,—
Mehrpreis f. Gewichtshebelspannung . . .	„	39,—	39,—	45,—	45,—	50,—	50,—	60,—	60,—
Eisenrohre per aufsteigenden Meter	„	15,—	16,—	20,—	22,—	24,—	26,—	30,—	32,50

d) Bestimmung der Hauptabmessungen und des Kraftverbrauchs.

Bei Wahl der Arbeitsgeschwindigkeit ist Rücksicht zu nehmen auf:

1. Die Füllung der Becher,
2. Die Entleerung der Becher

3. Das Zugmittel,
4. Massenwirkungen.

Das Schöpfen des Fördergutes kann bei mehligem und feinkörnigem Material mit Geschwindigkeiten bis zu etwa 3 m geschehen, indessen nehmen der Schöpfwiderstand und die Abnutzung der Becher mit der Geschwindigkeit zu. Nußkohle kann mit etwa 1,2, Kohle mittlerer Stückgröße mit 0,6 m/sek geschöpft werden, während hartes und großstückiges Material Ermäßigung der Geschwindigkeit auf 0,3 m/sek, gegebenenfalls auch noch darunter, fordert. Durch zweckmäßig konstruierte Aufgabevorrichtungen läßt sich das Schöpfen sehr erleichtern und die Anwendung höherer Geschwindigkeit ermöglichen.

Die Rücksicht auf die Entleerung der Becher übt nur bei rasch laufenden Elevatoren einen Einfluß auf die Wahl der Geschwindigkeit aus, wie schon oben erläutert wurde. Aus Fig. 214 wurde die Formel abgeleitet:

$$\frac{v^2}{r} = g \cdot \cos\alpha .$$

Soll der Abwurf, auch der innen gelegenen Körner, am höchsten Punkte beginnen, so ist $\alpha = 0$, und es folgt:

$$v = \sqrt{g \cdot r} = \infty\, 2{,}2 \sqrt{D},$$

wenn mit D der Gurtscheibendurchmesser in m bezeichnet wird.

Mit dieser Geschwindigkeit findet indessen bei tiefen Bechern kein störungsfreier Auswurf statt, weshalb es sich empfiehlt, für Schwergetreide höchstens den Wert der „Hütte"

$$\boldsymbol{v = 2\sqrt{D}} \quad . \quad . \quad . \quad . \quad . \quad . \quad . \quad . \quad (34)$$

anzuwenden, wenn möglich noch darunter zu bleiben. Für leichtes Getreide und Mehl ist eine um 10 bis 20 % geringere Geschwindigkeit notwendig.

Formel 34 ergibt für:

$D =$ 500	600	700	800	900	1000	1100	1200	mm
$v =$	1,41	1,55	1,67	1,79	1,90	2,00	2,10	2,20 m/sek
n =	54	49	46	43	40	38	36	35 u/min.

Schüttrinnenbecher lassen etwas höhere Geschwindigkeiten zu.

Die Rücksicht auf ruhigen Lauf des Zugmittels kann nur bei Kettenelevatoren zur Geltung kommen, pflegt indessen die Wahl der Geschwindigkeit nicht ausschlaggebend zu beeinflussen.

Auf Massenwirkungen ist bei sehr langen Förderern, insbesondere bei solchen mit langen wagerechten Strängen und großer Kettenteilung, Rücksicht zu nehmen. Näheres darüber findet sich auf S. 36 f. und im nächsten Kapitel.

Die Förderleistung ergibt sich, wenn bezeichnet:

i den Inhalt eines Bechers in Litern,

a den Abstand der Becher in Metern,

φ den Füllungsgrad der Becher,

zu:

$$Q = 3{,}6 \cdot \varphi \cdot \frac{i}{a} \cdot \gamma \cdot v \,(\mathrm{t/st}) \quad \ldots \ldots \quad (35)$$

Hierin kann gesetzt werden:

für Mahlprodukte . . . . $\varphi = 0{,}8$ bis $1{,}0$,

für Getreide bei mittlerer Geschwindigkeit . . $\varphi = 0{,}75$ bis $0{,}9$,

(bei hoher Geschwindigkeit weniger),

für Kohle geringer Stückgröße . . . . . . $\varphi = 0{,}6$ bis $0{,}7$,

für großstückige Kohle . . . . $\varphi = 0{,}4$ bis $0{,}5$,

beim Vorhandensein einer geeigneten Speisevorrichtung mehr.

Ist die Leistung gegeben, und sind φ und v durch die Natur des Materials und die in Aussicht genommene Bauart festgelegt, so müssen noch i und a festgestellt werden. Häufig ergeben sich die Abmessungen des Bechers aus denen der vorkommenden größten Stücke, und es ist dann die Becherteilung aus Gleichung 35 zu bestimmen. Andernfalls muß ermittelt werden, ob zahlreiche kleine oder wenige große Becher — die letzteren bedingen ein breiteres Elevatorgehäuse und fordern stärkere Ketten, da der Schöpfwiderstand ungünstiger wirkt — den niedrigsten Gesamtpreis ergeben. Auch Gewicht und Raumbedarf sind in Rücksicht zu ziehen. Der geringste zulässige Becherabstand wird durch die Rücksicht auf störungsfreies Ausschütten festgelegt. Als Anhalt mag die Angabe dienen, daß die Teilung meist etwa das Zwei- bis Dreifache der Höhe der Becherrückwand beträgt, falls die Becher nicht so geformt sind, daß sie unmittelbar aneinander gesetzt werden können (Schüttrinnenbecher). Bei großstückigem Fördergut kommen Abstände bis zu 1 m vor.

Beispiel. Ein Elevator soll gemischte Kohle, in der Würfel von 80 mm Seitenlänge häufig, vereinzelt auch solche von 120 mm Seitenlänge vorkommen, bei einer Stundenleistung von 15 t heben. Die Becher schöpfen aus einem Troge, dem die Kohle von einem größeren Behälter aus zufließt, ohne Regelung durch einen Speiseapparat.

Bei dieser Art der Materialzuführung kann die Geschwindigkeit höchstens 0,5 m/sek betragen; der Füllungsgrad werde zu 0,6 angenommen. Damit die Füllung ohne Schwierigkeit vor sich geht, müssen die Becher mindestens etwa die in Fig. 284 angegebenen Abmessungen bei 300 mm Breite erhalten, entsprechend einem Becherinhalt von rund 6,5 l.

Mit $\gamma = 0{,}8$ ergibt sich:

$$a = \frac{3{,}6 \cdot 0{,}6 \cdot 6{,}5 \cdot 0{,}8 \cdot 0{,}5}{15} = 0{,}374\,\mathrm{m}.$$

Dieser Becherabstand ist für die Ausschüttung zu gering. Auch erscheint im Interesse des Schöpfens ein größerer Becherinhalt sehr wünschenswert. Gewählt wird daher $a = 0{,}75$ m, womit sich i doppelt so groß ergibt, so daß die neuen Becherabmessungen durch Multiplikation mit $\sqrt[3]{2}$ gefunden werden können.

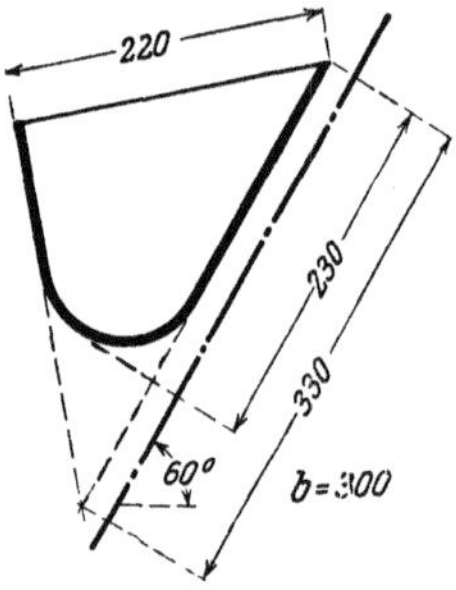

Fig. 284.

Ob eine weitere Vergrößerung des Abstandes zweckmäßig ist, läßt sich erst beim Durchkonstruieren des ganzen Becherwerkes ermitteln.

Einigen Anhalt für die Wahl der Abmessungen von Elevatoren können die folgenden Tabellen geben.

Tabelle 44.

Elevatoren für Kohle und Koks.

Becherbreite (mm)	Becherinhalt i (l)	Becherabstand a (m)	Leistung in Kohle (t/st), wenn $v = 0{,}4$ m/sek $\varphi = 0{,}5$ $\gamma = 0{,}8$	Leistung in Koks (t/st), wenn $v = 0{,}5$ m/sek $\varphi = 0{,}5$ $\gamma = 0{,}45$
400	15	1,0	8,5	6
450	25	0,9	16	11
500	40	0,8	29	20
600	60	0,7	49	35
700	80	0,7	66	46
800	100	0,7	82	58

Tabelle 45.

Elevatoren für Getreide mit unmittelbar aufeinander folgenden Bechern (H. Aug. Schmidt, Wurzen).

Abmessungen des Bechers		Leistung V (cbm/st), wenn v (m/sek) =					
Breite (mm)	Höhe (mm)	1,67	1,83	2,00	2,17	2,33	2,50
100	100	19	21	23	25	26	28
100	125	21	23	25	27	29	31
125	125	25	27	30	32	35	37
150	125	29	32	35	38	41	44
150	150	32	35	38	42	45	48
175	150	39	43	47	51	55	59
200	150	46	51	56	60	65	70
250	150	57	63	69	74	80	86

Tabelle 46.

Leistungen normaler Getreideelevatoren (Gebr. Weismüller).

Durchmesser der Gurtscheiben (mm) . .	300	400	500	700	900
Breite der Gurtscheiben (mm)	100	120	150	180	250
Umdrehungen in 1 Minute	65	50	40	30	25
Anzahl Becher auf 10 Meter Gurt . . .	30	30	25	25	20
Stundliche Leistung (cbm)	4	5	7	9	15

Bei Bestimmung des Kraftverbrauchs ist zu berücksichtigen:

1. Die Hubarbeit $N_1 = \frac{Q \cdot H}{270}$.

Werden der senkrecht gemessene Achsenabstand mit A, die Rollendurchmesser oben und unten mit D_1 bzw. D_2 bezeichnet, so ist zu setzen:

$$H = A + \frac{D_1 + D_2}{2}.$$

2. Die Zapfenreibung der Antriebs- und Leitrollen.

Der Reibungskoeffizient sei, wie früher, gesetzt:

für Fettschmierung: $\mu = 0{,}2$

„ Ringschmierung: $\mu = 0{,}15$.

3. Bei geneigten Elevatoren die Gleit- bzw. Stützrollenreibung.

Die Laufrollen werden mit durch den Schöpftrog gezogen und verschmutzen daher sehr stark. Es kann etwa gesetzt werden:

für Gleitstützung: $w (= \mu) = 0{,}35$

„ Laufrollenstützung: $w \geqq \frac{1}{10}$

„ feste Tragrollen: $w = \frac{1}{12}$ bis $\frac{1}{15}$.

4. Der Biegewiderstand der Ketten bzw. Gurte an den Antriebs- und Leitrollen.

Für Ketten gilt:

$$W = \mu \frac{d'}{D} (S_1 + S_2)$$

mit $\mu = 0{,}5$ bis $1{,}2$ für Kohlenelevatoren. Die höheren Werte gelten für breite Laschen und seitlich liegende Ketten.

Für Balatagurte sei bis auf weiteres, wie bei Förderbändern,[1]) gesetzt:

$$W = 500 B \cdot \frac{\delta}{D},$$

wo die Bandbreite B in m auszudrücken ist.

[1]) Vgl. S. 97.

5. Der Schöpfwiderstand.

Derselbe kann, da gar keine Versuchswerte vorliegen, einstweilen nur schätzungsweise berücksichtigt werden.

Beispiel. Becherwerk für Kohle, Stundenleistung 15 t, senkrechte Achsenentfernung 10 m, Neigung 60^0.

Geschwindigkeit $v = 0{,}5$ m/sek, Becherinhalt $i = 13$ l, Füllungsgrad $\varphi = 0{,}6$, $\gamma = 0{,}8$, daher Becherabstand:

$$a = \frac{3{,}6 \cdot 0{,}6 \cdot 13 \cdot 0{,}8 \cdot 0{,}5}{15} = 0{,}75 \text{ m.}$$

Gewicht einer Becherfüllung . .	$0{,}6 \cdot 13 \cdot 08 = 6{,}3$ kg
„ eines Bechers bei 4 mm Blechstärke, mit Randeinfassung und Rollen . .	23 „
„ von 1 lfd. m des doppelten Kettenstranges	16 „
Durchmesser der Kettenräder	500 mm

Die Stützung geschehe durch Laufrollen.

1. Die Hubarbeit ist

$$N_1 = \frac{15\,(10 + 0{,}5)}{270} = 0{,}59 \text{ PS.}$$

2. Für die Belastung der oberen Rolle kommt die senkrechte Achsenentfernung, also eine Kettenlänge von $2\,A + \pi \cdot D = 21{,}6$ m in Betracht. Die Belastung beträgt:

$$21{,}6\left(16 + \frac{23}{0{,}75}\right) + 10{,}8\,\frac{6{,}3}{0{,}75} = 1100 \text{ kg.}$$

Die Spannvorrichtung übt einen Zug von etwa 200 kg aus, der sowohl oben wie unten auf die Lager wirkt, sodaß die Gesamtbelastung beider Rollen 1500 kg beträgt.

Mit $\frac{d}{D} = \frac{1}{7}$ und $\mu = 0{,}2$ (für Fettschmierung) folgt der Zapfenreibungswiderstand:

$$W_2 = 1500 \cdot 0{,}2 \cdot \frac{1}{7} = 43 \text{ kg}$$

und

$$N_2 = \frac{43 \cdot 0{,}5}{75} = 0{,}29 \text{ PS.}$$

3. Die Länge des von Rollen getragenen Stranges ist auf jeder Seite rund 10 m, sein Gewicht also:

$$2 \cdot 10\left(16 + \frac{33}{0{,}75}\right) + 10\,\frac{6{,}3}{0{,}75} = 1020 \text{ kg}$$

und mit $w = \frac{1}{10}$:

$$W_3 = 1020 \cdot \cos 60^0 \cdot \frac{1}{10} = 51 \text{ kg}$$

$$N_3 = \frac{51 \cdot 0{,}5}{75} = 0{,}34 \text{ PS.}$$

4. Biegewiderstand der Ketten:

$$W_4 = \mu \frac{d'}{D}(S_1 + S_2) = \sim 0{,}7 \cdot \frac{12}{250} \cdot 1600 = 54 \text{ kg}$$

$$N_4 = \frac{54 \cdot 0{,}5}{75} = 0{,}36 \text{ PS.}$$

5. Der Schöpfwiderstand sei auf 50 kg geschätzt, somit

$$N_5 = \frac{50 \cdot 0{,}5}{75} = 0{,}33 \text{ PS.}$$

Demnach ist $\sum N = 1{,}91$ PS, und der Kraftverbrauchskoeffizient, auf die senkrechte Hebung bezogen:

$$\varkappa = \frac{270 \cdot 1{,}91}{15 \cdot 10{,}5} = 3{,}3 \,.$$

Wird der Wirkungsgrad des Vorgeleges auf 0,75 geschätzt, so ergibt sich die Motorstärke zu 2,5 PS. Bei starkem Verschmutzen des Elevators können sich die Widerstände noch erhöhen, weshalb es sich empfiehlt, einen Motor einzubauen, der bis zu 3 PS im Dauerbetriebe leisten kann.

e) Anwendbarkeit.

Die Becherwerke mit anderen stetig arbeitenden Förderern in bezug auf Anwendbarkeit zu vergleichen, ist kaum möglich, da sie das einzige Fördermittel darstellen, das senkrecht oder in Steigungen von mehr als 45° arbeiten kann.

In allen Fällen, wo die wagerechte Bewegung gegen die senkrechte zurücktritt, werden daher Becherwerke angewandt, wenn man von vereinzelten Versuchen, sie durch Bänder zu ersetzen, absieht.[1])

9. Kapitel.

Schaukelbecherwerke.

Die Becher sind an einem umlaufenden Zugmittel außerhalb ihres Schwerpunktes so aufgehängt, daß sie stets in die zur Aufnahme des Fördergutes geeignete Lage zurückkehren, wenn äußere Kräfte eine andere Stellung hervorgebracht hatten.

---

[1]) Vgl. S. 100.

a) Das einfache Kettenbecherwerk.

Für die Besprechung der allgemeinen Konstruktionsgrundsätze seien die Fig. 285 bis 288 zugrunde gelegt, welche das Huntsche Becherwerk darstellen, das die erste und zugleich einfachste Durchführung des Gedankens darstellt, Material ohne jede Umladung oder Umlagerung nacheinander in verschiedenen Richtungen innerhalb einer senkrechten Ebene zu transportieren.

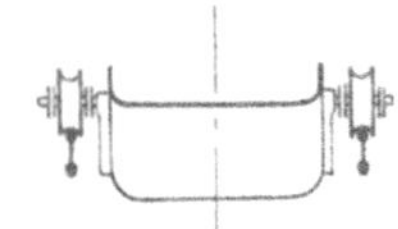

Fig. 286.

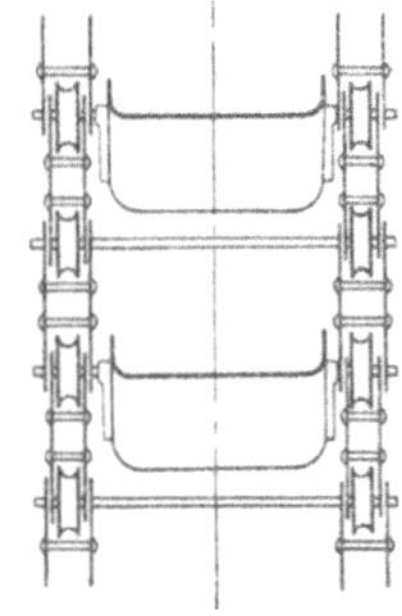

Fig. 287.

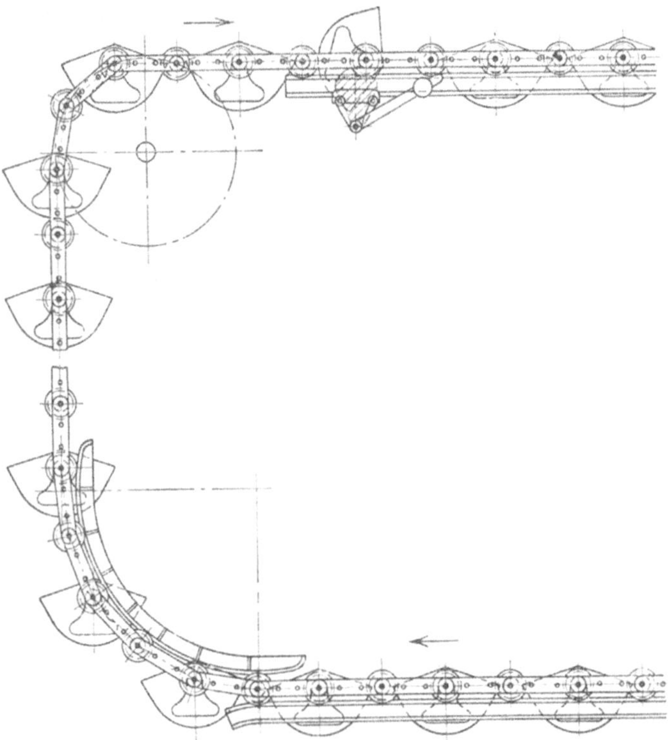

Fig. 285.

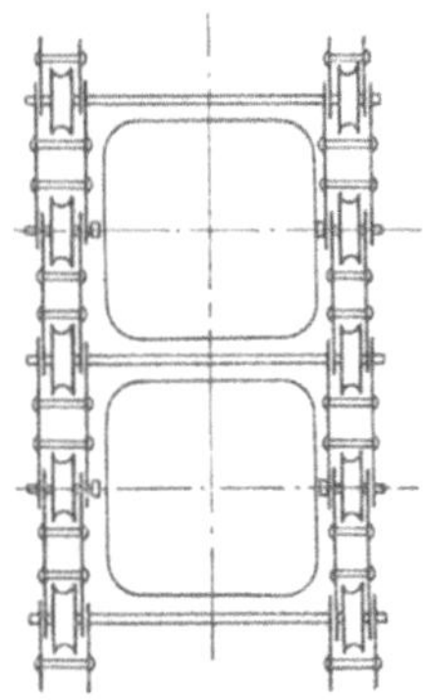

Fig. 288.

Die Becher werden aus Temperguß mit 4 bis 5 mm Wandstärke oder aus 2 bis 4 mm dickem Blech hergestellt, im letzteren Falle gepreßt oder genietet. Bei der Wahl der Querschnittsform ist auf gute Entleerung Rücksicht zu nehmen. Während die ersten Ausführungen eckige Formen aufwiesen, finden sich heute allgemein gewölbte Böden mit anschließenden geraden Seiten, deren Neigung so zu wählen ist, daß sich der Becher beim Kippen sicher entleert. An die Seitenwände werden Augen für die Aufhängebolzen angegossen oder angeschraubt. Die Bolzen sollen so hoch über dem

Schwerpunkt liegen, daß der Becher auch bei schlechter Schmierung und Verunreinigung der Gelenke seine senkrechte Stellung immer mit Sicherheit beibehält, andererseits aber nicht unnötig hoch, damit der Kippwiderstand nicht zu groß ausfällt.

Das Zugmittel wird fast immer aus zwei doppelten langgliedrigen Ketten gebildet, die aus Schmiedeeisen, zuweilen auch aus Temperguß bestehen. Wenn es nicht möglich ist, die beiden Ketten mittels durchgehender Gelenkachsen zu verbinden, muß der Anschluß der Becher so ausgeführt werden, daß diese selbst eine gute Versteifung herstellen und möglichst wenig verdrehende Wirkung auf die Kette ausüben.

Als Stützmittel dienen stets Laufrollen.

Die Teilung der Kette ist in der Regel gleich dem Becherabstand, nur bei den schwereren Ausführungen der Huntschen Kette kommen auf jeden Becher zwei Gelenke, so daß die Teilung, wie untenstehende Tabelle zeigt, für alle Größen dieselbe bleibt. Wird sehr niedrige Förderleistung verlangt, so kann es zweckmäßig sein, die Becher, statt unmittelbar aneinander, in größeren Zwischenräumen zu setzen, zumal hierdurch die Möglichkeit einer späteren Erhöhung der Leistung geschaffen wird.

Die Zuführung des Materials geschieht auf dem unteren wagerechten Strang. Sie wird dadurch erschwert, daß zwischen den Bechern, die vollständig frei pendeln sollen, Lücken bleiben müssen, die einen Teil des Gutes durchfallen lassen, wenn sie nicht während der Füllung überdeckt werden.

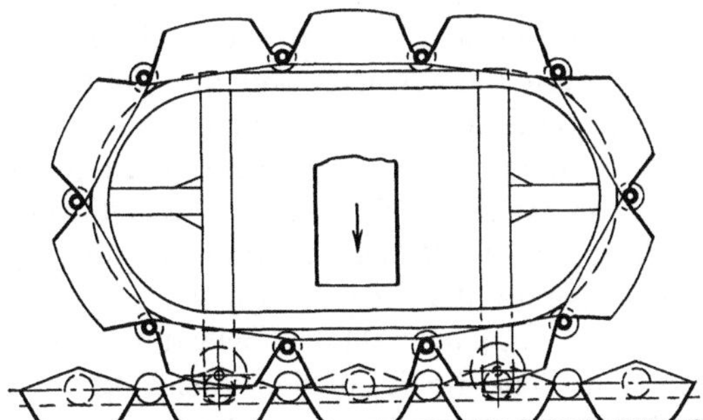

Fig. 289.

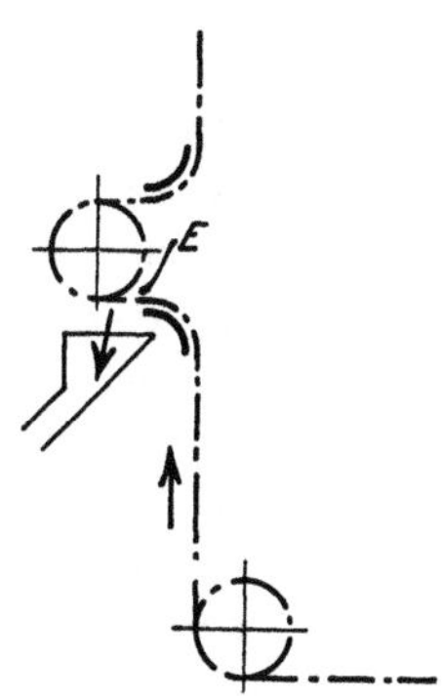

Fig. 290.

Hunt benützt hierfür nach Fig. 289 einen umlaufenden Kettenstrang, der dieselbe Teilung wie die Hauptkette besitzt, und von dieser mitgenommen wird. An den Gelenkbolzen sind Trichter befestigt, die scharnierartig ineinandergreifen und so einen lückenlosen Strang bilden, welcher den Bechern das Fördergut überliefert.

Der ganze Füllapparat kann auf Räder gesetzt und nach jeder beliebigen Stelle des wagerechten Laufes verfahren werden.

Eine gleichmäßige Zuführung des Fördergutes bewirkt diese Vorrichtung nicht. Vielmehr muß, wenn das Material nicht stetig fließt, ein Mann die Aufgabe regeln.[1]) Zuweilen findet die Beladung auch auf dem senkrechten Strange statt.

Die Becher werden auf dem oberen horizontalen Lauf durch Kippen entleert. Soll auch auf dem senkrecht auf- oder absteigenden Strang ausgeworfen werden, was sehr selten vorkommt, so ist eine Ausbiegung nach Fig. 290 zu schaffen. An den Seitenwänden der Becher sind entweder mit den Zapfenlagern zusammengegossene Bügel (Fig. 285 und 286), oder, wie in Deutschland üblich, fliegend auf kurze Zapfen aufgesetzte Röllchen angebracht, die beim Zusammenstoß mit am Gerüst befestigten Anschlägen eine Drehung des Bechers herbeiführen. Die Rolle pflegt der Bechermitte voranzueilen (Fig. 291). Würde sie in die Mittellinie gesetzt, so wäre allerdings im Augenblick des Zusammentreffens der Hebelarm *a* der Kippkraft größer, somit diese selbst kleiner, aber der Kippwinkel würde dadurch beschränkt, weil der feste Anschlag nicht beliebig hoch geführt werden kann, vielmehr, um nicht mit den Drehzapfen zusammenzustoßen, unterhalb der Kettenmittellinie bleiben muß. Die Stoßkante des Anschlages wird senkrecht gelegt. Die punktiert angedeutete schräge Lage würde, da die Rolle sich zunächst nach unten bewegt, keine Milderung, sondern eine Verschärfung des Stoßes mit sich bringen. Beim Verlassen der Anschlagschiene kann der Becher nur so lange geführt werden, bis die Verbindungslinie zwischen Drehzapfen und Rollenmittelpunkt senkrecht auf der Bahn steht. Dann schwingt der Becher frei aus.

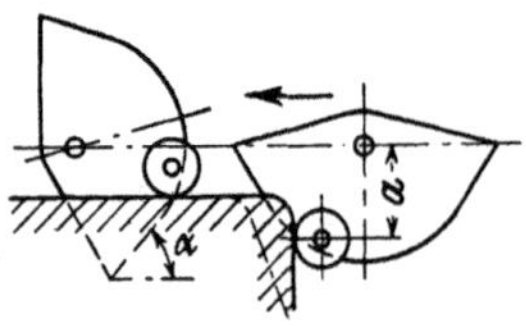

Fig. 291.

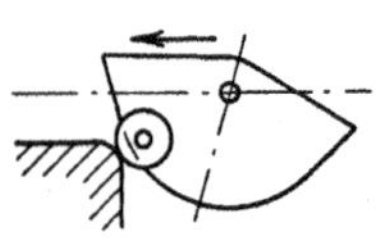

Fig. 292.

Wenn ein Becher infolge ungleichmäßiger Belastung schief hängt, so kann es vorkommen, daß die Rolle den Anschlag nicht berührt oder nach Fig. 292 zufälligerweise so aufsetzt, daß sie nicht ausweichen kann und bricht. Deshalb empfiehlt es sich, Vorkehrungen zu treffen, um den Becher vor der Berührung mit dem Anschlag in die senkrechte Lage zu bringen, was beispielsweise durch eine Leitschiene geschehen kann.

Bei den meisten Anlagen sind verschiedene Abwurfstellen vor-

[1]) Vgl. Kapitel 16, c.

zusehen und daher die Anschläge so einzurichten, daß sie heruntergelassen werden können und nur ein Anschlag an beliebiger Stelle zur Wirkung kommt. In Fig. 285 ist der durch Schraffur hervorgehobene Anschlag daher auf einer Welle angebracht, so daß er mit Hilfe eines Gewichthebels aus dem Wege gedreht werden kann. Die B. A. M. A. G. verwendet nach Fig. 308 eine drehbar gelagerte längere Schiene, die am freien Ende gehoben und gesenkt werden kann. An der oberen Gleitkante ist die Schiene mit wellenförmigen Erhöhungen und Vertiefungen versehen, die dem Becher eine Rüttelbewegung erteilen und so die Entleerung befördern.

Man erhält in der Ausbildung der Anschläge größere Freiheit, wenn der Drehzapfen als eine mit dem Becher fest verbundene Welle ausgeführt und an der Außenseite des Kettenglieds ein Kipphebel oder dgl. aufgesetzt wird. Fig. 300 zeigt, wie in solchem Falle durch eine obenliegende schräge Schiene die Kippbewegung ganz stoßlos und sanft eingeleitet und der Becher ebenso in die senkrechte Lage zurückgeführt werden kann. In Fig. 293[1]) ist auf dem Drehzapfen ein Zahnrad befestigt, das in ein Zahnstangenstück eingreift und den Becher um 360° dreht. Die Zahnstange ruht auf Pendelstützen und wird in ihrer Lage durch einen Gewichtshebel gehalten, der beim Anstoßen des Bechers nachgibt und so den Schlag mildert. Das Zahnrad kann durch ein Reibungsrad ersetzt werden, das auch bei festgelagerter Schiene einen sanften Eingriff herbeiführt.

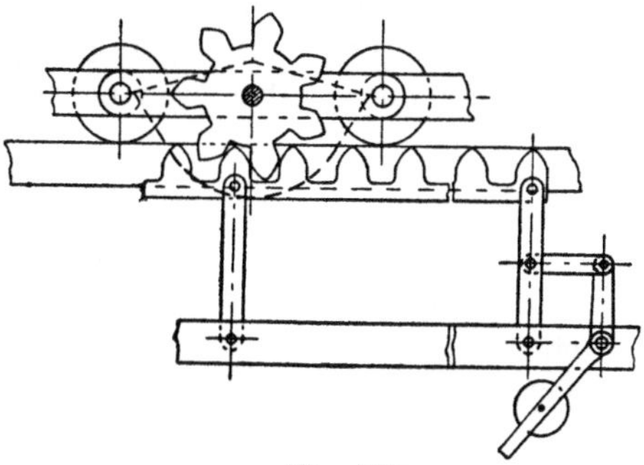

Fig. 293.

Bezüglich der Gesamtanordnung von Schaukelbecherwerken darf auf Fig. 67 verwiesen werden. Wenn das Gewicht des senkrechten Stranges AD ausreicht, um die zwischen B und A auftretenden Bewegungswiderstände zu überwinden, so erscheint es richtiger, den Antrieb nach B zu verlegen, weil dann die größte Kettenspannung niedriger ausfällt. Die gleiche Rücksicht ist bei der Wahl des Platzes für eine auf den geraden Kettenlauf wirkende Antriebsvorrichtung maßgebend. Bei praktischen Ausführungen findet sie sich in der Regel in der Nähe des Punktes B. Da es sich immer

---

[1]) D. R. P. 145551 (Pohlig).

um große bewegte Massen handelt, so empfiehlt sich die Wahl eines gleichmäßig und stoßfrei arbeitenden Antriebs. Für die Eckumführung bei *B* wird mit Rücksicht auf die hohe Kettenspannung an Stelle der gekrümmten Schiene besser ein Leitrad gewählt (vgl. Fig. 312). Über die Spannvorrichtung ist in Kapitel 4 schon alles Nötige gesagt worden.

Tabelle 47.

Schaukelbecherwerk von Hunt (J. Pohlig, Köln).

Inhalt der Becher (l)	10	20	50	100	150
Leistung (t/st)	8 bis 10	15 bis 20	25 bis 30	40 bis 50	60 bis 80
Gewicht der Kette (kg/lfd.m)	50	80	120	140	170
Becherbreite (mm)	300	450	600	800	1000
Becherlänge (mm)	280	290	600	600	600
Becherhöhe (mm)	145	190	260	280	350
Spurweite (mm)	520	670	850	1050	1250
Kettenteilung (mm)	350	350	350	350	350
Becherabstand (mm)	350	350	700	700	700
Umfuhrungsradius (mm)	880	880	1045	1045	1045
Laufraddurchmesser (mm)	100	100	130	130	130

Der beschriebenen Urform des Schaukelbecherwerkes sind eine Reihe anderer Konstruktionen gefolgt, die in den Grundzügen mit jener übereinstimmen, aber gewisse Unvollkommenheiten zu beseitigen suchen.

b) Schaukelbecherwerke mit Spaltüberdeckung.

Die Aufgabe, den Beladevorgang durch Unschädlichmachen oder Überdecken des Becherzwischenraumes zu vereinfachen, hat eine Reihe von Lösungen gefunden.

Dodge (Fig. 294) läßt zwar den Spalt be-

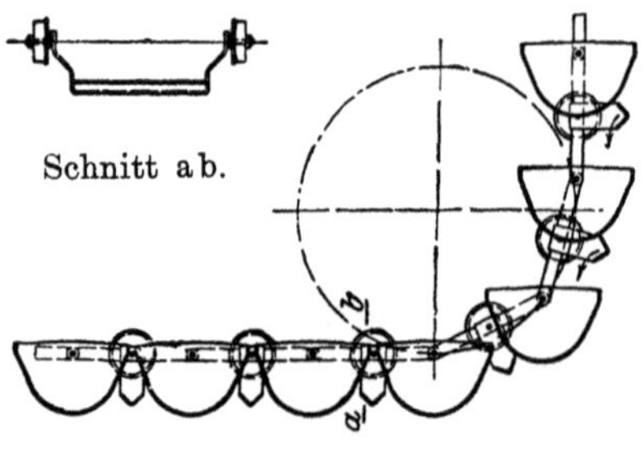

Fig. 294.

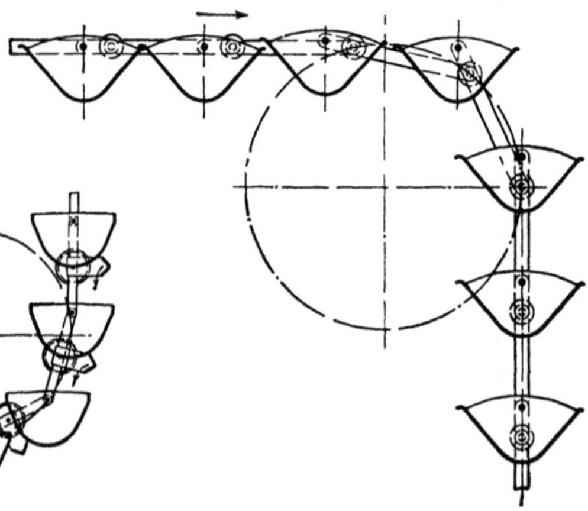

Fig. 295.

stehen und hängt die Becher in gewöhnlicher Weise auf, befestigt aber in der Mitte der Kettenglieder kleine Hilfsgefäße, welche das durchfallende Material auffangen und beim Übergang zum senkrechten Lauf ihren Inhalt an die pendelnden Becher abgeben, so daß kein Verlust entsteht.

Bei dem Becherwerk der Link Belt Co. (Fig. 295 und 296) überdecken die Becher einander, sind aber nicht in der gewöhn-

Fig. 296.

lichen Weise aufgehängt, da die übergreifenden Ränder bei der Umführung um die Eckrollen gegeneinander stoßen würden, sondern außerhalb an einer Verlängerung des Kettengliedes. Figur 295 gibt als Beispiel den Übergang aus dem oberen wagerechten zum senkrecht absteigenden Lauf wieder. Der Becher hebt sich zunächst um ein kleines Stück nahezu senkrecht von seinem Nachfolger ab, um dann mehr wagerecht vorauszueilen und in dieser Stellung an jenem

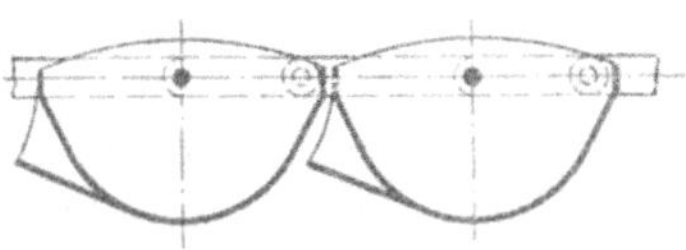

Fig. 297.

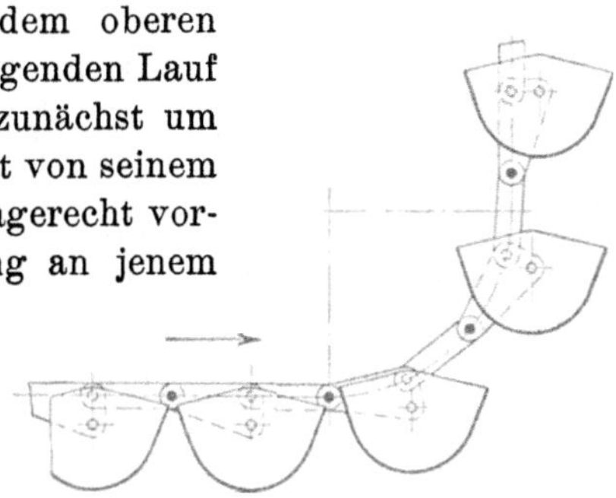

Fig. 298.

vorbei nach unten zu gehen. An den anderen Leitrollen ist der Vorgang ähnlich.

Hiermit nahe verwandt ist eine andere Konstruktion von Dodge

(Fig. 297),[1]) bei der die Becher in derselben Weise aufgehängt sind. Der Spalt bleibt bestehen, aber das durchfallende Material wird von einer den benachbarten Becher untergreifenden Tasche aufgefangen, um später bei der Entleerung des Bechers mit ausgeschüttet zu werden. Der Becher kann natürlich nur nach einer Seite kippen.

Die drei beschriebenen Schaukelbecherwerke weisen den konstruktiven Nachteil auf, daß sich die Kettenzapfen nicht als durchgehende Stäbe ausbilden lassen.

Die in Fig. 298 dargestellte Ausführung[2]) benutzt dagegen die durchgehenden Achsen selbst zur Überdeckung der Becherzwischenräume. Die Becher sind, um frei ausschwingen zu können, außerhalb der Kettenmittellinie aufgehängt. Sie machen infolgedessen bei Schrägstellung des Kettengliedes gleichzeitig eine wagerechte und eine senkrechte Bewegung, so daß die Kanten an den Querstäben vorbeigehen.

Fig. 299 gibt eine Ausführung wieder, die an gewisse Formen von Becherwerken mit festen Bechern erinnert. Jeder Becher ist an einem Ende gelenkig an die Kette angeschlossen und greift am anderen Ende mit einem dachartigen Blech über die Wand des folgenden Bechers, wo er gleichzeitig seinen zweiten Stützpunkt findet. Beim Übergang zum vertikalen Strang behält er seine Lage gegenüber der Kette bei, verändert aber seine Stellung im Raume, so daß der Becherinhalt eine Umlagerung erfährt. In dieser Stellung bleibt er, frei pendelnd, auf dem oberen wagerechten Strang, bis er in bekannter Weise entleert wird. Durch eine Leitschiene in der Kipplage erhalten, wandert der Becher weiter und über den senkrechten Lauf zurück nach unten, wo er in der zum Beladen geeigneten Stellung ankommt.

c) Raumbewegliche Schaukelbecherwerke.[3])

Alle bisher besprochenen Becherwerke sind an eine senkrechte Ebene gebunden. Sollen sie in andere Ebenen übergehen, so müssen entweder wagerechte Kurven eingeschaltet oder die senkrechten Stränge um ihre Achsen verdreht werden, so daß der obere und der untere wagerechte Lauf windschief zueinander stehen.

Das erste kurvenbewegliche Becherwerk hat Bousse konstruiert.[4]) Nach Fig. 300 und 301 sind die Glieder der einsträngigen (Einstab-)Kette durch Doppelgelenke A und B miteinander verbunden, so daß die Kette sich senkrecht und wagerecht ablenken läßt. Die

---

[1]) Nach Revue de Mécanique, Febr. 1906.

[2]) Nach Zimmer, S. 102.

[3]) Vgl. auch den Aufsatz des Verfassers in der Z. d. V. d. I. 1908, S. 121.

[4]) D. R. P. 151868.

verlängerten und mit Laufrollen versehenen Zapfen *B* bilden gleichzeitig die Laufachsen des Wagens. Da die Becher der Kette aus dem Wege gerückt werden mußten, so wurden sie an dreieckigen guß-

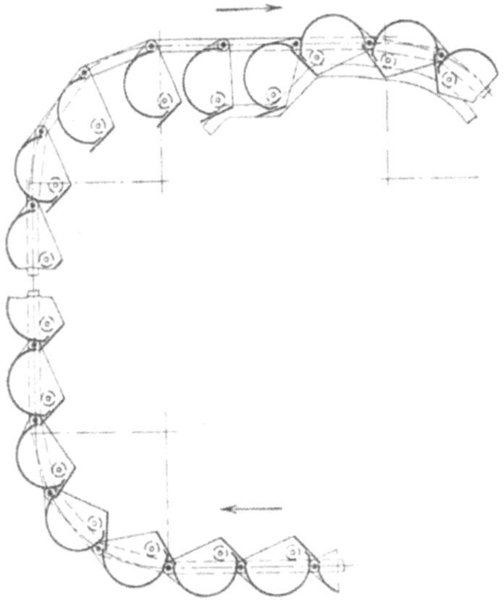

Fig. 299.

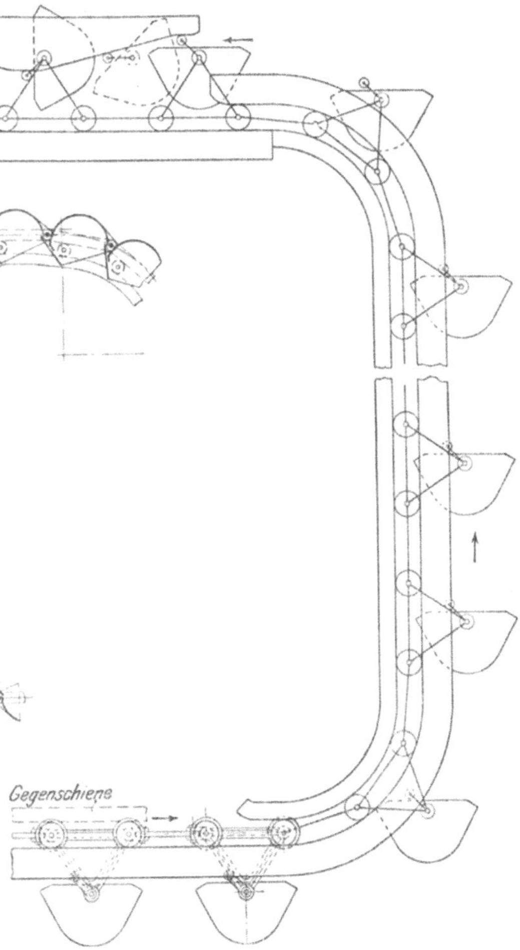

Fig. 300.

eisernen Wangen aufgehängt, die auf den Laufachsen befestigt sind.

Zur Sicherung gegen Entgleisen werden in den Kurven Gegenschienen oberhalb der Laufrollen angebracht.

Die Konstruktionsschwierigkeiten bei Ausbildung eines kurvenbeweglichen Becher-

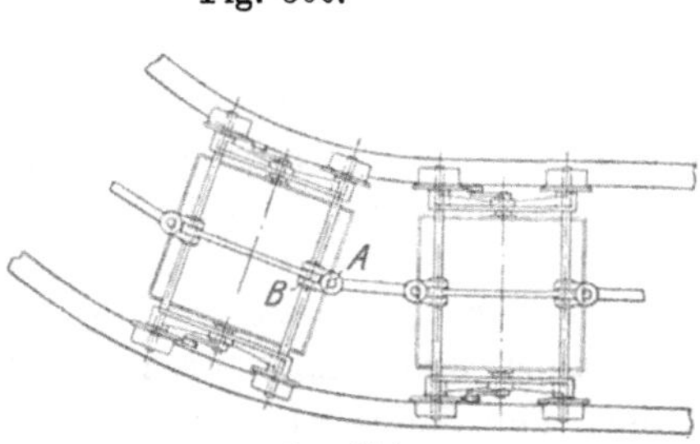

Fig. 301.

werkes lassen sich an diesem Beispiel sehr gut verfolgen. Zunächst ergibt die Verlegung des Becherdrehpunktes in größere Entfernung von der Kettenmitte eine nicht sehr stabile oder doch wenigstens unbequeme Konstruktion des Wagens. Ferner ist es nicht möglich, die Becher unmittelbar aneinander zu rücken, weil sie in der Kurve miteinander zusammenstoßen würden. Dieser Umstand macht eine besondere Füllvorrichtung notwendig, deren Ausbildung bei großstückigem Material gewissen Schwierigkeiten begegnet, da nach Vorübergang eines jeden Bechers für einen dichten Abschluß des Zulaufes gesorgt werden muß. Eine dritte Schwierigkeit liegt in der Aufnahme des Kurvendrucks. Bei der vorliegenden Konstruktion wird die bei A angreifende Resultierende der beiden Stabspannungen zunächst als Druckkraft durch die Achse auf das

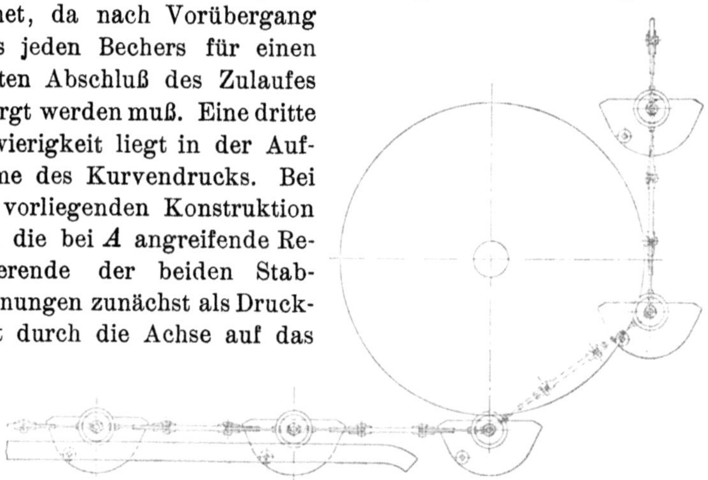

Fig. 302.

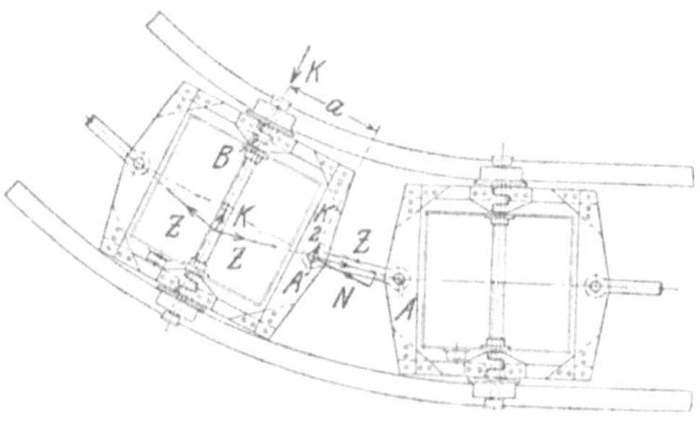

Fig. 303

Laufrad übertragen, dessen Spurkranz sich gegen die Schiene legt. Die genannte Kraft verursacht weiter ein Biegungsmoment, dessen Hebelarm die Entfernung der Gelenkmittelpunkte A und B ist, und das von der Achse und weiterhin von dem ganzen Gestell aufgenommen werden muß. Diese ungünstige Beanspruchung hat zu Verbiegungen der Achsen und Brüchen der gußeisernen Seitenschilde geführt, so daß mehrere nicht sachgemäß ausgeführte Anlagen später umgebaut werden mußten.

Die Teilung der Kette muß gleich dem Becherabstande sein und fällt daher ungewöhnlich groß aus. Infolgedessen ist es praktisch unmöglich, den Antriebsrädern mehr als fünf Zähne zu geben, so daß die Bewegung sehr ungleichmäßig wird und die Kettengeschwindigkeit entsprechend niedrig gehalten werden muß.

Bei der Konstruktion von Schenck ist, wie Fig. 302 und 303 zeigen, eine der Hauptschwierigkeiten dadurch beseitigt worden, daß der Aufhängepunkt wieder in die Mittellinie der Kette gerückt und letztere in Form eines Rahmens um den Becher herumgeführt ist. Die beiden Rahmenhälften greifen bei B scharnierartig ineinander, so daß die Pendelachse des Bechers gleichzeitig den Gelenkzapfen für die senkrechte Ablenkung bildet. Kurvenbeweglichkeit erhält die Konstruktion durch die Kuppelstange mit den Zapfen A, welche die Rahmen verbindet. Ein die Laufachse umschließendes Gasrohr, das auf beiden Seiten in Gußstücke eingeschraubt ist, versteift die Becherwände gegeneinander.

Der Rahmen ist auch hier durch den Kurvendruck zusätzlich beansprucht. Einerseits erhalten die äußeren Zugglieder, da die Mittellinien der Kuppelstangen sich außerhalb der Mitte schneiden, eine bei den angenommenen Verhältnissen nahezu doppelt so hohe Beanspruchung als die inneren. Andererseits werden diese durch den Kurvendruck, d. h. die von der Schiene auf den Spurkranz des Rades ausgeübte Reaktion K, deren eine Hälfte nach A hin zu übertragen ist, auf Biegung beansprucht. Das Moment hat die Größe $\frac{K}{2} \cdot a$. Das äußere Zugglied wird hiervon nicht betroffen, wenn nicht die Spielräume zwischen Scharnier und Becher so klein sind, daß die Verbindungsstange zur Druckübertragung herangezogen wird. Der Querbügel wird durch die normale Komponente N der Kuppelstangenkraft Z und durch das eben genannte Moment im gleichen Sinne auf Biegung beansprucht. Im ganzen scheint es aber bei dieser Konstruktion leichter zu sein, den Rahmenteilen ohne übermäßigen Materialaufwand die erforderliche Festigkeit zu geben. Die zusätzliche Beanspruchung läßt sich ganz vermeiden, wenn auf die Zapfen a Rollen gesetzt werden, die sich in den Kurven an einer gebogenen Leitschiene führen und so den Kurvendruck aufnehmen.

Verdrehung der senkrechten Kettenstränge um 90^0 ist bei den gewöhnlichen Becherwerken mit Doppelkette versucht worden. Obwohl dazu in einem mir bekannten Falle eine beträchtliche Länge zur Verfügung stand, war die Folge der bei der Verdrehung auftretenden Zwangsspannungen eine sehr rasche Abnutzung der Kette, so daß die Anlage nach verhältnismäßig kurzer Zeit außer Betrieb gesetzt werden mußte. Zwangfreie Verdrehung ist nur möglich, wenn die Glieder der Kette durch eine zylindrische Kupplung verbunden werden, deren Achse mit der des Becherwerkes zusammenfällt. Daher muß entweder eine Einstabkette zur Anwendung kommen, oder eine Kette aus rahmenartigen Gliedern — genau wie bei den soeben beschriebenen kurvenbeweglichen Becherwerken —, deren Zwischenglieder ohne Schwierigkeit geteilt und durch eine Muffenkupplung verdrehbar verbunden werden können.

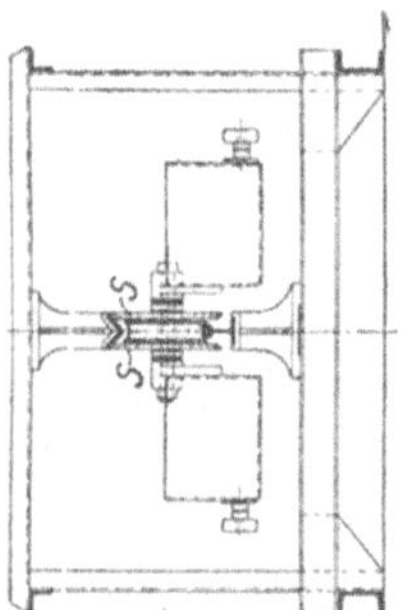

Fig. 305.

Bleichert umgeht den großen schmiedeeisernen Rahmen, indem er nach Fig. 304 bis 306 statt der Kette die Becher teilt und sie auf beiden Seiten der Kette aufhängt.[1]) Da die Kettenglieder nur das in die Mitte verlegte Laufrad zu umgreifen haben, ist ihre Biegungsbeanspruchung verhältnismäßig niedrig. Das Gelenk für vertikale Ablenkung fällt, wie in Fig. 302 und 303, mit der Laufrollenachse und Pendelachse der Becher zusammen. Eine Bolzenkupplung zwischen den gabelförmigen Hälften der Kettenglieder gestattet, diese gegeneinander zu verdrehen.

Aus der Teilung des Bechers ergeben sich einige Besonderheiten. Da nur eine Laufschiene vorhanden ist, befindet sich die Becherkette in labilem Gleichgewicht. Stabilität wird durch eine obere winkelförmige Hilfsschiene hergestellt, gegen die sich zwei lose auf der Achse drehbare Scheiben *S* seitlich anlegen. Der Raum außerhalb der Becher bleibt vollständig frei. Daher kann die Kippschiene ***R*** höher geführt und der Becher um einen größeren Winkel gekippt werden als sonst, so daß halbzylindrische Becherform zulässig ist. Bei kleinen Leistungen würden die zweiteiligen Becher für die Beschickung unbequem schmal ausfallen,

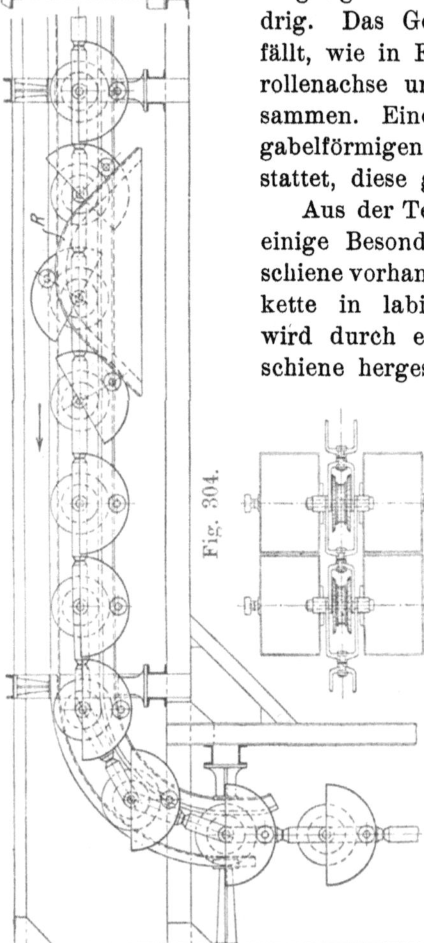

Fig. 304.

Fig. 306.

1) D. R. P. 186688, 186725, 186726.

weshalb sie in solchen Fällen nicht unmittelbar aneinander, sondern in größeren Abständen gesetzt werden.

Falls die Becher dicht aneinander schließen, wendet Bleichert Randüberdeckung an und stellt den richtigen Eingriff an den Leitscheiben des leeren Stranges mit Hilfe von Kurvenführungen her, durch welche die Becher schräg gestellt werden. Durch den verdrehbaren „Einschienenförderer" wird so zum ersten Mal in praktisch brauchbarer Weise die Aufgabe gelöst, einen vollkommen stetig arbeitenden Förderer in verschiedene Ebenen abzulenken.

Fig. 307.

Die erste Ausführung des Becherwerkes[1]), eine Anlage von 260 m Kettenlänge und 90 bis 100 t Stundenleistung, hat überraschend geringen Kraftverbrauch ergeben, was wohl darauf zurückzuführen ist, daß, ebenso wie bei den kurvenbeweglichen Förderern, keine Zwangspannungen in der Kette auftreten können. Verdrehung des Stranges war bei dieser Anlage nicht erforderlich, weshalb, wie aus der Abbildung Fig. 307 hervorgeht, die Kette als einfache Laschenkette mit geschmiedeten Augen ausgeführt ist.

d) Das Seilbecherwerk von Bradley.

Dieses von der B. A. M. A. G. hergestellte Becherwerk weicht von allen anderen Ausführungen wesentlich ab (Fig. 308 bis 310). Neben

[1]) vgl. Z. d. V. d. I. 1908, Stahl und Eisen 1908.

der Verwendung von Seil als Zugorgan ist das Hauptmerkmal der Konstruktion, daß die Becher an kurzen Rinnenstücken aufgehängt sind, die auf dem unteren Lauf einen zusammenhängenden Trog bilden, dem das Fördergut aus einer Rinne stetig zufließt. Beim

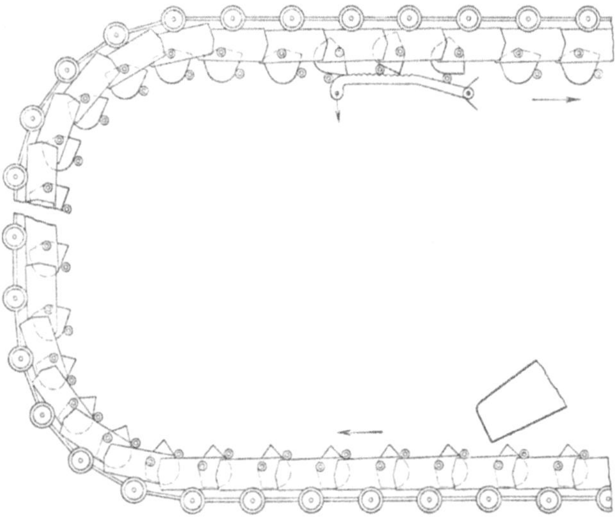

Fig. 308.

Beginn des Aufsteigens neigen sich die Trogteile, so daß ihr Inhalt den am Boden dicht anliegenden Bechern zufällt, die jetzt, nachdem sie gefüllt sind, frei pendelnd weitergehen. Die Entleerung

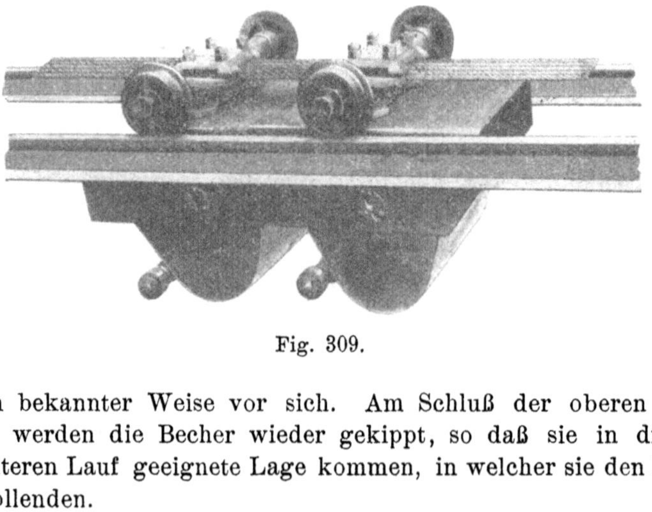

Fig. 309.

geht in bekannter Weise vor sich. Am Schluß der oberen Wegstrecke werden die Becher wieder gekippt, so daß sie in die für den unteren Lauf geeignete Lage kommen, in welcher sie den Rückweg vollenden.

An die Trogstücke sind gußeiserne Querbalken geschraubt, die an den Enden die Laufrollen tragen und außerdem die Verbindung mit dem Zugorgan herstellen. Je nach der Belastung kommen 4 bis 8 Seile aus Tiegelgußstahl mit Stahlseele zur Anwendung. Sie werden in kurzen Stücken von je 8 bis 12 m eingelegt, und in der durch Fig. 35 erläuterten Weise gespleißt. Der Bruch eines ein-

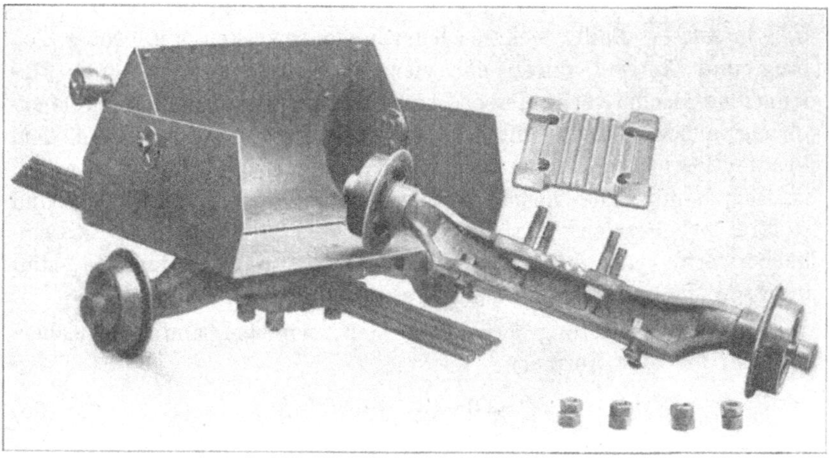

Fig 310.

zelnen Seiles hat keine Betriebsstörung zur Folge, auch ist das Seil sehr leicht zu ersetzen. Der Anschluß durch Klemmplatten hat sich auch für die hohen Kräfte, die am Antrieb auftreten, als genügend erwiesen (vgl. Fig. 50 bis 52). Ablenkung durch Leiträder ist konstruktiv unmöglich, daher werden die Eckführungen als Leitkurven mit großem Radius ausgebildet. Buhle gibt in Techn. Hilfsmittel III, S. 297, eine Tabelle über das Bradley-Becherwerk, der die folgenden Angaben entnommen sind:

Tabelle 48.

Bradley-Becherwerk.

Leistung (t/st)	30	50	90	100	120
Geschwindigkeit (m/sek)	0,254	0,254	0,270	0,270	0,270
Becherinhalt (l)	14,2	20	55,5	60	71,5
Becherinhalt (kg Kohle)	13,6	18,2	44,5	47,7	57,5
Gewicht leer (kg/m)	164	178	233	242	265
Gewicht beladen (kg/m)	200	225	318	332	372
Becherbreite (mm)	460	610	715	765	915
Spurweite (mm)	610	765	865	915	1070
Teilung (mm)	380	380	535	535	535
Laufraddurchmesser (mm)	130	130	180	180	180
Radius der Eckfuhrungen (mm) . . . ca.	2000	2000	3000	3000	3000

Für die neueren Ausführungen scheinen diese Zahlen nur noch angenähert zuzutreffen.

e) Bestimmung der Hauptabmessungen und des Kraftverbrauches.

Die Arbeitsgeschwindigkeit wird durch die Rücksicht auf Massenwirkungen bestimmt, richtet sich also wesentlich nach der Art des Antriebes. Die geringste Geschwindigkeit — 0,10 bis 0,13 m/sek — findet sich bei Kurvenbecherwerken mit großer Teilung und Antrieb durch ein vier- oder fünfzähniges Rad. Das Huntsche Becherwerk, dessen Antrieb ebenfalls ziemlich ungleichförmig arbeitet, läuft mit 0,15 bis 0,20 m/sek, während bei dem Bradley-Becherwerk infolge der Elastizität der Seile 0,25 bis 0,27 m/sek zulässig sind. Die neuen Konstruktionen von gleichförmig und stoßfrei arbeitenden Antrieben werden vermutlich auch für Kettenbecherwerke eine höhere Geschwindigkeit möglich machen, sind indessen noch nicht genügend praktisch erprobt.

Die Förderleistung berechnet sich, wie bei anderen Becherwerken, aus der Formel:

$$Q = 3{,}6\,\varphi \cdot \frac{i}{a} \cdot \gamma \cdot v \quad \text{(t/st)} \quad \ldots\ldots \quad (35)$$

Der Füllungsgrad kann in dieser Formel meist mit $\varphi = 1$ eingesetzt werden.

Bei der Berechnung des Kraftverbrauchs sind zu berücksichtigen:

1. die Hubarbeit:

$$N_1 = \frac{Q \cdot H}{270}.$$

2. Der Bewegungswiderstand der Laufrollen. Ausführung und Betrieb sind in der Regel noch sauberer als bei Gliederbändern, weshalb gesetzt wird:

$$w = \frac{1}{18} \text{ bis } \frac{1}{25}.$$

3. Die Zapfenreibung der Antriebs- und Leitrollen.
Gesetzt werde im Mittel:

für Fettschmierung $\mu = 0{,}2$
für Ölschmierung $\mu = 0{,}15$.

4. Der Biegewiderstand der Ketten.
Es ist:

$$W = \mu \frac{d'}{D}(S_1 + S_2)$$

mit $\mu = 0{,}3$ bis $0{,}5$. Je breiter die Laschen, um so höher ist μ einzusetzen.

5. Der Widerstand in horizontalen Kurven.

Bei Anwendung von Druckrollen oder Leitscheiben mit senkrechter Achse ist der Widerstand wie unter 2 und 3 zu berechnen. Wenn dagegen der Spurkranz der Laufrollen den Druck aufnimmt, so ist zunächst die Nabenreibung zu berücksichtigen. Bezeichnet

$$K = 2\,S \sin\frac{\alpha}{2}$$

den Kurvendruck, so ist unter Beachtung von Fig. 311

$$W_5' = \mu \cdot K \frac{d + d'}{2\,D}.$$

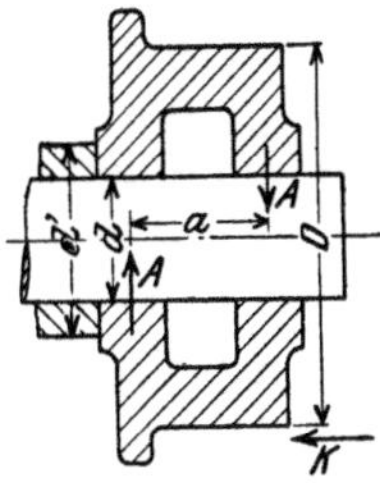

Fig. 311.

Außerdem verursachen die durch den Kurvendruck hervorgerufenen Kräfte

$$A = \sim K \frac{D}{2\,a}$$

einen Widerstand

$$W_5'' = 2\,A\,\mu \frac{d}{D} = K \cdot \mu \frac{d}{a}.$$

Dazu kommt noch der in bekannter Weise festzustellende Biegewiderstand der Ketten, während die Spurkranzreibung selbst sehr gering ist und vernachlässigt werden darf.

Falls die Spurkränze auch an den oberen Druckschienen anliegen und so eine Drehung der Rollen verhindern, ist der Kurvenwiderstand $= \mu \cdot K$.

Die übrigen Widerstände, die z. B. durch das Kippen der Becher, den Antrieb einer Füllvorrichtung oder auf andere Weise entstehen, sind entweder zu vernachlässigen, oder von Fall zu Fall abzuschätzen.

Beispiel.

Ein Schaukelbecherwerk soll auf dem in Fig. 312 angegebenen Wege 50 t Kohle in der Stunde befördern. Der Inhalt der Becher sei $i = 90$ l, das spez. Gewicht der Kohle $\gamma = 0{,}85$, der Becherabstand $a = 700$ mm, der Füllungsgrad $\varphi = 0{,}8$. Dann ergibt sich die erforderliche Geschwindigkeit aus:

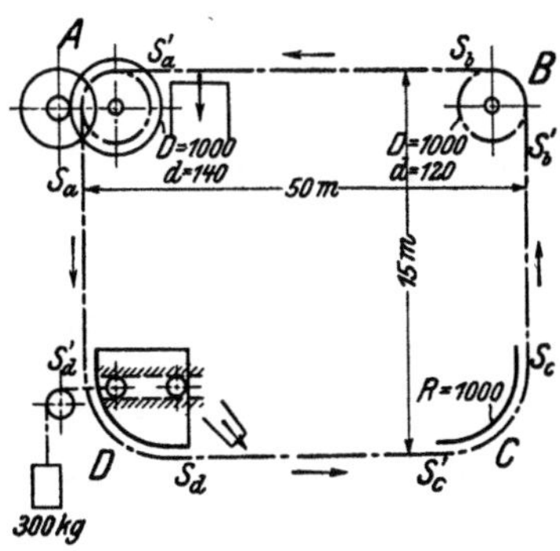

Fig. 312.

$$v = \frac{Q \cdot a}{3,6 \cdot \varphi \cdot i \cdot \gamma} = \frac{50 \cdot 0,7}{3,6 \cdot 0,8 \cdot 90 \cdot 0,85} = \sim 0,16 \text{ m/sek.}$$

Die Nutzbelastung ist:

$$q = \frac{Q}{3,6 \cdot v} = \frac{50}{3,6 \cdot 0,16} = 87 \text{ kg/m.}$$

Das Leergewicht des Förderers sei $q_0 = 150$ kg/m, der Laufraddurchmesser 150 mm, der Durchmesser der Laufrollenachsen (gleichzeitig der Kettenbolzen) 30 mm. Die beiden wagerechten Stränge sind im äußersten Falle je zu 90 % ihrer Länge beladen. Für die Laufrollenstützung werde angenommen:

$$w = \frac{1}{20}.$$

Bei Bestimmung der Spannungen soll der Einfachheit halber so gerechnet werden, als ob die Radien der Umführungskurven gegenüber der Länge der geraden Wegstücke unendlich klein wären, so daß z. B. der Unterschied zwischen den Spannungen S_c und S_b' dem Gewicht eines Kettenstranges von 15 m gleichgesetzt wird. Es ergibt sich:

$$S_d = 300 \text{ kg.}$$

$$S_c' = S_d + \frac{1}{20}(50 \cdot 150 + 0,9 \cdot 50 \cdot 87) = 300 + 571 = 871 \text{ kg.}$$

In der Eckumführung ist der Biegewiderstand der Kette mit $\mu = 0,4$ und $S_c' + S_c = \sim 1800$:

$$0,4 \cdot \frac{30}{2000} \cdot 1800 = 11 \text{ kg}$$

und der Laufrollenwiderstand:

$$\sim 900 \cdot 2 \cdot \sin 45^0 \cdot \frac{1}{20} = 64 \text{ kg.}$$

Demnach $S_c = 871 + 11 + 64 = 946$ kg.

Weiter ist: $S_b' = S_c + 15\,(150 + 87) = 946 + 3555 = 4501$ kg.

Biegewiderstand der Kette bei *B*:

$$\sim 0,4 \cdot \frac{30}{1000} \cdot 9200 = 110 \text{ kg.}$$

Zapfenreibungswiderstand der Leitscheibe bei Ölschmierung:

$$4600 \cdot 2 \cdot \sin 45^0 \cdot 0,15 \cdot \frac{120}{1000} = 117 \text{ kg,}$$

$$\text{also} \quad S_b = 4501 + 110 + 117 = 4728 \text{ kg,}$$

$$S_a' = S_b + \frac{1}{20}(50 \cdot 150 + 0,9 \cdot 50 \cdot 87) = 4728 + 571 = 5299 \text{ kg.}$$

Ferner ist der Biegewiderstand bei *D*:

$$0,4 \cdot \frac{30}{2000} \cdot 2 \cdot 300 = 4 \text{ kg,}$$

der Laufrollenwiderstand bei D:

$$300 \cdot 2 \sin 90^0 \frac{1}{20} = 21 \text{ kg},$$

also

$$S_d' = 300 - 4 - 21 = 275 \text{ kg}$$

$$S_a = 275 + 15 \cdot 150 = 2525 \text{ kg}.$$

Nun ergibt sich der Biegewiderstand bei A:

$$0{,}4 \cdot \frac{30}{1000}(5299 + 2525) = 94 \text{ kg},$$

und der Zapfenreibungswiderstand bei A:

$$0{,}15 \cdot \frac{140}{1000} \sqrt{5299^2 + 2525^2} = 123 \text{ kg}.$$

Von dem Antrieb ist also zu überwinden:

$$5299 + 94 + 123 - 2525 = 2991 \text{ kg},$$

entsprechend einer Leistung von

$$\frac{2991 \cdot 0{,}16}{75} = \sim 6{,}4 \text{ PS}.$$

Die Umdrehungszahl der Antriebwelle ist:

$$n = \frac{60 \cdot 0{,}16}{\pi \cdot 1{,}0} = 3{,}06.$$

Bei Antrieb durch Elektromotor werden drei Stirnrad- und ein Riemenvorgelege erforderlich sein, deren Gesamtwirkungsgrad in Anbetracht des staubigen Arbeitsplatzes nicht mehr als $65\,^0/_0$ betragen kann. Der Motor muß also mindestens leisten können;

$$\frac{6{,}4}{0{,}65} = \sim 10 \text{ PS}.$$

Wäre bei B anstatt des Leitrades eine Kurvenführung mit $R = 1000$ angewandt worden, so hätte sich der Gesamtwiderstand an dieser Stelle um etwa 150 kg erhöht, entsprechend einem Mehrverbrauch von $\sim 0{,}5$ PS.

f) Anwendbarkeit.

Schaukelbecherwerke werden nur für Kohlenförderung angewandt, allerdings nicht selten gleichzeitig zur Förderung von Asche benützt. Sie ersetzen infolge ihrer Ablenkbarkeit häufig zwei, drei oder mehr einzelne Fördervorrichtungen. Da Umladung fortfällt, leidet die Kohle beim Transport weniger, als im anderen Falle. Vorteilhaft ist ferner, daß der Antrieb auf eine einzelne Stelle konzentriert wird. Anlage und Betriebskosten stellen sich andern Fördersystemen gegenüber in der Regel nicht ungünstig, doch sind allgemeine Feststellungen darüber unmöglich. Einfachheit der Anordnung und Schonung der Kohle werden indessen, wenn das Fördergut eine zwei- oder mehrfach abgelenkte Bahn beschreiben muß, fast immer zugunsten des Schaukelbecherwerkes den Ausschlag geben.

Die Einführung der Raumbeweglichkeit hat das Anwendungsgebiet der Schaukelbecherwerke außerordentlich erweitert. Beachtung verdient, daß die einschlägigen Bauarten deutschen Ursprungs sind und sich in Amerika bisher nicht eingeführt haben.

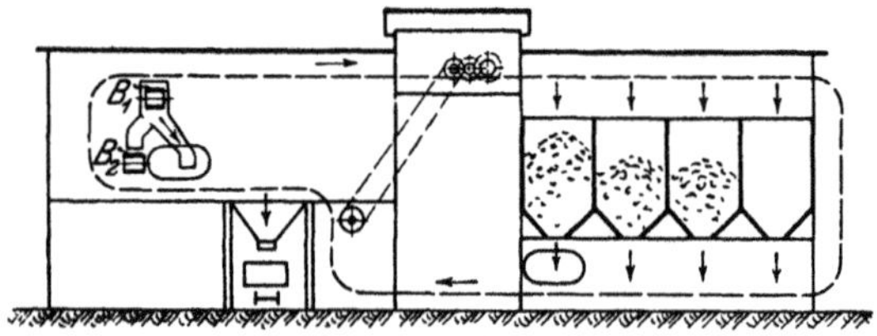

Fig. 313.

Zur Illustrierung der Verwendbarkeit von Schaukelbecherwerken sind in Fig. 313 und 314 zwei ausgeführte Anlagen (nach Pohlig) schematisch dargestellt.

Fig. 313 zeigt die Speicheranlage einer Kohlenzeche. Die Kohle wird bei Überlastung der Wäsche durch das Band B_1 von dort

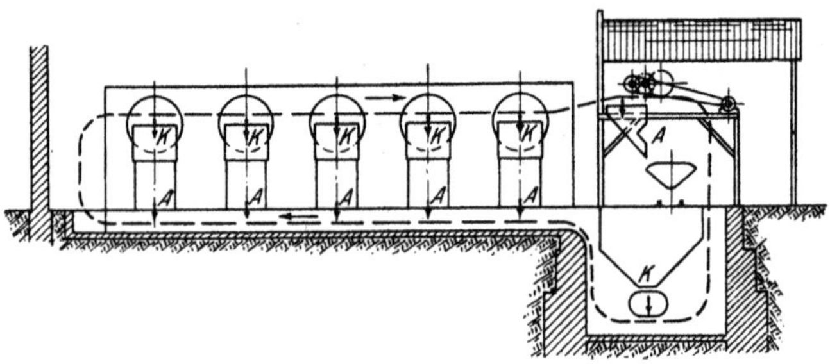

Fig. 314.

dem Förderer zugeführt, um in die Silos geschafft zu werden. Bei geringer Beanspruchung der Wäsche wird die Kohle wieder aus den Silos abgezogen und auf das Band B_2 geworfen, welches sie zur Wäsche zurückbringt. Außerdem können Wagen beladen werden.

Fig. 314 zeigt eine Kesselbekohlung. Die in Wagen zugeführte Kohle wird in einen großen Füllrumpf geworfen und aus diesem nach den Hochbehältern über den Feuerungen geschafft. Außerdem befördert das Becherwerk die Asche sämtlicher Kessel nach einem Hochbehälter, der sie wieder an Rollbahnwagen übergibt.

II. Die Förderer ohne Zugmittel.

Die zu dieser Kategorie gehörigen Förderer sind nicht so vielseitig anwendbar wie die Förderer mit Zugmittel und haben daher geringere Verbreitung gefunden als jene. An die Stelle der einfachen Vorgänge des Schiebens oder Tragens treten hier kompliziertere Bewegungen. Die Konstruktion allerdings ist meist einfacher, da das Zugmittel und damit die Vielgliedrigkeit des Förderers in Wegfall kommt. Daher pflegen bei richtiger Ausführung die Kosten für Anlage, Unterhaltung und Wartung niedriger zu sein.

Die Förderer ohne Zugmittel sind untereinander so verschieden, daß sie vollständig getrennt behandelt werden müssen und eine Besprechung gemeinsamer Elemente nicht vorausgeschickt werden kann.

10. Kapitel.

Rollenförderer.

Die Rollenförderer haben unter den Förderern ohne Zugmittel die einfachste Arbeitsweise, sind aber nur für Körper von langgestreckter Form brauchbar.

Ihre bei weitem wichtigste Anwendung finden die Rollenförderer in Walzwerken beim Transport des Walzgutes von und zu den Walzen. Auf die Konstruktion dieser Rollgänge näher einzugehen, verbietet sich von selbst, da sie in das Gebiet des Hüttenmaschinenbaues gehören.

Ferner sind Rollenförderer vorteilhaft zum Transport von Bauholz, z. B. vom Schiff zum Lager, zu verwenden. Sie treten hier an die Stelle der früher erläuterten Schlepper, denen gegenüber sie außer geringen Unterhaltungskosten namentlich den Vorteil niedrigeren Kraftverbrauchs bieten.

Zum Antrieb der Rollen dienen Kegelräder (Fig. 315), die von einer durchlaufenden Welle ihren Antrieb erhalten, oder nach Fig. 316 eine Kette, die nach jedem zweiten Kettenrade durch ein Röllchen niedergedrückt wird, so daß der Eingriff nicht verloren gehen kann. Die Steigung ist durch den Reibungswinkel begrenzt.

Pohlig hat eine Holzförderanlage mit Kettenbetrieb ausgeführt, die je nach der Leistungsfähigkeit der mit dem Beladen beschäftigten Arbeiter im Schiffe 30 bis 60 cbm/st leistet. Die Förder-

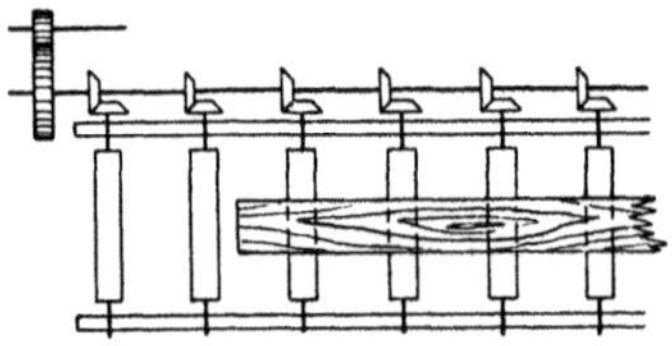

Fig. 315.

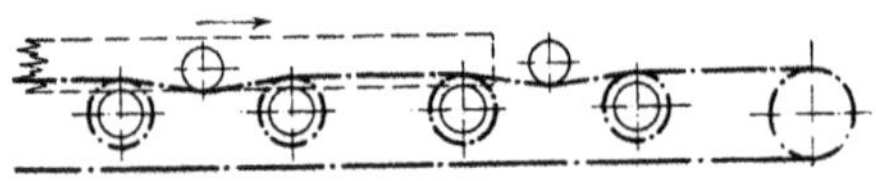

Fig. 316.

länge beträgt etwa 110 m, die Hubhöhe des ansteigenden Teiles der Bahn rund 10,5 m. Wird mit 50 t Holz in der Stunde gerechnet, so beträgt die Hubleistung:

$$\frac{50 \cdot 10{,}5}{270} = 1{,}95 \text{ PS},$$

und der Kraftverbrauch für die Bewegung der Rollen ohne Berücksichtigung von deren Eigengewicht mit $w = \frac{1}{25}$:

$$\frac{1}{25} \cdot \frac{50 \cdot 110}{270} = 0{,}82 \text{ PS},$$

also die gesammte Nutzleistung: 2,77 PS.

Der wirkliche Kraftbedarf wird zu etwa 6 PS angegeben. Würde das Holz geschleppt, so betrüge bei einem Reibungskoeffizienten von 0,5 der Arbeitsverbrauch für das Schleifen allein:

$$0{,}5 \cdot \frac{50 \cdot 110}{270} = 10{,}2 \text{ PS (statt } 0{,}82 \text{ PS)}.$$

Zimmer beschreibt eine englische Anlage von rund 90 cbm Stundenleistung.[1]) Die gußeisernen Rollen haben 250 mm Durchmesser, 750 mm Länge und 1,5 m Abstand. Ihre Umlaufzahl beträgt 60 bis 80 in der Minute, die Geschwindigkeit daher 0,78 bis 1,04 m/sek. Zum Antrieb dient eine Stahlwelle von 25 mm Durchmesser, mit Kegelrädern vom Übersetzungsverhältnis 1 : 3. Der ganze Förderer ist in Abschnitte von 150 m Länge geteilt, die je einen eigenen Elektromotor von 5 PS haben. Es kommen mehrere Kurven von 50 bis 60 m Radius vor, denen sich die Welle federnd anschmiegt.

Bei weiterer Ausbildung dieser Art der Förderung ist man in England wieder zu dem Zugmittel zurückgekommen. Nach

[1]) Zimmer, S. 118 u. f. (Bolinder timber conveyor).

Fig. 317 und 318 kommt eine langgliedrige Rundeisenkette zur Verwendung, in die an Stelle jedes vierten Gliedes Doppelhaken eingeschaltet sind, die auf jeder Seite eine Rolle tragen. Das Holz wird in derselben Weise wie bei dem eigentlichen Rollenförderer

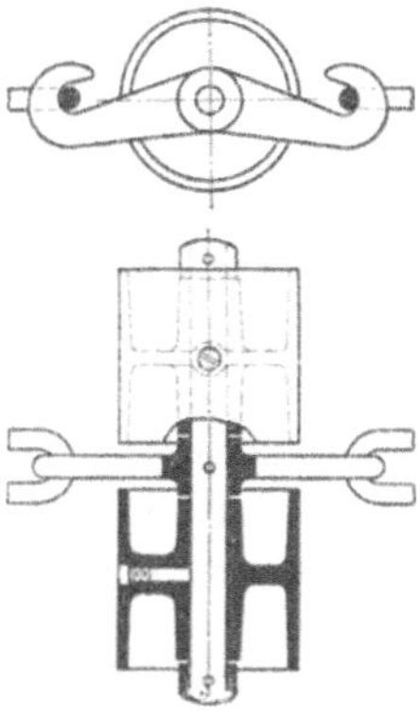

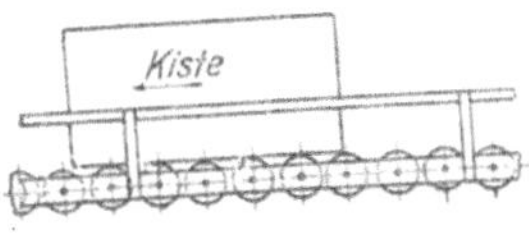

Fig. 319.

Fig. 320.

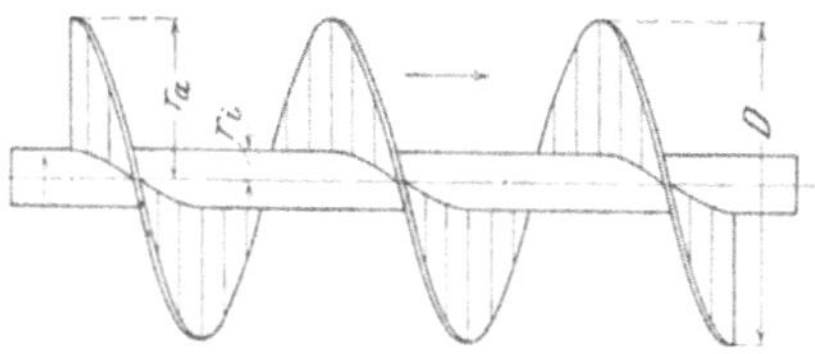

Fig. 317 und 318.

Fig. 321.

bewegt, und zwar mit der zweifachen Geschwindigkeit wie die Kette, die mit 0,45 m/sek läuft. Der Förderer wird in Längen von je 300 m gebaut.

Rollengänge kommen auch in der Form von Schwerkraftförderern vor. Im Jahre 1904 war in St. Louis von der Alvey-Ferguson Co., Louisville, eine solche Einrichtung ausgestellt, die nach Fig. 319 und 320 aus einer unter 5 $^0/_0$ geneigten Rollenbahn mit Schutzgeländer bestand. Aufgelegte Kisten bewegten sich langsam die Bahn hinunter und nahmen auch Kurven mit voller Sicherheit. Durch Weichen konnten verschiedene Förderstrecken aneinander geschlossen werden.

11. Kapitel.

Schnecken und Spiralen.

Das fördernde Element bildet ein schraubenförmig gewundenes Blech, Flacheisen o. dgl., das sich um die Achse der Schraubenfläche dreht. Das zwischen den Schraubengängen befindliche Fördergut wird durch die Schwerkraft — bei senkrechten Schnecken durch Reibung — verhindert, sich mitzudrehen, so daß es eine geradlinig fortschreitende Bewegung annehmen muß. Die Schraubenwindungen sind bei den Schnecken und Spiralen an einer Welle befestigt, die sich in einem feststehenden Troge dreht.

a) Ausführung.

Der Schnecke liegt eine Schraubenfläche zugrunde, deren Erzeugende senkrecht zur Achse steht (Fig. 321). Die Fläche ist nicht abwickelbar.

Die einzelnen Schneckengänge werden gewöhnlich aus kreisförmig ausgestanzten Blechen durch Hämmern oder Pressen hergestellt und zusammengenietet. Zuweilen wird auch die Formänderung durch Walzen hervorgebracht.

Caldwell stellt die Schnecken aus Flacheisenstreifen her und vermeidet auf diese Weise die beim Ausstanzen der Scheiben entstehenden Materialverluste, sowie die beim Fördervorgang hinderlichen Blechstöße. Um den Streifen spiralisch aufzuwickeln, dienen Walzen (Fig. 322), deren Profil sich aus der Erwägung bestimmt, daß die einzelnen Teile des ursprünglich rechteckigen Querschnitts

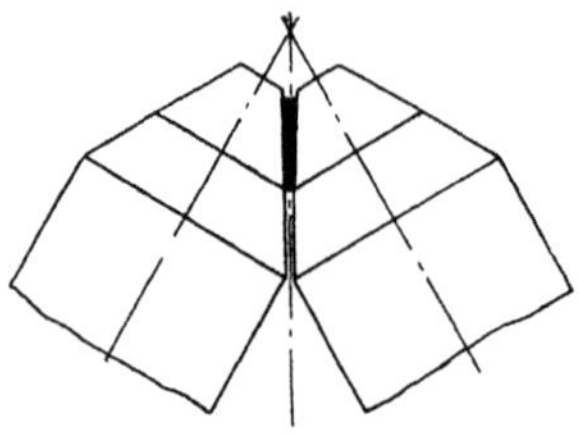

Fig. 322.

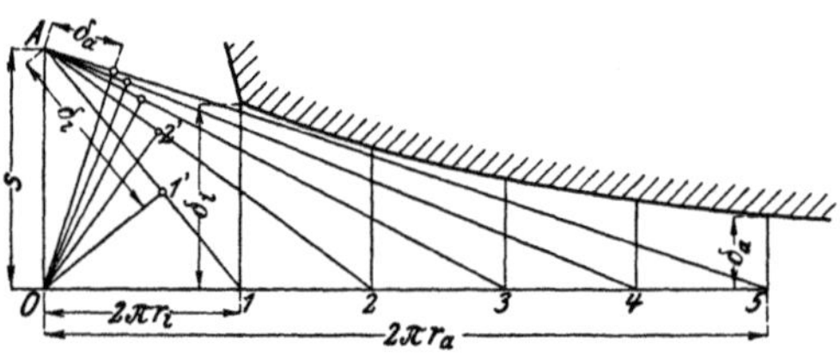

Fig. 323.

um so geringere Stärke erhalten müssen, je mehr die zugehörigen, ursprünglich gleich langen Streifen gedehnt werden, daß also das Produkt aus der Länge und Dicke eines jeden Streifens konstant sein muß. Nun ergibt sich die Länge einer Schraubenlinie bekanntlich als die Hypotenuse eines rechtwinkligen Dreiecks, das die Peripherie des Grundkreises und die Steigung zu Katheten hat. Werden also in Fig. 323 auf einer Achse die Peripherien verschiedener, zwischen der inneren und äußeren Begrenzung liegender Kreise, auf der anderen die Steigung s aufgetragen, so ergeben die Verbindungsstrecken $A1$, $A2$ usw die zugehörigen Spirallängen. Wird dann von O aus auf jede dieser Verbindungslinien ein Lot gefällt, so ist jedesmal das Produkt aus dem von A aus abgeschnittenen Stück $A1'$ und der ganzen Strecke $A1$ gleich dem Quadrate der anliegenden Kathete s, also gleich einem konstanten Werte. Demnach erhält man in den Abschnitten $A1'$, $A2'$ usw. die zu jedem Radius gehörige Stärke des fertigen Schneckenprofils in einem Maßstabe, der durch Annahme des kleinsten oder des größten Wertes δ — δ_a oder δ_i — festgelegt wird. Der Schneckenquerschnitt kann jetzt aufgezeichnet und dadurch gleichzeitig das Profil der Walze bestimmt werden. In Fig. 323 sind die Stärken δ in unveränderter Größe als Ordinaten zu den Kreisumfängen in den Punkten 1 bis 5 aufgetragen, woraus sich die charakteristische Form des Walzenprofiles in verzerrtem Maßstabe ergibt. Es zeigt sich, daß die Blechstärke am äußeren Rande erheblich geringer ausfällt als innen.

Vorstehende Konstruktion ist einem Aufsatze über die Schraubenfabrikation der Firma Caldwell entnommen.[1]) Ob die Walzenprofile praktisch genau nach diesem Verfahren bestimmt werden, ist mir nicht bekannt und erscheint zweifelhaft, da hier nur die Längsdehnungen und nicht die beim Walzen nebenher auftretenden Querdehnungen berücksichtigt sind.

Gebr. Commichau benützen statt des Flacheisens als Rohmaterial keilförmiges Eisen und erreichen damit, daß, umgekehrt wie bei Caldwell, die Stärke außen, wo die stärkste Abnutzung stattfindet, 1,5 bis 2 mm größer ist als innen. Von diesen Schnecken darf daher bei Förderung schmirgelnden Materials eine wesentlich erhöhte Lebensdauer erwartet werden, zumal das kalte Walzen dem Eisen eine bedeutende Härte erteilt. Die Schnecken stellen sich billiger als bei der gewöhnlichen Herstellung. Sie werden in folgenden Abmessungen hergestellt:

Tabelle 49.

Aufgezogene, gewalzte Schnecken von Gebr. Commichau, Magdeburg.

Schneckendurchmesser (mm)	100	125	140	165	180	210	240
Steigung (mm)	80	100	110	128	144	160	200
Wellendurchmesser (mm) .	34	34	45	45	50	60	76
Blechstarke innen (mm) . .	1,8	1,8	2,0	2,0	2,0	2,5	3,5
" außen (mm) . .	3,5	3,5	4,0	4,0	4,0	4,0	5,0
Preis (M/m)	2,85	4,35	5,15	6,60	6,75	7,45	9,35

In Amerika kommen für Kohle, Erze, Sand und andere stark abnutzend wirkende Stoffe häufig gußeiserne Schnecken zur Anwendung. Die einzelnen Gewindegänge werden mit Rohrstücken zusammengegossen, die über die Welle geschoben werden und mit Vorsprüngen und Nuten ineinandergreifen (Fig. 324). Bessere Widerstandsfähigkeit als volle Schnecken aus Blech haben auch die

[1]) American Machinist, 10. Nov. 1900, S. 1022.

Flacheisenspiralen (Fig. 325) wegen ihrer größeren Materialstärke. Sie eignen sich daher für schwere Beanspruchung. Großstückiges Fördergut und ungleichmäßige Zuführung geben außerdem weniger leicht zu Verstopfungen Anlaß, weil die Spirale bei überfüllten Gängen dem Material durch die Lücken hindurchzutreten

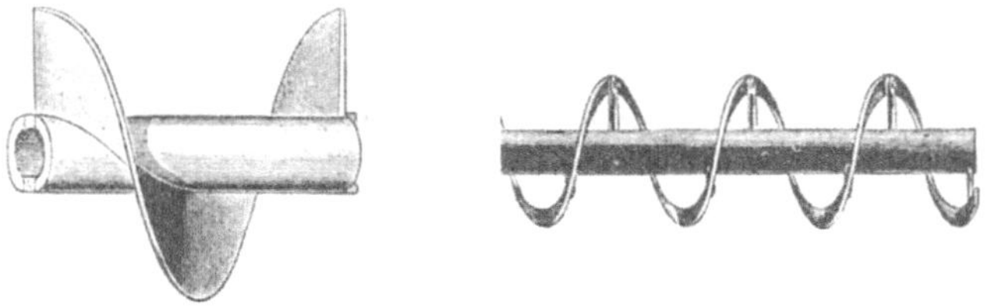

Fig. 324. Fig. 325.

und sich besser zu verteilen gestattet. Bei nicht zusammenhängendem Material ist jedoch die Leistung geringer.

Gebr. Commichau stellen die Flacheisenspiralen gleichfalls auf kaltem Wege durch Walzen her, und zwar in folgenden Abmessungen.

Tabelle 50.

Gewalzte Spiralen von Gebr. Commichau, Magdeburg, unaufgezogen.

Außerer Spiralendurchmesser (mm)	200	250	300	350	400	450	500	600	700
Steigung (mm)	160	200	240	280	320	360	400	480	560
Abmessungen d. Flacheisens (mm)	30/6	35/6	40/6	50/7	50/7	60/8	70/8	80/10	90/13
Gewicht ohne Welle (kg/m) . . .	5,7	6,6	7,8	10,0	11,8	15,5	17,9	27,8	39,5
Preis (M/m)	4,5	5,0	6,0	7,0	8,25	9,75	12,0	14,0	16,0

Die Schnecken und Spiralen können auf mannigfache Weise an der Welle befestigt werden. Einige Verbindungsarten zeigen die Figuren 326 und 327.

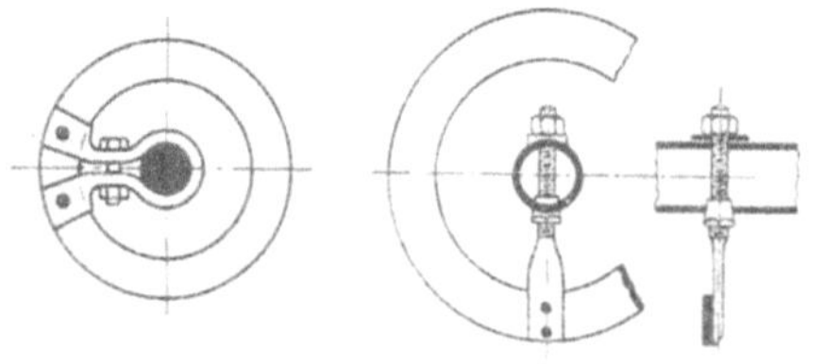

Fig. 326. Fig. 327.

Statt zusammenhängender Windungen werden einzelne schräg gestellte Blechstücke nach Fig. 328 angewandt, wenn sich mit dem Transport eine gründliche Mischung des Materials verbinden soll (Rührschnecke).

Die Wellen bestehen häufig aus Rohren von 3 bis 5 mm Wandstärke, mit End- und Zwischenzapfen aus Rundeisen, die mit den durch einen Ring verstärkten Rohrenden durch Schrauben verbunden werden (Fig. 329). Eine andere empfehlenswerte Kupplung zeigt Fig. 330. Der Kopf des T-förmigen Bolzens wirkt hier nach Art eines Keiles und bietet gute Anlageflächen.

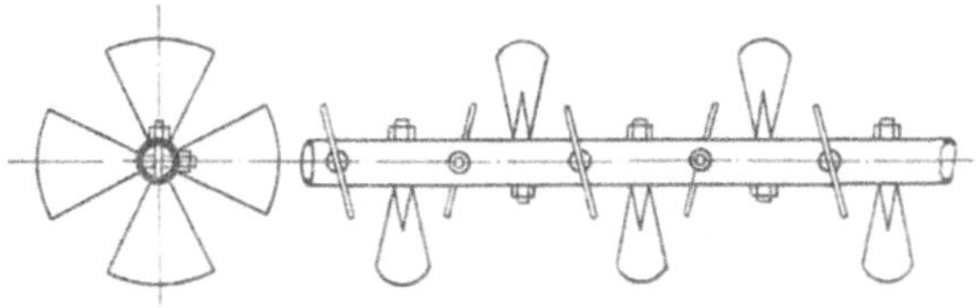

Fig. 328.

Die Welle wird durch die bei der Förderung auftretenden Widerstände auf Verdrehung und Biegung, außerdem durch das Eigengewicht auf Biegung beansprucht. Eine Festigkeitsrechnung ist indessen kaum durchzuführen, weil bei Klemmungen und Verstopfungen Kräfte von unbestimmter Höhe entstehen können.

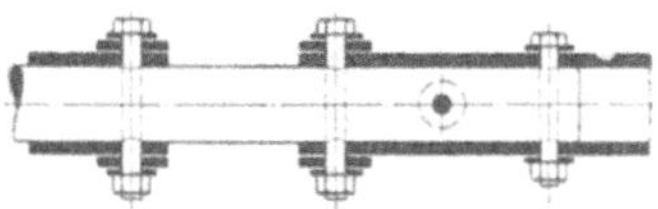

Fig. 329.

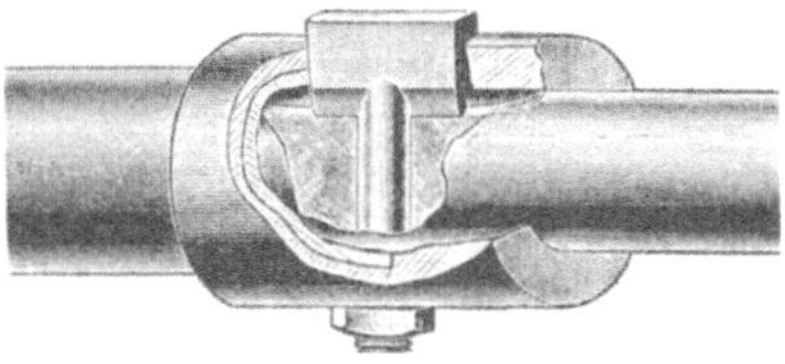

Fig. 330.

Gewöhnlich werden die Schnecken als Massenware mit denselben Wellendurchmessern für beliebige Längen hergestellt. Zu beachten ist, daß mit der Abnahme des inneren Durchmessers die Schwierigkeit der Herstellung der Schnecke wächst. Das Verhältnis des inneren zum äußeren Durchmesser schwankt etwa zwischen 1 : 3 bei den kleinsten, und 1 : 7 bei den größten Schnecken.

Die Wellen werden in Abständen von 2,5 bis 3,5 m durch Zwischenlager gestützt. Für die Größe des Lagerabstandes ist die zwischen den Lagern auftretende Durchbiegung maßgebend. Wird beispielsweise verlangt, daß eine Schnecke von 200 mm Durchmesser, deren Welle aus einem Rohr von 50 mm innerem und 60 mm äußerem Durchmesser besteht ($\Theta = 32{,}94\ \text{cm}^4$), und die 15 kg/m wiegt, nicht mehr als 2 mm durchhängen soll, so ergibt sich der Lagerabstand aus der Gleichung:

$$f = \frac{5}{384} \cdot \frac{\alpha \cdot q \cdot l^4}{\Theta}$$

zu

$$l = \sqrt[4]{\frac{0{,}2 \cdot 384 \cdot 2000000 \cdot 32{,}94}{5 \cdot 0{,}15}} = 287\ \text{cm}.$$

Diese Rechnung trifft zwar nicht vollständig zu, weil die Welle durch die Schneckenwindungen versteift und an den Zwischenlagern nicht gestoßen wird, kann aber wenigstens für Vergleiche von Nutzen sein.

Die Zwischenlager geben leicht Anlaß zu Verstopfungen, weil an dieser Stelle die Schneckengänge unterbrochen sind, so daß der Fördervorgang eine Störung erleidet, und weil außerdem das Lager ein Hindernis für die Fortbewegung des Materials bildet. Es empfiehlt sich deshalb, Länge und Durchmesser des Lagers möglichst klein zu halten. Einfach und zweckmäßig ist das in Fig. 331 dargestellte ungeteilte Lager, dessen Höhenlage mit Hilfe der Schraube bequem eingestellt werden kann. Dagegen läßt sich das geteilte Lager nach Fig. 332 (Gebr. Commichau) bequemer ein- und ausbringen, hat auch bessere Seitensteifigkeit.

Beachtung verdient auch die Wellenstützung der Maschinenfabrik Geislingen[1]). Auf der Welle sitzt ein Kettenrädchen, das mittels einer stetig umlaufenden Kette an einem zweiten, auf dem

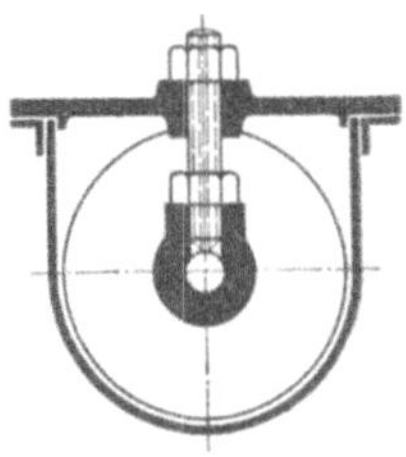

Fig. 331.

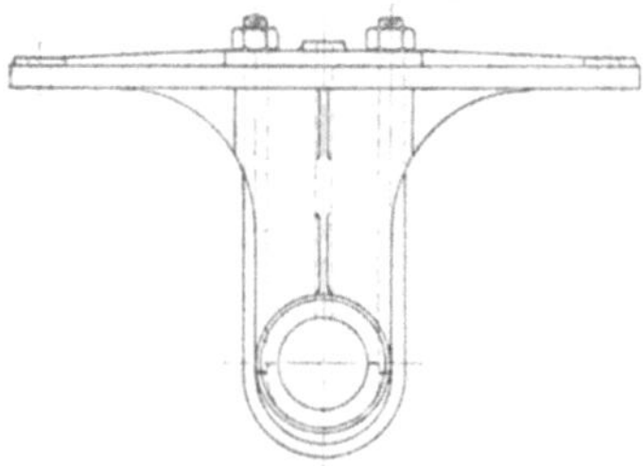

Fig. 332.

Deckel des Troges gelagerten Rädchen aufgehängt ist. Die wartungsbedürftigen Lager sind auf diese Weise dem Einfluß des Fördergutes entzogen, auch ist die Baulänge der Lagerung sehr gering. Seitlichen Halt erteilt sie allerdings der Welle nicht.

Die Endlager werden als einteilige feste Lager ausgeführt, erhalten bei besseren Ausführungen wohl auch selbsttätige Einstellung. Sie müssen imstande sein, den von der Welle ausgeübten Schub, welcher gleich dem der Fortbewegung des Materials sich entgegensetzenden Widerstande ist, aufzunehmen.

Die Schnecke läuft in einem Troge aus Blech von 2 bis 5 mm Stärke (Fig. 331 und 333) oder aus Holz. Der Spielraum zwischen Schnecke und Trog sollte möglichst gering gehalten werden, da-

[1]) D. R. P. 124187.

mit das Zurückbleiben von Material und gegebenenfalls das Einklemmen größerer Stücke möglichst verhindert wird. Er beträgt bei guten Ausführungen je nach der Größe der Schnecke 3 bis 5 mm. Der Trog wird oben mit Deckeln verschlossen, die behufs Beseitigung von Verstopfungen leicht abgenommen werden können.

Das Fördergut kann an beliebiger Stelle in den Trog eingeschüttet werden. Nicht selten liegt die Schnecke unmittelbar

Fig. 333. Schnecke von Stotz.

unter der Öffnung eines Füllrumpfes und zieht dessen Inhalt gleichmäßig ab. Die Entleerung geschieht gleichfalls an beliebiger Stelle durch Öffnungen mit Schieberverschluß.

Die Schnecken arbeiten gewöhnlich horizontal oder in mäßigen Steigungen, werden aber auch für vertikale Förderung benutzt. Die Reibung an den Wänden des die Schnecke umschließenden zylindrischen Rohres vertritt dann die Stelle der Schwerkraft, indem sie das Fördergut verhindert, mit der Schnecke umzulaufen. Die Umlaufzahl wird bei vertikaler Anordnung erhöht.

b) Bestimmung der Hauptabmessungen und des Kraftverbrauchs.

Es bezeichne

D den äußeren Durchmesser der Schnecke in m,
s die Steigung der Schnecke in m,

Tabelle 51.

Preise für Schnecken nebst Zubehör (Wilhelm Stöhr, Offenbach).

Durchmesser in mm	Zapfendurchmesser in mm	Schnecke ohne Trog und Lager (M/m)					Eisentrog ohne Schnecke, Lager u. Deckel (M/m)					Gußeiserner Endlagerblock mit Lager	Trogkupplung	Mittellager	Auslauf ohne Schieber	Auslauf mit Schieber
		Blechstarke in mm					Blechstarke in mm									
		2	$2^1/_2$	3	$3^1/_2$	4	2	$2^1/_2$	3	$3^1/_2$	4					
100	30	5,50	6,25	—	—	—	5,25	—	—	—	—	3,50	3,—	3,—	4,—	5,—
110	30	6,—	6,75	—	—	—	5,50	—	—	—	—	4,—	3,30	3,30	4,20	5,20
120	30	6,50	7,30	—	—	—	5,70	—	—	—	—	4,50	3,50	3,50	4,50	5,50
130	30	7,—	8,—	—	—	—	6,—	—	—	—	—	5,—	4,—	3,80	4,70	6,—
150	35	8,—	9,—	9,25	11,50	—	6,20	—	—	—	—	6,—	4,30	4,—	5,—	6,50
160	35	8,50	9,50	10,—	12,50	—	6,50	—	—	—	—	6,50	5,50	4,50	5,20	7,—
190	40	9,50	10,50	11,50	14,50	16,—	7,50	7,70	—	—	—	9,50	6,30	4,75	6,—	8,—
200	40	10,—	11,—	12,—	15,50	16,50	7,70	8,—	—	—	—	10,—	8,—	5,—	6,20	8,70
210	40	11,—	12,—	13,50	16,—	17,—	8,—	8,50	9,50	12,50	14,50	11,50	9,—	5,50	6,50	9,50
250	50	12,—	13,70	15,—	17,—	18,—	8,50	10,—	11,50	13,50	15,50	15,—	10,—	5,80	6,70	10,50
270	50	13,—	15,—	16,—	17,40	19,—	9,25	11,—	12,70	15,—	17,50	16,—	11,—	6,—	7,—	11,50
300	50	14,50	16,—	17,—	18,40	21,—	10,—	12,—	14,—	16,—	19,—	17,—	12,—	7,—	7,50	12,50
330	50	16,40	18,45	20,—	22,—	24,—	11,—	13,50	16,—	18,—	21,—	20,—	13,—	9,—	7,70	14,50
360	60	20,—	22,—	24,—	27,—	29,—	12,50	15,—	17,—	19,50	21,50	23,—	16,—	11,—	8,—	16,50
400	60	22,—	23,55	25,—	27,40	31,—	15,—	16,—	18,—	20,—	22,—	25,—	20,—	11,50	8,50	18,—
450	60	24,90	26,10	28,—	29,40	32,—	17,—	18,50	21,50	24,—	26,—	29,—	23,—	12,—	9,—	20,—
500	60	27,—	27,90	31,—	32,50	35,—	19,—	22,—	25,—	27,—	30,—	38,—	30,—	14,—	9,50	24,—

Tabelle 52.

Preise der Zubehörteile für Förderschnecken (H. Aug. Schmidt, Wurzen).

Durchmesser in mm	110	120	130	140	155	170	190	210	250	270	300	350	400	450	500	600
Geteiltes Endlager für Holztrog ohne Stirnwand	4,—	4,50	5,—	5,50	6,—	7,—	8,—	9,—	10,—	13,—	15,—	20,—	—	—	—	—
Mittellager für Holztrog mit geteilter Hartholzschale	4,—	4,—	4,50	4,50	5,—	5,50	6,—	6,50	7,—	7,50	8,—	9,—	—	—	—	—
Geteiltes Endlager für Eisen- oder Holztrog mit Stirnwand . . .	4,—	4,50	5,50	6,—	7,50	9,—	10,50	12,—	20,—	21,50	23,—	28,—	32,—	36,—	45,—	56,—
Geteiltes Endlager fur Eisen- oder Holztrog mit Ringschmierung und Stirnwand	10,—	10,50	12,50	13,50	15,—	16,—	20,50	22,—	31,—	33,50	35,—	40,—	46,—	50,—	60,—	71,—
Mittellager geteilt für Eisentrog mit Graugußschale	5,50	6,50	7,—	7,50	8,—	8,50	9,—	10,—	11,—	12,—	13,—	17,—	18,—	19,—	21,—	26,—
Mittellager geteilt für Eisentrog mit Rotgußunterschale . . .	7,—	8,—	8,50	9,—	10,—	11,—	12,—	12,50	13,50	14,—	15,—	20,—	21,—	22,—	25,—	31,—
Trogkupplung geteilt mit Fußen und Schrauben	4,—	4,20	4,50	4,80	5,50	6,—	6,50	8,—	9,50	11,—	12,—	14,—	17,—	20,—	24,—	35,—
Trogstützen aus Gußeisen . . .	1,80	2,—	2,25	2,50	3,—	3,50	4,—	4,50	5,—	5,50	6,—	7,—	8,50	10,—	12,—	18,—
Auslaufstutzen ohne Schieber .	3,50	4,—	4,50	5,—	5,50	6,—	6,50	7,—	7,50	8,—	9,—	10,—	11,—	12,—	13,—	15,—
Auslaufstutzen mit Schieber . .	5,50	6,—	7,—	7,50	8,50	9,—	10,—	10,50	11,50	12,—	14,—	15,—	17,—	19,—	21,—	25,—

φ den Füllungsgrad, d. h. die Zahl, welche angibt, der wievielte Teil des Schneckenquerschnittes bei der Förderung mit Material gefüllt zu denken ist.

Dann ergibt sich aus der Überlegung, daß bei jeder Umdrehung das im Troge befindliche Gut um die Strecke s fortschreitet, die Leistung zu:

$$V = 60 \cdot \varphi \cdot \frac{\pi}{4} D^2 \cdot s \cdot n \quad (\text{cbm/st}) \quad . \quad . \quad . \quad . \quad (36)$$

Die Zahl φ ist um so höher einzusetzen, je kleiner die Steigung ist. Bei mittlerer Steigung kann für die kleinsten Schnecken etwa $\varphi = \frac{1}{3}$, für die größten $\varphi = \frac{1}{4}$ angenommen werden.

Die Angaben über Umdrehungszahlen wechseln in sehr weiten Grenzen. Die in Tabelle 54 enthaltenen Zahlen sind daher nur als Mittelwerte anzusehen, die zuweilen um 30 % unter- und um mehr als 100 % überschritten werden. Je langsamer die Schnecke läuft, um so größer muß ihr Durchmesser sein, um so geringer aber fallen Kraftverbrauch, Verschleiß und Schädigung des Fördergutes aus. Da die Schnecke an sich ein billiges Fördermittel ist, wird es meist unwirtschaftlich sein, die Umdrehungszahlen übermäßig hoch zu wählen, besonders bei harten Stoffen.

Die Steigung schwankt zwischen 0,5 D und 1,0 D. Für hartes und großstückiges Material ist kleine Steigung vorzuziehen, da sie eine glattere Erledigung des Fördervorganges begünstigt. Schwer beanspruchte Schnecken werden auch wohl doppelgängig ausgeführt. Im Mittel kann angenommen werden:

$$s = \frac{4}{5} D \text{ für kleine}$$

$$\text{und } s = \frac{2}{3} D \text{ für große Schnecken.}$$

Tabelle 53 gibt gebräuchliche Mittelwerte, die aber, wie erwähnt, in keiner Weise bindend sind.

Tabelle 53.

Außerer Durchmesser D (mm)	100	120	160	200	250	300	400	500	600
Steigung s (mm)	80	95	125	150	180	210	280	340	400
Umdrehungszahl n	100	90	80	70	65	60	55	50	45
Wellenstarke d (mm)	35	40	50	55	60	70	80	90	100
Leistung V (cbm/st)	1,2	1,8	3,7	5,9	10	15	31	52	76

Der Bewegungswiderstand setzt sich zusammen aus der Reibung im Troge, die sich dem Fortschreiten des Fördergutes entgegensetzt, der Reibung der Schneckenbleche am Fördergut, ferner aus Klemmwiderständen und endlich der Zapfenreibung. Theoretische Untersuchungen führen hier zu keinem Resultate. Aus den vorliegenden Angaben darf etwa geschlossen werden, daß der Kraftverbrauchskoeffizient

für Getreide . . . . $\varkappa = 3$ bis 4

für Kohle . . . . . $\varkappa = 5$ bis 7

zu setzen ist. Mit Hilfe dieser Werte läßt sich mit $Q = V \cdot \gamma$ nach der Formel (6):

$$N = \frac{\varkappa \cdot Q \cdot L}{270}$$

wenigstens ein Anhalt für die Bemessung von Motoren und Transmissionen gewinnen.

c) Anwendbarkeit.

Die Schnecke hat den Vorzug, der einfachste von allen Förderern zu sein. Der Antrieb beschränkt sich auf die Drehung einer ziemlich rasch laufenden Welle, die Bedienung auf das Schmieren einiger Lager. Äußere bewegte Teile sind nicht vorhanden, der Platzbedarf ist gering. Die Anschaffungskosten stellen sich niedrig.

Nachteilig dagegen ist, daß zwischen dem Fördergut und seiner Unterlage wie auch den fördernden Elementen stetige Reibung stattfindet, die für leicht zerreibliches Material schädlich ist. Harte, feste Stoffe lassen sich andererseits nicht gut mit Schnecken befördern, weil kleine Stückchen, die sich zwischen Schnecke und Trog einklemmen, bei der Unnachgiebigkeit der Förderelemente Betriebsstörungen und Brüche herbeiführen können. Stücke, die eine im Verhältnis zum Schneckenhalbmesser erhebliche Größe haben, führen leicht Verstopfungen herbei, indem sie sich an den Zwischenlagern festsetzen. Das gleiche kann eintreten bei Stoffen, die zum Zusammenballen neigen, indessen läßt sich hier gegebenenfalls durch Anwendung von Rührschnecken (Fig. 328) Abhilfe schaffen. Weniger leicht treten Verstopfungen auf bei Flacheisenspiralen.

Schnecken werden vorzugsweise benutzt zur Förderung von Getreide, Sägespänen, Mahlprodukten aller Art, auch solchen mineralischer Herkunft, wie Zement, ferner für viele chemische Produkte und Nußkohle.

Die Bedingungen, welche die Verwendung von Schnecken begünstigen, sind:

1. Geringe Förderlänge, da dann alle schädlichen Einflüsse zurücktreten gegenüber der Einfachheit der Anlage.

2. Sehr geringe Fördermenge, für welche andere Transportmittel ihres höheren Preises wegen unwirtschaftlich wären. Der

Kraftverbrauch ist in solchem Falle meist so gering, daß er nicht in die Wagschale fällt.

3. Schwierige Raumverhältnisse, da die Schnecke wenig Platz einnimmt, leicht gelagert werden kann und infolge des Fehlens äußerer bewegter Teile den Verkehr wenig stört.

12. Kapitel.

Förderrohre.

Die Förderrohre arbeiten ganz ähnlich wie Schnecken und unterscheiden sich von diesen nur dadurch, daß der Trog als geschlossenes Rohr ausgeführt wird und mit umläuft. Die Schraubengänge werden an der Rohrwand befestigt, und die Welle fällt fort. Während der Förderung treten starke Verschiebungen im Material und kräftige Mischwirkung auf.

a) Ausführung.

Das Förderrohr erhält gewöhnlich zylindrischen Querschnitt (Fig. 334 und 335). Die Höhe der Windungen kann etwa $b = 0{,}3\,D$ gesetzt werden. Die Blechstärken sind ebenso zu wählen, wie bei der Schnecke.

Das Fördergut wird an einem Ende durch die Rohrmitte eingeführt und tritt am anderen Ende aus. Nicht so einfach wie bei Schnecken ist die Ausbildung von Zwischenausläufen, da die Öffnungen im Rohre sich drehen.

Fig. 336 und 337 geben Einzelheiten eines Zwischenauslaufes nach Ausführung von Stotz. Auf zwei gegenüberliegenden Seiten des Rohres sind rechteckige Öffnungen von 100×180 mm lichter Weite angebracht, durch die sich das Fördergut ruckweise entleert. Zum Verschluß dient auf jeder Seite ein Schieber S, der durch die angeschraubten Flacheisen E am Abklappen verhindert und durch Flacheisen D auf der ganzen Länge seitlich geführt wird. Die Schieber sind mit Schrauben an einem Ringe R_1 befestigt, der mit dem Rohre umläuft und von einem zweiteiligen Ringe R_2 umschlossen wird, der in dem Bügel B mit Zapfen gelagert ist. Zur Schmierung der aufeinander gleitenden Ringflächen dient eine in dem höchsten Punkt von R_2 eingeschraubte Staufferbüchse. Um den Schieber während des Ganges zu öffnen oder zu schließen, hat man den Bügel B zu verschieben.

Sueß verwendet nach Fig. 338 bis 341 statt eines runden, ein quadratisches Rohr[1]) und ersetzt das Gewinde durch an allen vier

[1]) D. R. P. 162994.

Seiten angebrachte schräggestellte Platten, die etwa die Hälfte jeder Seite einnehmen, so daß, wie aus Querschnitt $B—B$ ersichtlich, die Ecken E_1, E_2, E_3, E_4 frei bleiben. Befindet sich alles Material augenblicklich in dem Eckraum E_1, so wird bei einer Drehung im Sinne des Pfeiles die untere, jetzt wagerechte Quadratseite sich

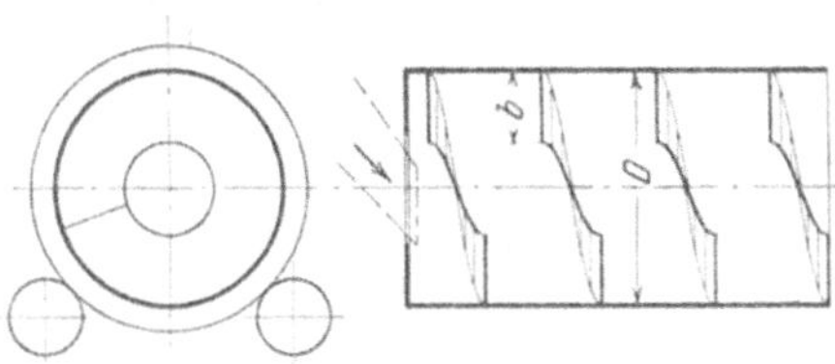

Fig. 334 und 335.

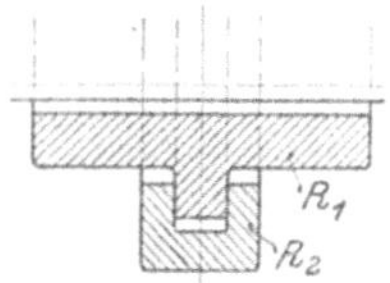

Fig. 337.

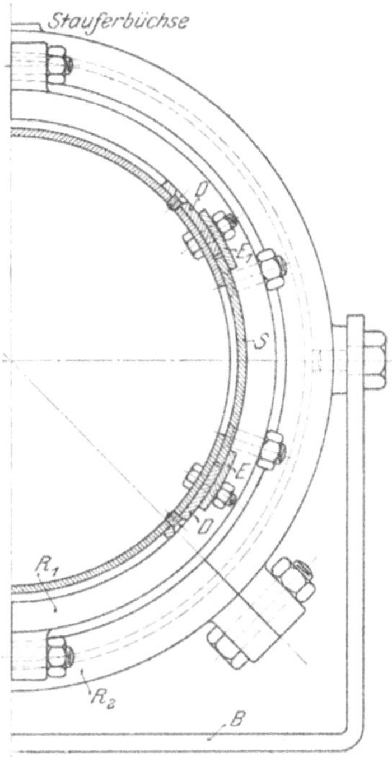

Fig. 336.

neigen, so daß das Material über die schrägen Bleche hinweg nach E_2 zu fällt und dabei um die Steigung der Bleche nach vorn ge-

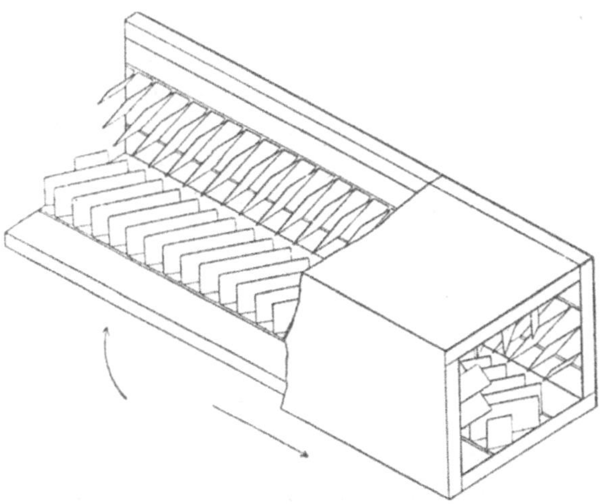

Fig. 338.

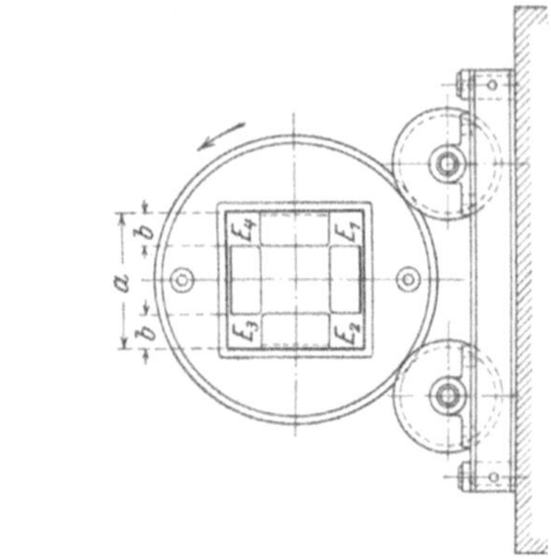

Fig. 341. Querschnitt B — B.

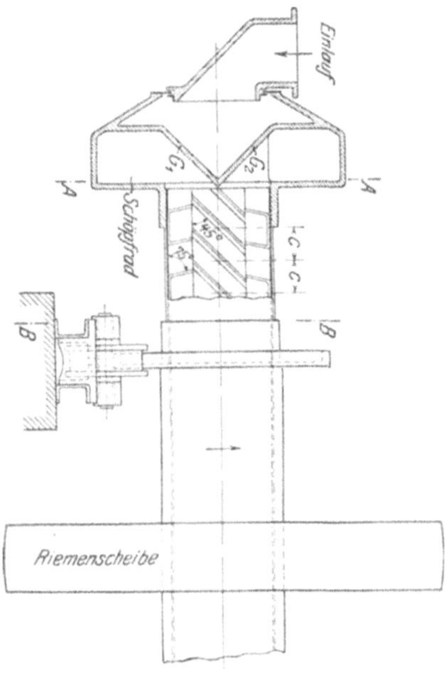

Fig. 339.

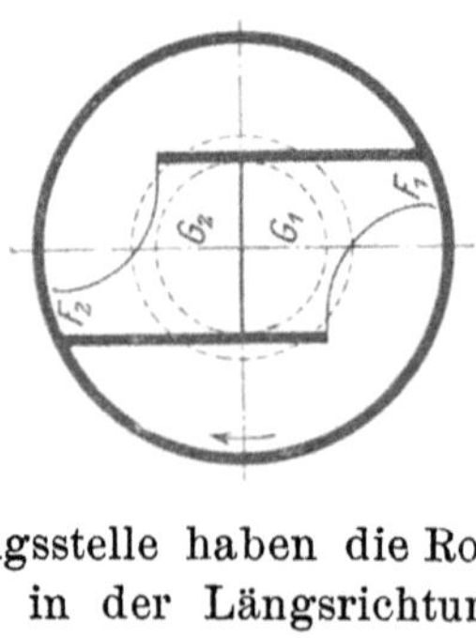

Fig. 340. Schnitt A — A.

worfen wird. Derselbe Vorgang tritt bei jeder Vierteldrehung ein.

Das auf solche Weise hergestellte unterbrochene Gewinde kann sehr große Steigung erhalten, wie sie mit gebogenen Blechen gar nicht ausführbar wäre. In Fig. 339 beträgt die Steigung, d. h. der Weg, um den ein regelrecht sich bewegender Körper bei einer Umdrehung fortschreitet, etwa das 1,7 fache der Quadratseite a. Ein solches Gewinde, einfach ausgeführt, würde indessen wenig Material fördern, und es ist daher die Teilung c nur gleich $^1/_5$ der Steigung gemacht, also fünfgängiges Gewinde angewandt worden.

Zum gleichmäßigen Einfüllen des Materials dient ein Schöpfrad, das nach Schnitt A — A mit der jeweilig unteren Ecke F_1 oder F_2 das zufallende Material hebt, so daß dieses nachher über die schräge Fläche G_1 bzw. G_2 dem Rohre von oben zugeführt wird. Das Schöpfrad ist durch einen quadratischen Ansatz starr mit dem Rohrende verbunden.

Das quadratische Rohr ist ebenso wie das runde mit Ringen versehen, die sich auf festgelagerte Rollen stützen. An der äußersten Unterstützungsstelle haben die Rollen Spurkränze, die eine Bewegung des Rohres in der Längsrichtung verhindern. Die Tragringe werden gleichzeitig als Kupplungen benutzt, um die einzelnen Rohrstücke miteinander zu verbinden. Sie sind mit elastischen Zwischenlagen versehen, die kleine Montagefehler ausgleichen.

Die Ausführung für Deutschland haben Gebr. Pfeiffer, Kaiserslautern, übernommen.

b) Bestimmung der Hauptabmessungen und des Kraftverbrauchs.

Die Leistung runder Förderrohre ist wie die der Schnecken aus der Formel:

$$V = 60 \cdot \varphi \cdot \frac{\pi}{4} \cdot D^2 \cdot s \cdot n \text{ (cbm/st)} \quad . \; . \; . \; . \quad (36)$$

zu berechnen.

Der Füllungsgrad φ schwankt auch hier zwischen $\frac{1}{3}$ und $\frac{1}{4}$.

Große Steigung ist dem Abgleiten des Fördergutes an den Gängen hinderlich, begünstigt also die Neigung des Materials, mit dem Rohre umzulaufen. Daher ist die Steigung niedriger zu wählen, als bei Schnecken. Dieselbe Wirkung haben hohe Umlaufgeschwindigkeiten. Das Material wird stets eine Strecke weit von dem Mantel des Rohres mit in die Höhe genommen. Wächst die Geschwindigkeit, so geht die Mitnahme so weit, daß ein Teil des Gutes von oben wieder in den vorhergehenden Schneckengang zurückfällt, so daß die Förderung sinkt. Wird endlich die Geschwindigkeit soweit gesteigert, daß im höchsten Punkte die Zentrifugalkraft gleich der Schwerkraft ist, so läuft das Material mit dem Rohre um, und die Förderung hört vollständig auf. Dieser Grenzfall tritt ein bei:

$$g = \omega^2 \cdot r = \left(\frac{2\pi \cdot n}{60}\right)^2 \cdot r.$$

Mit $r = \frac{1}{2} D$ ergibt sich aus dieser Formel die kritische Umlauf zahl zu:

$$n_0 = \frac{42,3}{\sqrt{D}}.$$

Nach Mitteilungen von Zimmer[1]) über Versuche mit Getreide scheint es, daß die größte Leistung etwa bei $n = 0,75\, n_0$ erreicht wird. Mit Rücksicht auf Abnutzung und Kraftverbrauch wird es aber in der Regel zweckmäßig sein, einen geringeren Wert zu wählen, etwa

$$n = 0,5\, n_0 = \frac{21}{\sqrt{D}} \quad . \; . \; . \; . \; . \; . \; . \quad (37)$$

---

[1]) S. 42 und 43.

Hiermit sind die folgenden Werte berechnet:

Tabelle 54.

Zylindrische Förderrohre.

Rohrdurchmesser D (mm).	200	300	400	500	600
Steigung s (mm)	100	150	200	250	300
Umdrehungszahl n . . .	47	38	33	30	27
Leistung V (cbm/st) . .	2,5	7	14	25	40

Ein quadratisches Förderrohr leistet wegen der großen Steigung mehr als ein rundes von demselben Querschnitt. Infolge der geringen Höhe der Windungen muß allerdings bei einigermaßen starker Füllung der Fördervorgang sich ziemlich weit von dem reinen Fortschreiten entfernen, da ein Teil des im Aufsteigen begriffenen Materials den falschen, weiter zurückliegenden Gewindegängen zufällt. Als normale Umlaufzahlen und Leistungen werden für Schlackenzement, der 950 kg/cbm wiegt, angegeben:

Tabelle 55.

Quadratische Förderrohre.

Lichte Rohrweite D (mm)	180/180	240/240	300/300
Normale Umdrehungszahl n	50	45	40
Leistung (t/st) etwa	7	13	26

Mit $s = 1{,}7\,d$ ergeben diese Zahlen etwa $\varphi = \frac{1}{4{,}5}$. Der Füllungsgrad zeigt hier natürlich nicht mehr den wirklich vom Fördergute gefüllten Teil des Querschnittes an, sondern hat nur noch ideelle Bedeutung.

Inbezug auf den Kraftverbrauch steht das Förderrohr insofern günstiger da als die Schnecke, als keine Klemmungen auftreten können. Ungünstig wirkt dagegen der Umstand, daß das Gut unter dem Einfluß der Reibung und der Zentrifugalkraft eine Strecke weit in die Höhe genommen wird, um immer wieder herunterzufallen, ein Vorgang, wie er bei Kugelmühlen und Mischmaschinen behufs Zerkleinerung und Mischung des Materials hervorgerufen wird. Der hierzu erforderliche Arbeitsaufwand muß mit wachsender Umdrehungszahl zunehmen.

Über runde Förderrohre ist mir nur ein Versuch bekannt.[1]) Ein Rohr von 762 mm Durchmesser mit Gewinde von 305 mm

[1]) Zimmer, S. 43.

Steigung förderte bei 36 Umdrehungen ($= 0{,}75\, n_0$), wobei das Fördergut ungefähr bis zu 130 mm über die Mitte des Rohres mitgenommen wurde, rund 80 t Weizen in der Stunde, und verbrauchte dabei 1,3 PS auf 1 m Länge. Demnach war

$$\varkappa = \frac{270 \cdot 1{,}3}{80 \cdot 1} = 4{,}4.$$

c) Anwendbarkeit.

Das Förderrohr wird in ähnlichen Fällen angewandt wie die Schnecke. Es hat dieser gegenüber den Vorzug, daß keine gegeneinander sich bewegenden starren Teile vorhanden und daher Klemmungen ausgeschlossen sind. Demnach ist das Förderrohr betriebssicherer, dafür aber teurer als die Schnecke. Es bringt eine vorzügliche Mischung des geförderten Gutes hervor.

Das Material wird zuweilen während des Transportes mittels eines durch den inneren freien Raum gesaugten Luftstromes gekühlt oder getrocknet.

Das Förderrohr kann durch Zugstangen ringsum versteift und so auf eine längere Strecke, z. B. zwischen zwei Gebäuden, frei tragend geführt werden.

13. Kapitel.

Schubrinnen.

Die Schubrinnen in ihrer gewöhnlichen Ausführung bestehen aus einem festgelagerten Troge, in dem sich Schaufeln hin- und herbewegen, die beim Hingang das Fördergut vor sich herschieben, beim Rückgang dagegen aus dem Material herausgezogen werden. Die Schaufeln sind angeschlossen an eine durch eine Kurbel bewegte Stange. Die verschiedenen Konstruktionen unterscheiden sich hauptsächlich durch die Art und Weise, wie die Schaufel für den Rückgang frei gemacht wird.

Am einfachsten geschieht dies durch gelenkige Aufhängung (Fig. 342 bis 344).[1] Die Schaufeln klappen beim Rückgang von selbst in die Höhe und graben sich beim Vorgang durch ihr Eigengewicht wieder in die Kohle ein.[2] Sie können nach Fig. 342 und 343 an einem genügend steifen Rohre, oder nach Fig. 344 an einem durch zwei Winkeleisen mit Querverkreuzung gebildeten flachen Rahmen aufgehängt sein. Die bewegten Teile werden von Rollen gestützt.

---

[1]) Vgl. auch Buhle, Techn. Hilfsmittel III, S. 11. Schubrinne von Heyl und Patterson.

[2]) Vgl. auch D. R. P. 176589.

Gebr. Commichau befestigen die Schaufeln starr an einer Welle, die bei jedem Hubwechsel um 180^0 gedreht wird. Der Trog erhält

Fig. 342. Schubrinne von Fredenhagen.

dementsprechend halbkreisförmigen Querschnitt. Da die Doppelbewegung der Welle konstruktiv weniger einfach auszuführen ist,

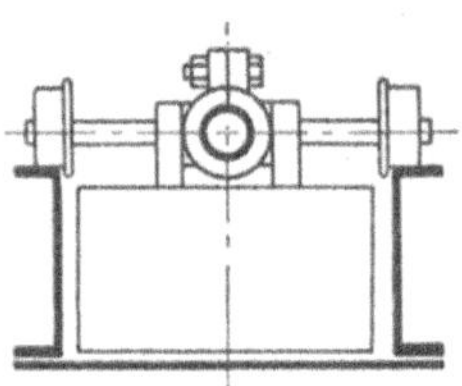

Fig. 343.

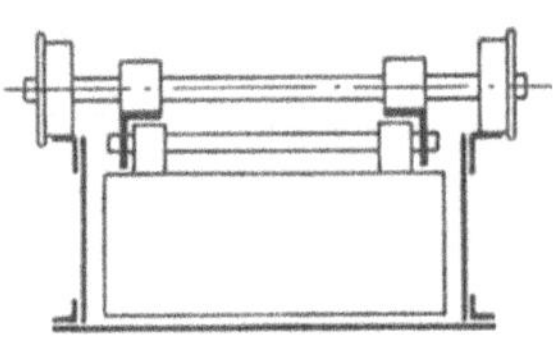

Fig. 344.

so wird bei kleineren Längen die hin- und hergehende Bewegung der auf Rollen gelagerten Rinne zugeteilt, wie in Fig. 345 bis 348 dargestellt.

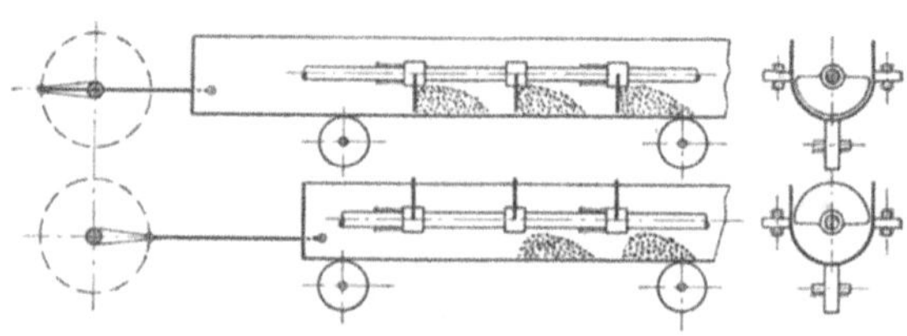

Fig. 345 bis 348.

Bei Berechnung der Abmessungen ist zu beachten, daß bei jedem Hube etwas Material zurückbleibt, sowie, daß die volle Förderwirkung erst beginnt, wenn sich beim Vorwärtsgang die Schaufel ganz eingegraben, bzw. der zu jeder Schaufel gehörige Haufen, der beim Herausziehen auseinander gefallen ist, wieder seine richtige Gestalt angenommen hat. Daraus ergibt sich ein Hubverlust, der durch Einführung eines Lieferungskoeffizienten berücksichtigt werden soll. Die Größe dieses Koeffizienten kann für jede Bauart und jedes Material leicht durch einen Versuch festgestellt werden.

Bezeichnet h (m) den Hub und ψ den Lieferungsgrad, so ergibt sich die Förderleistung zu:

$$Q = 3{,}6 \cdot \psi \cdot \frac{i}{a} \cdot \gamma \cdot \frac{h \cdot n}{60} \quad \ldots \ldots \quad (38)$$

Bei der Wahl von n und h sind, wie bei allen anderen Fördermitteln, Anlagekosten und Abnutzung in Betracht zu ziehen. Eine Grenze wird der Steigerung der Arbeitsgeschwindigkeit durch die Rücksicht auf die Beschleunigung der hin- und hergehenden Antriebsteile sowie des Fördergutes gesetzt.

Für den Abstand der Schaufeln gilt das über Kratzer Gesagte, ebenso für die Bestimmung der Querschnittsabmessungen aus dem berechneten Werte von i. Doch ist hier volle Belastung der Schaufel am Platze.

Über den Kraftverbrauch habe ich keine Angaben erhalten können. Es ist klar, daß er höher sein muß, als bei Kratzern, weil durch die bei jedem Hube aufzuwendende Beschleunigungsarbeit und durch die bei Einführung des Lieferungskoeffizienten erörterten Umstände Verluste entstehen, ferner auch dadurch, daß sich während der Arbeitspausen zwischen Fördergut und Unterlage der Zustand der Ruhe herstellt, so daß zu Beginn jedes Hubes mit einem wesentlich erhöhten Verschiebungswiderstand gerechnet werden muß.

Die Schubrinne kann als Ersatz für die Schnecke gelten. Die Anlagekosten sind höher, der Kraftverbrauch vermutlich etwas geringer als bei der Schnecke, während die Kosten für Wartung und Unterhaltung für beide etwa auf den gleichen niedrigen Betrag geschätzt werden dürfen.

Die Schubrinne tritt an die Stelle der Schnecke hauptsächlich dann, wenn es sich um Material handelt, das zum Backen neigt, oder in dem harte Brocken enthalten sind. Stücke von großen Abmessungen allerdings stören den Fördervorgang, weil sie das Eingraben der Schaufeln verhindern.

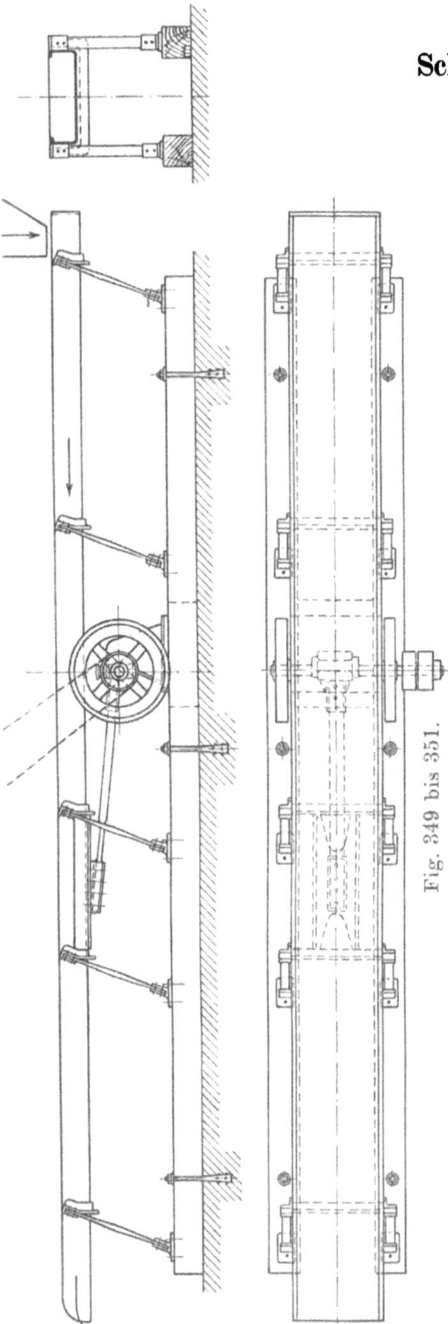

Fig. 349 bis 351.

14. Kapitel.

Schwingeförderrinnen.

Allen Schwingeförderrinnen gemeinsam ist, daß die Antriebskraft auf das am Boden eines sich hin- und herbewegenden Troges liegende Material durch Reibung übertragen wird. Ein Unterschied besteht darin, daß der Auflagedruck des Rinneninhaltes bei der einen Gattung, den sogenannten „Schüttelrinnen“, veränderlich, bei der anderen, den „Propellerrinnen“ von Marcus, konstant ist, nämlich gleich dem Gewichte des Körpers.

a) Wirkungsweise der Schüttelrinnen.

Der Auflagedruck ändert sich stetig infolge schnell aufeinanderfolgender Hebungen und Senkungen des Troges. Wie die Fig. 349 bis 352 zeigen, stützt sich die Rinne auf schrägstehende Stäbe und erhält so, von einer rasch laufenden Kurbel angetrieben, ihre eigentümliche Bewegung.[1]) Die Wirkungsweise läßt sich am besten durch ein Beispiel erläutern. Es sei:

der Kurbelradius

$r = 0{,}015$ m,

die minutliche Umlaufzahl

$n = 400$,

[1]) Vgl. auch D. R. P. 175486.

also die Geschwindigkeit des Kurbelzapfens

$$c = \frac{2\pi \cdot 0{,}015 \cdot 400}{60} = 0{,}628 \text{ m/sek},$$

der Neigungswinkel der Stützfedern gegen die Vertikale

$$\alpha = 20^0,$$

$$\text{demnach } \operatorname{tg}\alpha = 0{,}364,$$

Fig. 352. Schüttelrinne von Stotz.

der Reibungskoeffizient des geförderten Gegenstandes gegenüber der Rinne $f = 0{,}4$.

Der Ausschlag der Rinne ist sehr klein gegenüber der Länge der Pleuelstange und der Stützfedern, die deshalb als unendlich lang angesehen werden dürfen. Ein Punkt der Rinne bewegt sich also nach Fig. 353 auf einer unter dem $\sphericalangle\,\alpha$ gegen die Horizontale geneigten Geraden $a_1\,b_1$. Die Antriebswelle liege in einer Horizontalen mit dem Angriffspunkt der Pleuelstange, eine vereinfachende Annahme, die praktisch im allgemeinen nicht zutreffen wird, aber nur geringen Einfluß auf das Rechnungsergebnis hat.

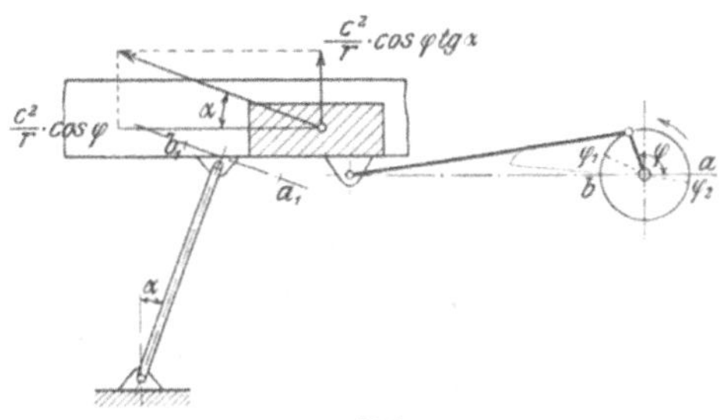

Fig. 353.

Die horizontale Beschleunigung der Rinne bei einem bestimmten Drehwinkel φ ist $\frac{c^2}{r} \cdot \cos\varphi$ und, wie aus Fig. 353 hervorgeht, die vertikale Beschleunigung $\frac{c^2}{r} \cdot \cos\varphi \cdot \operatorname{tg}\alpha$. Der Auflagedruck des in der Rinne sich bewegenden Kernes vom Gewichte G beträgt daher:

$$N = G + \frac{G}{g} \cdot \frac{c^2}{r} \cdot \cos\varphi \cdot \operatorname{tg}\alpha.$$

Am größten ist N für $\varphi = 0$, wo $\cos\varphi = 1$, am kleinsten für $\varphi = \pi$, wo $\cos\varphi = -1$ wird. Für diese beiden Kurbelstellungen ergibt sich im vorliegenden Fall:

$$N = G\left(1 \pm \frac{0{,}628^2}{9{,}81 \cdot 0{,}015} \cdot 0{,}364\right) = 1{,}975\,G \text{ bzw. } 0{,}025\,G.$$

Bei geringer Vergrößerung der Umlaufzahl wäre das zweite Glied in der Klammer > 1, also der Auflagedruck im Hubwechsel b negativ, d. h. der Kern würde sich von der Rinne abheben und eine springende Bewegung machen.

Der Gleitwiderstand des Kernes bei einem beliebigen $\measuredangle\,\varphi$ ist:

$$R = f \cdot N = f\left(G + \frac{G}{g}\frac{c^2}{r} \cdot \cos\varphi \cdot \operatorname{tg}\alpha\right).$$

Diese Kraft allein beeinflußt die Bewegung des Kernes in horizontaler Richtung, indem sie sich dem Gleiten auf dem Rinnenboden widersetzt. Sie beschleunigt den Kern, solange die Geschwindigkeit der Rinne größer ist, und verzögert ihn, sobald er der Rinne vorauseilt. Die positive bzw. negative Beschleunigung des Kernes durch die Reibung beträgt:

$$p = \frac{R}{m} = \frac{f\left(G + \frac{G}{g}\frac{c^2}{r} \cdot \cos\varphi \cdot \operatorname{tg}\alpha\right)}{\frac{G}{g}}$$

$$p = f\left(g + \frac{c^2}{r} \cdot \cos\varphi \cdot \operatorname{tg}\alpha\right) \quad \ldots\ldots\ldots \quad (39)$$

Dieser Wert ist maßgebend für die Bewegung des Kernes, da er die höchste erreichbare Beschleunigung darstellt. Die horizontale Beschleunigung oder Verzögerung der Rinne selbst kommt nur dann in Frage, wenn einmal Rinne und Kern sich gemeinsam, also mit gleicher Geschwindigkeit bewegen, und die Beschleunigung der Rinne $< p$ ist. Das kann aber in allen praktischen Fällen, wie bei näherer Verfolgung des Vorgangs leicht nachzuweisen ist, in keinem Augenblick eintreten.

Mit Einsetzung der gegebenen Größen findet sich:

$$p = 3{,}92 + 3{,}83 \cdot \cos\varphi \quad \ldots\ldots\ldots \quad (40)$$

In Fig. 354 sind die hieraus berechneten Werte von p aufgetragen, bezogen auf den Drehwinkel φ. Fig. 355 enthält die Kurven der Geschwindigkeiten von Rinne und Kern. Erstere ($= c \cdot \sin \varphi$) ist voll ausgezogen, letztere gestrichelt gezeichnet. Sie gilt für den ersten Umgang der Rinne und ist aus den weiter unten entwickelten Gleichungen berechnet.

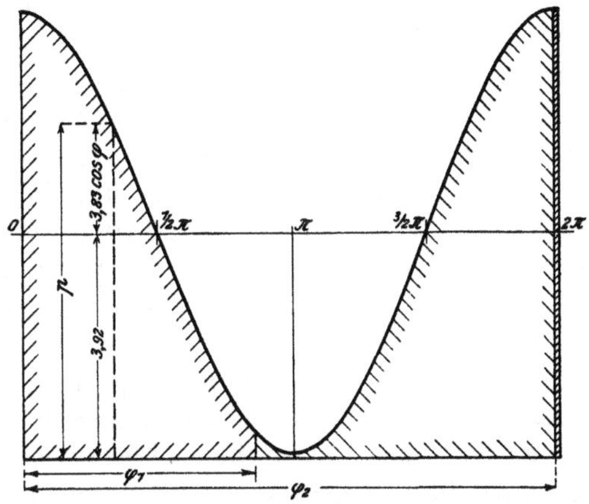

Fig. 354.

Nehmen wir bei Betrachtung des Fördervorganges zunächst an, daß bei $\varphi = 0$ der Kern in Ruhe ist, so muß er zu Beginn der Kurbeldrehung ziemlich rasch beschleunigt werden, ohne zunächst die Geschwindigkeit der Rinne zu erreichen. Dies kann erst im zweiten Quadranten eintreten, wenn die Rinne sich wieder verzögert hat, etwa bei dem $\measuredangle \varphi_1$. Für die hier erreichte Kerngeschwindigkeit v_1 gibt die Fläche über $\overline{0\,\varphi_1}$ in Fig. 354 ein Maß. Ihr Inhalt ist

$$\int_0^{\varphi_1} p\,d\varphi = \omega \int_0^{\varphi_1} p\,dt = \omega \cdot v_1,$$

wenn mit ω die konstante Winkelgeschwindigkeit der Kurbel bezeichnet wird. Die Fläche ist also proportional der Kerngeschwindigkeit.

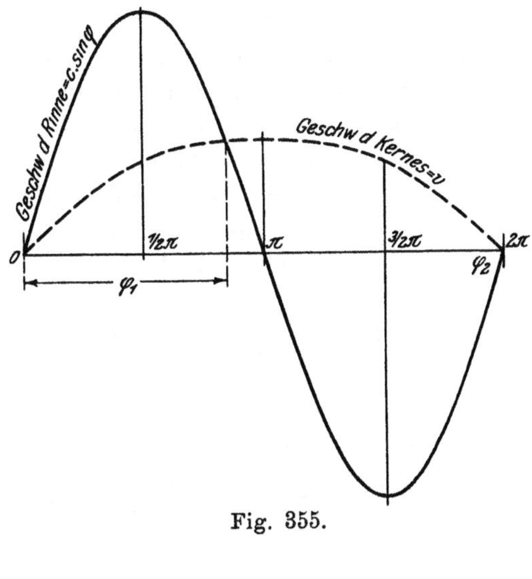

Fig. 355.

Von jetzt an eilt der Kern der Rinne vor, wird also verzögert, aber, wie Fig. 355 zeigt, in sehr geringem Maße, da die Beschleunigung der Rinne nach unten an dieser Stelle sehr groß und infolgedessen der Auflagedruck und die Reibung klein sind. Bei der Weiterdrehung der Kurbel über π hinauswächst die Verzögerung, und der Kern wird zur Ruhe kommen, wenn der Inhalt der links steigend schraffierten Fläche, der die negative Beschleunigungswirkung darstellt, gleich dem der positiven, rechts steigend schraffierten Fläche geworden ist. Wie aus der Gestalt der Kurve leicht ersichtlich, kann dies erst sehr spät, kurz vor dem Hubwechsel, eintreten. Der Rest des Rücklaufs dient nun dazu, den Kern zunächst rückwärts in Bewegung zu setzen, bis seine Geschwindigkeit bei $\sphericalangle \varphi_2$ gleich der der Rinne ist, und ihn dann wieder zu bremsen, so daß er bei $\varphi = 2\pi$ eine gewisse geringe Geschwindigkeit nach rückwärts hat. Beim Beginn des Vorlaufs wird diese zunächst vernichtet, was infolge der anfänglich starken verzögernden Wirkung sehr bald geschieht, und dann der Kern wieder vorwärts bewegt. Die während der Beschleunigungsperiode erreichte Geschwindigkeit v_1 muß jetzt, beim zweiten Umlauf, naturgemäß etwas kleiner, also φ_1 größer sein, als vorher. Dementsprechend wird die Rücklaufgeschwindigkeit größer und φ_2 kleiner. Bei dem nächsten Hube tritt derselbe Vorgang ein, indem φ_1 nach rechts, φ_2 nach links rückt, solange bis ein Beharrungszustand erreicht, also die negative Beschleunigungswirkung gleich der positiven geworden ist, oder die beiden schraffierten Flächen über $\varphi_1 \varphi_2$ und $\varphi_2 \varphi_1$ denselben Inhalt haben. Erheblich größere Werte kann die Rücklaufgeschwindigkeit dabei nicht annehmen. Da nämlich die Fläche $\varphi_1 \pi$ gleich der über $\varphi_2 \, 2\pi$ werden muß, die erstere aber sich beständig verkleinert, so wird, wie aus der Figur leicht hervorgeht, die Streke $\varphi_2 \, 2\pi$ und damit die negative Geschwindigkeit sehr klein bleiben.

Nimmt man an, daß beim Anlauf der Kurbelzapfen statt in *a* sich in *b* befindet (Fig. 353), so tritt ein ähnlicher Vorgang ein, der mit Hilfe des Diagrammes, Fig. 354, leicht zu verfolgen ist. Der Beharrungszustand wird jetzt von der entgegengesetzten Seite her, aber erst nach längerer Zeit, erreicht.

Für das vorliegende Beispiel ergibt sich unter Festhaltung der obigen Voraussetzung, daß nämlich bei $\varphi = 0$ der Kern in Ruhe war, und mit Benutzung von Gleichung (40) die Geschwindigkeit des Kernes an beliebiger Stelle:

$$v = \int p\,dt = \frac{r}{c}\int_0^\varphi p\,d\varphi = \frac{0{,}015}{0{,}628}\int_0^\varphi (3{,}92 + 3{,}83 \cdot \cos\varphi)\,d\varphi$$

$$v = 0{,}0937 \cdot \varphi + 0{,}0914 \cdot \sin\varphi \quad . \; . \; . \; . \; . \; . \; . \; . \; . \quad (41)$$

Nach dieser Gleichung ist der erste Teil der in Fig. 355 eingetragenen Kurve für v bestimmt. Sie ergibt z. B. für $\varphi = \frac{\pi}{2}$:

$$v = 0{,}0937 \cdot \frac{\pi}{2} + 0{,}0914 \cdot 1 = 0{,}238 \text{ m/sek.}$$

Es ist jetzt der $\sphericalangle \varphi_1$ zu ermitteln, bei dem Gleichheit der Geschwindigkeiten von Rinne und Kern eintritt. Erstere ist:

$$c \cdot \sin\varphi = 0{,}628 \cdot \sin\varphi$$

Somit gilt;

$$0{,}628 \cdot \sin\varphi_1 = 0{,}0937 \cdot \varphi_1 + 0{,}0914 \cdot \sin\varphi_1 .$$

Daraus findet sich:

$$\varphi_1 = 2{,}66 \; (= 152^0\, 20'), \quad \sin\varphi_1 = 0{,}464$$

und

$$v_1 = 0{,}628 \cdot 0{,}464 = 0{,}291 \text{ m/sek.}$$

Im weiteren Verlauf eilt der Kern vor, wird also verzögert, und das bisherige Bewegungsgesetz verliert seine Gültigkeit. An seine Stelle tritt die Gleichung:

$$v = v_1 - \int_{\varphi_1}^{\varphi} p\,dt = v_1 - \int_0^{\varphi} p \cdot dt + \int_0^{\varphi_1} p \cdot dt ,$$

oder, da das letzte Glied wieder $= v_1$ ist:

$$v = 2\, v_1 - \int_0^{\varphi} p \cdot dt$$

$$v = 2 \cdot 0{,}291 - (0{,}0937\,\varphi + 0{,}0914 \sin\varphi) \quad . \quad . \quad . \quad (42)$$

Das ergibt z. B. für den Hubwechsel mit $\varphi = \pi$, $\sin\varphi = 0$:

$$v_b = 0{,}288 \text{ m/sek.}$$

Die Geschwindigkeit hat also auf der Strecke von φ_1 bis π nur wenig abgenommen.

Nunmehr ist $\sphericalangle \varphi_2$ zu bestimmen, bei dem die negativen Geschwindigkeiten übereinstimmen. Dazu dient die Gleichung:

$$0{,}628 \cdot \sin\varphi_2 = 2 \cdot 0{,}291 - 0{,}0937\,\varphi_2 - 0{,}0914 \cdot \sin\varphi_2 .$$

$$\varphi_2 = 6{,}275 \; (= 359^0\, 32'), \quad \sin\varphi_2 = -0{,}008 .$$

Die Geschwindigkeit ist also in diesem Augenblicke:

$$v_2 = -0{,}628 \cdot 0{,}008 = -0{,}005 \text{ m pro Sek.}$$

Bis zum Hubwechsel wird die rückläufige Geschwindigkeit noch bis auf $\qquad v_a' = -0{,}0035$ m

verzögert, eine Größe, die praktisch fast verschwindet. Für den Gleichgewichtszustand können sich demnach die Verhältnisse nicht mehr wesentlich verschieben, da die zuerst gemachte Annahme: $v = 0$ bei $\varphi = 0$ angenähert zutrifft. Eine absolut genaue Ermittelung des Beharrungszustandes ist nur durch Probieren möglich.

Für den Kern läßt sich nun weiter der während eines Hubes zurückgelegte Weg bestimmen, wenn man die Einzelwege während der verschiedenen Perioden aus der Formel

$$s = \int v\,dt = \frac{r}{c}\int v \cdot d\,\varphi$$

berechnet. Das soll im vorliegenden Falle angenähert geschehen, indem für die Strecke von 0 bis φ_1 die Gleichung (41), für die Strecke φ_1 bis 2π Gleichung (42) als gültig angenommen wird. Beides trifft mit großer Annäherung zu, bei andern Rechnungsgrundlagen, die größere Rücklaufgeschwindigkeit ergeben, wäre diese Annahme natürlich verkehrt.

Der Weg für die Strecke 0 bis $\varphi_1 = 2{,}66$ ist:

$$s_1 = \frac{r}{c}\int_0^{\varphi_1} (0{,}0937\,\varphi + 0{,}0914 \cdot \sin\varphi)\,d\,\varphi$$

$$= \frac{0{,}015}{0{,}628}\left[\frac{1}{2}\,0{,}0937 \cdot 2{,}66^2 - 0{,}0914\,(\cos 2{,}66 - \cos 0)\right]$$

$$s_1 = 0{,}0120 \text{ m}.$$

Für die Strecke von φ_1 bis 2π dagegen gilt:

$$s_2 = \frac{r}{c}\int_{\varphi_1}^{2\pi} (0{,}582 - 0{,}0937\,\varphi - 0{,}0914 \cdot \sin\varphi)$$

$$s_2 = 0{,}0181 \text{ m}.$$

Also ist der Gesamtweg während eines Hubes:

$$s = s_1 + s_2 = 0{,}0301 \text{ m}.$$

Mit $n = 400$ folgt dann die mittlere Geschwindigkeit des Kernes:

$$v_m = 0{,}0301\,\frac{400}{60} = \mathbf{0{,}20} \text{ m/sek.}$$

Um den Vorgang auch in einem weniger einfachen Falle einigermaßen klar zu stellen, wurde die Rechnung für folgende Verhältnisse durchgeführt:

$$r = 0{,}015 \text{ m}, \quad n = 350, \quad \operatorname{tg} a = 0{,}285, \quad f = 0{,}4.$$

Geht man wieder davon aus, daß bei $\varphi = 0$ die Kerngeschwindigkeit $v_a = 0$ ist, so ergibt sich, wenn wieder mit φ_1 und φ_2 die Winkel im zweiten und vierten Quadranten bezeichnet werden, in denen die Geschwindigkeiten von Kern und Rinne gleich sind, für den ersten Umlauf:

$$\varphi_1 = 146^0\,20' \qquad v_1 = 0{,}305 \text{ m/sek}$$

$$\varphi_2 = 354^0\,50' \qquad v_2 = -0{,}0495 \text{ m/sek}.$$

Diese Geschwindigkeit vermindert sich bei $\varphi = 2\pi$ auf:

$$v_a' = -0{,}035 \text{ m/sek},$$

behält also noch einen ziemlich erheblichen Wert, der den zweiten Umlauf stark beeinflußt. Für denselben findet sich:

$$\varphi_1' = 150^0\,20' \qquad v_1' = 0{,}278 \text{ m/sek}$$
$$\varphi_2' = 353^0\;\;0' \qquad v_2' = -0{,}067 \text{ m/sek}$$
$$v_a'' = -0{,}046 \text{ m/sek}.$$

Dritter Umgang:

$$\varphi_1'' = 151^0\;\;0' \qquad v_1'' = 0{,}266 \text{ m/sek}$$
$$\varphi_2'' = 352^0\,30' \qquad v_2'' = -0{,}072 \text{ m/sek}$$
$$v_a'' = -0{,}050 \text{ m/sek}.$$

Die hierbei zurückgelegten Wege entsprechen einer mittleren Geschwindigkeit von:

$$v_m = 0{,}173 \text{ m/sek beim ersten Umlauf,}$$
$$v_m' = 0{,}148 \text{ m/sek beim zweiten Umlauf,}$$
$$v_m'' = 0{,}136 \text{ m/sek beim dritten Umlauf.}$$

Setzt man $v_a = -0{,}051$ ein, so ergibt sich

$$\varphi_1 = 151^0\,30' \qquad v_1 = 0{,}262 \text{ m/sek}$$
$$\varphi_2 = 352^0\,20' \qquad v_2 = -0{,}074 \text{ m/sek}$$
$$v_a' = -0{,}051 \text{ m/sek}.$$

Also ist jetzt $v_a' = v_a$, die Anfangsgeschwindigkeit ändert sich nicht mehr, und der Beharrungszustand ist erreicht. Die mittlere Geschwindigkeit wird

$$\boldsymbol{v_m = 0{,}132} \text{ m/sek}.$$

Die Geschwindigkeiten von Kern und Rinne im Beharrungszustand sind in Fig. 356 aufgetragen.

In der Praxis ist zu Rechnungen, wie sie hier durchgeführt sind, meist keine Zeit vorhanden, die Fördergeschwindigkeit muß daher nach den weiter unten folgenden Angaben näherungsweise bestimmt werden.

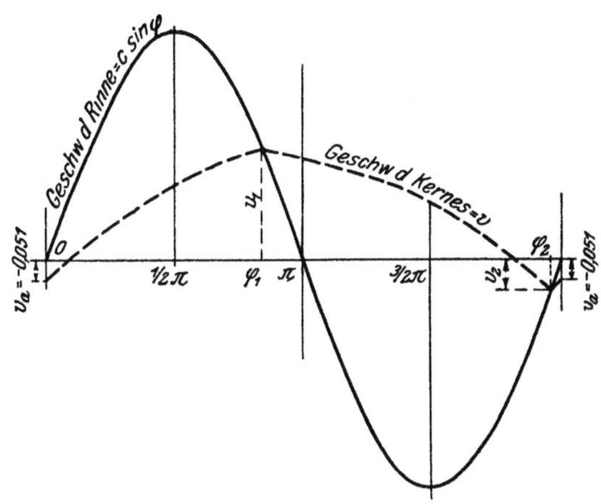

Fig. 356.

b) Ausführung der Schüttelrinnen.

Bei der Ausführung der Schüttelrinne ist besonders darauf Rücksicht zu nehmen, daß die Massendrücke möglichst niedrig gehalten und sicher übertragen werden.

Die Rinne selbst wird, wie Fig. 351 zeigt, unter Ausschluß von Winkelverbindungen aus dünnem Blech durch Biegen hergestellt. Die Bordwände erhalten durch Umbiegen des oberen Randes seitliche Steifigkeit. Die Blechstärke wird durch die Rücksicht auf Ab-

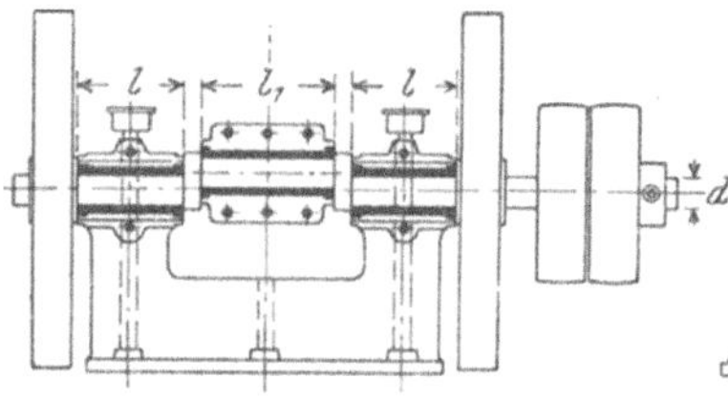

Fig. 357.

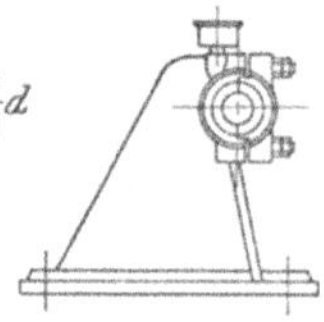

Fig. 358.

nutzung bestimmt. Sie schwankt zwischen 1 mm — für leichte Mahlprodukte und schmale Rinnen — und 4 mm für größere Koksrinnen. Kohle erfordert 2 bis 3 mm Wandstärke.

Zur Unterstützung dienen Federn aus Stahl oder Eschenholz, die mit der Rinne durch Winkeleisen, mit den Tragbalken durch gußeiserne Füße verbunden sind. Bei schweren Rinnen werden sie durch Gelenkstangen aus Rundeisen ersetzt (Fig. 352).

Der Antrieb (Fig. 357 und 358) muß der Massenwirkungen wegen sehr starr ausgeführt werden.

Die Welle ist zu beiden Seiten der durch Kröpfung mit 10 bis 20 mm Radius hergestellten Kurbel in kräftigen Böcken gelagert, die am besten auf einer gemeinsamen Grundplatte montiert bzw. in einem Stück gegossen werden. Seitlich neben der Rinne pflegen Fest- und Losscheibe, sowie auf jeder Seite ein Schwungrad angebracht zu sein. Der Pleuelstangenkopf wird, ebenso wie die Lager, breit gehalten und mit Weißmetall ausgegossen. Die Stange selbst ist ein federnder Holzstab, der in einen mit dem dünnen Rinnenblech durch zahlreiche Nieten verbundenen Schuh fest eingesetzt wird, oder ein Flach- bzw. Rundeisen, das mittels Spiralfeder an der Rinne angreift (Fig. 359).

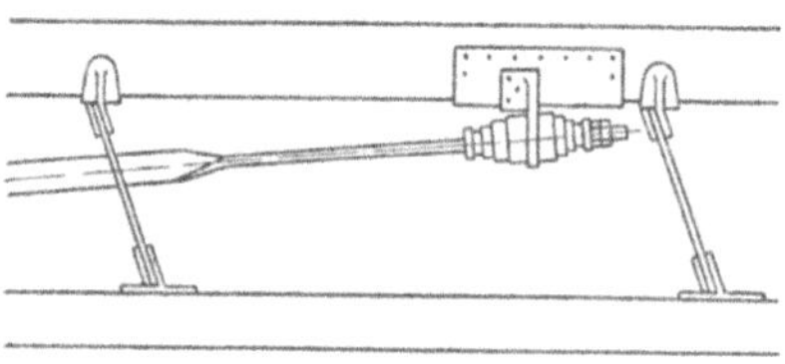

Fig. 359.

Für die Berechnung der Abmessungen von Welle und Lagern ist die im Hubwechsel auftretende Beschleunigungskraft maßgebend. Diese beträgt, wenn G_s das Gewicht der schwingenden Masse in kg bezeichnet:

$$P = \frac{G_s}{G} \cdot \omega^2 \cdot r \cdot \frac{1}{\cos^2 \alpha}.$$

In allen praktischen Fällen entfernt sich $\cos \alpha$ nur wenig von 0,95. Mit diesem Werte folgt:

$$P = \sim \frac{1}{800} G_s \cdot n^2 \cdot r \quad . \quad . \quad . \quad . \quad . \quad . \quad . \quad (43)$$

Die Abmessungen sind zu berechnen aus der Gleichung:

$$P = 2\, k \cdot l \cdot d.$$

Der Koeffizient k pflegt niedrig gehalten zu werden. Mit dem Vorbehalt späterer Berichtigung empfehle ich:

$$k = 6 \text{ bis } 10 \text{ kg/qcm},$$

letzteren Wert für schwere Ausführungen.

Man findet meist

$$\frac{l}{d} = 3.$$

Der Durchmesser des Kurbelzapfens ist gleich dem der Welle, seine Länge etwa $l_1 = 4\, d$.

Bei sehr großen schwingenden Massen empfiehlt es sich, zwei oder drei Kurbeln anzuwenden und die Welle, wenn möglich, jedesmal zwischen den Kurbeln zu lagern.

Nach Bestimmung der Abmessungen ist zu untersuchen, ob die zulässige Biegungsbeanspruchung der Welle — für Stahl etwa $k_b = 500$ kg/qcm — nicht überschritten ist.

Die Pleuelstange muß auf Knickung berechnet werden.

Rinnen von großer Länge können in der Mitte geteilt und von einer Welle aus so angetrieben werden, daß die zu der einen Rinne

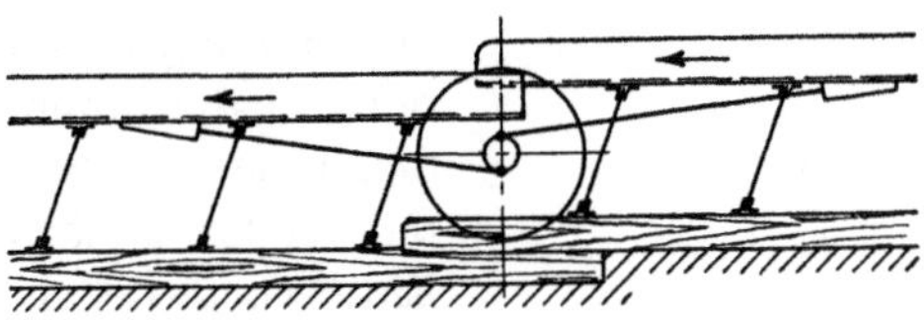

Fig. 360.

gehörigen Kurbeln gegen die der andern um 180° versetzt sind (Fig. 360), so daß die Massendrücke sich ausgleichen. Die zweite Rinne muß dann etwas tiefer liegen als die erste.

Bei der in Fig. 361 schematisch dargestellten Anordnung[1]) kann die Teilung unabhängig vom Antrieb an beliebiger Stelle

[1]) D. R. P. 137527.

stattfinden. Die eine Rinnenhälfte wird von der andern durch gekreuzte Hebel bewegt, die entgegengesetztes Schwingen der beiden Teile herbeiführen.

Ein anderes Mittel, um einen Ausgleich herbeizuführen, wendet Zimmer an[1]), indem er an der gegen die Treibkurbeln um 180° versetzten Ausgleichkurbel eine Stange angreifen läßt, welche auf eine am Boden verankerte Spiralfeder wirkt, diese als Kraftspeicher benutzend. Es erscheint zweifelhaft, ob nicht die mit dieser Anordnung verbundene Vermehrung der Reibungsarbeit die erhofften Vorteile zum Teil aufhebt.

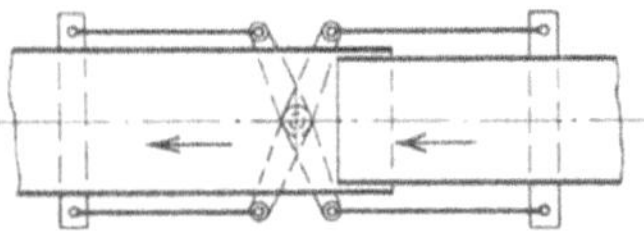

Fig. 361.

Wenn zwei Rinnen nach einem Punkte fördern sollen, so braucht nur die eine angetrieben zu werden, während die zweite, deren

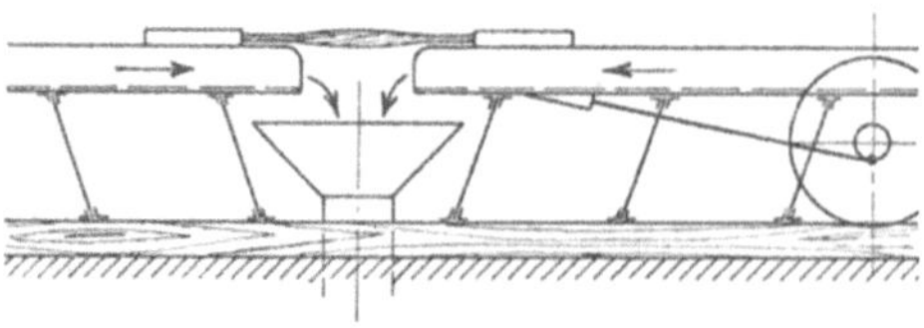

Fig. 362.

Stützen entgegengesetzt gerichtet sind, durch eine biegsame Stange mit jener verbunden wird (Fig. 362).

Ebenso ist eine Übertragung der Antriebskraft möglich, wenn die beiden Rinnen im Winkel zueinander liegen (Fig. 363).

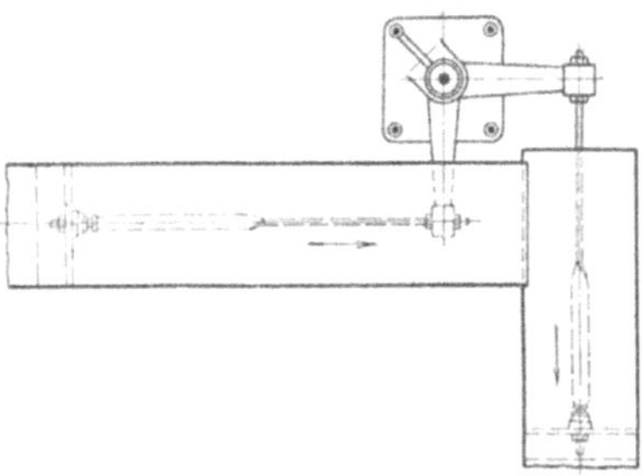

Fig. 363.

Das Fördergut wird der Rinne am besten gleichmäßig zugeführt, doch ist die Rinne auch imstande, den Inhalt eines gefüllten Behälters stetig abzuziehen. An den Entleerungsstellen werden Öffnungen im Rinnenboden angebracht, die durch Schieber verschlossen werden können. Soll nach mehreren Stellen gleichzeitig gefördert werden, so sind die Schieber nur teilweise aufzuziehen.

[1]) Zimmer, S. 82.

Tabelle 56.

Gewichte und Preise von Schüttelrinnentrögen nebst Unterstützungen und Schiebern.
(Gebr. Commichau, Magdeburg.)

Breite der Rinne in mm	Preise (M) für 1 lfd. m Rinne aus Schwarzblech mit Winkel- oder Halbrundeisen-Einfassung bei Blechstärken von					Gewichte (kg) für 1 lfd. m Rinne mit Bordeinfassung bei Blechstärken von					Preise (M) für 1 Federbügel mit Federböckchen und Eschenholzfedern ohne Befestigungsschrauben für die Federböckchen	Gewichte (kg) für 1 Federbügel mit Federböckchen und Eschenholzfedern ohne Befestigungsschrauben für die Federböckchen	Preise für Schieber (M)
	$1^1/_4$ mm	$1^1/_2$ mm	$1^3/_4$ mm	2 mm	$2^1/_2$ mm	$1^1/_4$ mm	$1^1/_2$ mm	$1^3/_4$ mm	2 mm	$2^1/_2$ mm			
200	10,90	11,40	11,90	12,30	13,30	7	8	9	10	12	5,80	$5^1/_2$	7,50
250	11,70	12,15	12,65	13,25	14,40	8	9	10	11,5	13	6,85	$6^1/_2$	8,15
300	12,40	12,95	13,55	14,20	15,35	9	10	11,5	12,5	14,5	7,90	$7^1/_2$	8,75
350	13,25	13,85	14,45	15,10	16,35	9,8	11	12,5	14,0	16,0	8,95	$8^1/_2$	9,40
400	14,10	14,80	15,35	16,10	17,60	10,6	12	13,5	15,5	17,5	10,—	10	10,—
450	14,95	15,65	16,40	17,20	18,65	11,4	13	14,5	17,0	19,0	11,05	11	10,60
500	15,80	16,70	17,55	18,35	20,20	12,2	14	15,5	18,5	20,5	12,10	$12^1/_2$	11,25
600	17,60	18,80	20,10	21,35	23,90	13,8	15,5	16,5	20,0	22,5	14,20	$14^1/_2$	17,50
700	19,40	20,75	22,13	23,50	26,30	16,0	18,0	20,0	22,5	26,5	16,30	17	18,80
800	21,36	22,80	24,20	25,65	28,60	17,5	19,6	21,8	24,5	28,5	18,40	19	20,—
900	23,38	24,80	26,45	28,00	31,30	19,0	21,2	23,6	26,5	31,0	20,50	$21^1/_2$	21,20
1000	25,20	26,95	28,70	30,40	33,95	20,5	23,0	25,5	28,5	33,5	22,60	24	22,50

Bei Verwendung von verzinktem Blech erhöhen sich die Preise für die Rinnentröge um 10%.

Tabelle 57.

Doppellagerböcke nach Fig. 357 und 358 einschließlich Welle, Riemenscheiben, Schwungräder, Pleuelstange, Antriebschuh. (Gebr. Commichau, Magdeburg.)

Durchmesser der Kurbelwelle (mm)	Entfernung der Schwungräder (mm)	Wellenmitte über Lagersohle (mm)	Riemenscheibe		Gewicht (kg)	Preis (M)
			Durchm (mm)	Breite (mm)		
45	550	250	300	100	225	250,0
52	590	250	350·	125	290	317,5
60	610	250	400	125	315	355,0

Tabelle 58.

Einzellagerböcke zum Antrieb langer und mehr als 600 mm breiter Förderrinnen. (Gebr. Commichau, Magdeburg.)

Bohrung (mm)	Schalenlange (mm)	Wellenmitte über Lagersohle (mm)	Gewicht (kg)	Preis (M)
45	150	200	25	32
50	150	200	28	38
55	165	200	35	43
60	180	200	40	48
65	195	200	45	52
70	210	200	50	56
75	225	210	57	61
80	240	210	65	66

c) Wirkungsweise der „Propellerrinne“ von Marcus.

Bei der zweiten Gattung von Förderrinnen verschiebt sich der Rinnenboden nur in seiner eigenen Ebene. Das einfache Kurbelgetriebe ist jetzt nicht mehr brauchbar, vielmehr muß, wenn eine Förderung eintreten soll, ein Getriebe mit besonderen Geschwindigkeits- und Beschleunigungsverhältnissen zur Anwendung kommen. Beispielsweise kann die Einrichtung so getroffen werden, daß die Rinne samt Fördergut sich mit geringer Geschwindigkeit vorwärts bewegt und dann so rasch zurückgezogen wird, daß die Trägheit des Rinneninhaltes die Reibung überwindet und ein Gleiten zwischen Rinne und Material veranlaßt. Infolgedessen legt das Material in der einen Richtung einen größeren Weg zurück als in der andern es tritt also eine Förderung ein. Alle aus dem Werkzeugmaschinenbau bekannten, die Leerlaufzeit abkürzenden Getriebe können hierfür verwendet werden.

Eine bessere Förderung ergibt sich jedoch, wenn der Kern beim Vorlauf genügende Geschwindigkeit erhält, um während des Rücklaufes unter Überwindung des Reibungswiderstandes in derselben Richtung weiterzugehen. Dann ist eine Abkürzung des Rücklaufs offenbar nicht mehr unbedingt erforderlich. Erwünscht ist vor allem, daß der Kern beim Vorlauf möglichst stark und möglichst lange beschleunigt wird.[1])

Die größte Beschleunigung, die der Kern erhalten kann, ist nach früherem $\mu_0 \cdot g$, wenn μ_0 den Reibungskoeffizienten der Ruhe bedeutet. Eine größere Beschleunigung darf auch der Rinne nicht erteilt werden, da sonst Gleiten eintritt und der Reibungskoeffizient sinkt. Das ideale Förderrinnengetriebe soll also während des größten Teiles des Vorlaufes eine gleichförmig beschleunigte Geschwindigkeit hervorbringen (Fig. 364), die erst kurz vor dem Hubwechsel durch starke Verzögerung vernichtet wird. Der Kern verschiebt sich nicht gegenüber der Rinne, wird also auch mit dieser ver-

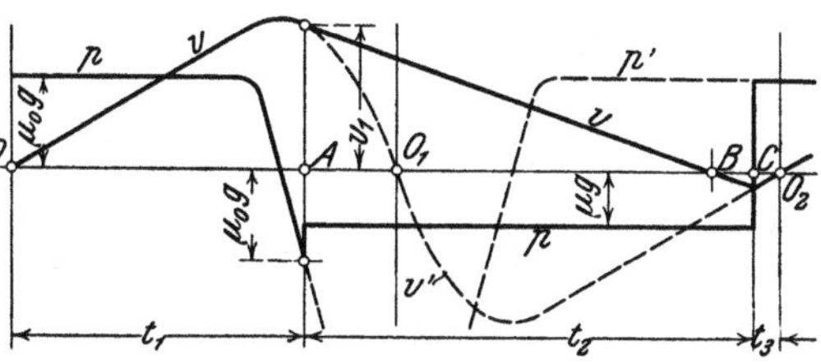

Fig. 364.

zögert, so lange die Beschleunigung innerhalb der Grenzen $\pm \mu_0 \cdot g$ bleibt. Erst im Punkte A beginnt das Gleiten, und während die Rinnengeschwindigkeit (punktiert gezeichnet) schnell abnimmt, bewegt sich der Kern weiter, mit der Verzögerung $\mu \cdot g$.

μ ist der verhältnismäßig niedrige Reibungskoeffizient der Bewegung, die Geschwindigkeit sinkt also langsamer, als sie vorher zugenommen hatte.

An irgend einer Stelle wird nun die Kurve der Kerngeschwindigkeit wieder mit der der Rinnengeschwindigkeit zusammentreffen, und es werden sich jetzt Kern und Rinne wieder gemeinsam fortbewegen. In Fig. 364 ist angenommen, daß dieser Punkt C vor O_2

[1]) Ich schließe mich bei den folgenden Erörterungen im wesentlichen den Ausfuhrungen des Erfinders dieser Bauart, Herm. Marcus, in der Z. d. V. d. I. 02, S. 1808 u. f. an, denen auch Fig. 365 bis 367 entnommen sind. In dem Geschwindigkeits- und Beschleunigungs-Diagramm — Fig. 364 — habe ich auf der Abszissenachse statt des Weges die Zeit aufgetragen, wodurch, wie mir scheint, die Vorgange deutlicher werden.

Bezüglich ausfuhrlicherer Angaben uber Berechnung und Konstruktion der Rinnen und Getriebe muß auf jenen Aufsatz verwiesen werden. Das grundlegende Patent von Marcus hat Nr. 127129, die Patente 181711, 126406, 127131 beziehen sich auf die Unterstutzung der Rinne.

liegt. Dann nimmt der Kern zwischen B und O_2 negative Geschwindigkeit an, führt also eine kurze rückläufige Bewegung aus. Würde die Zeit für den Rücklauf durch entsprechende Konstruktion des Getriebes abgekürzt, so könnte Punkt C über O_2 hinausfallen.

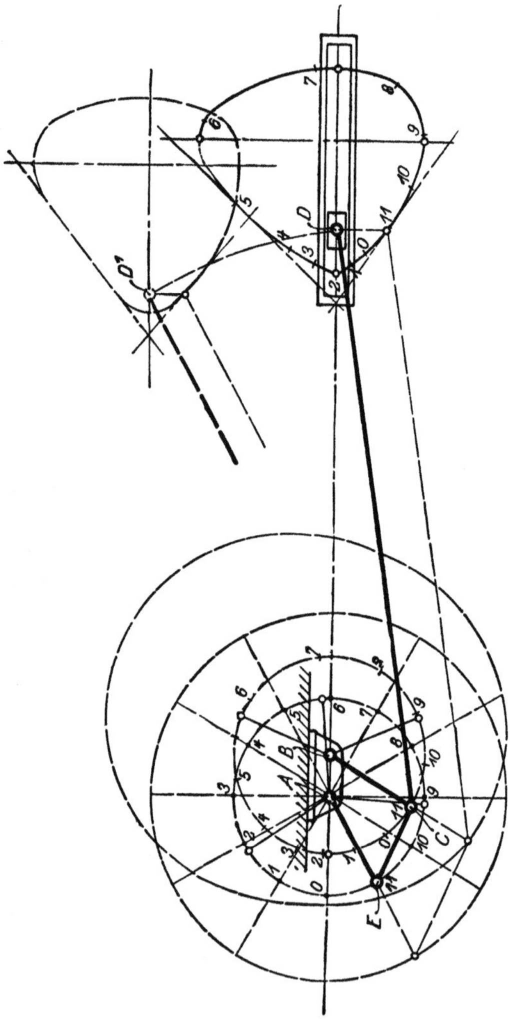

Fig. 365.

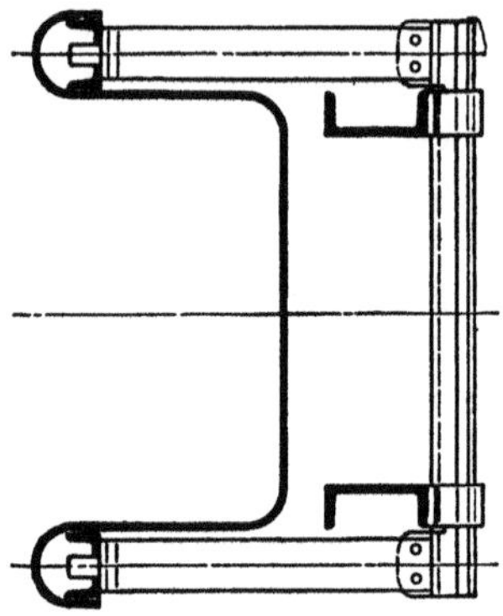

Fig. 367.

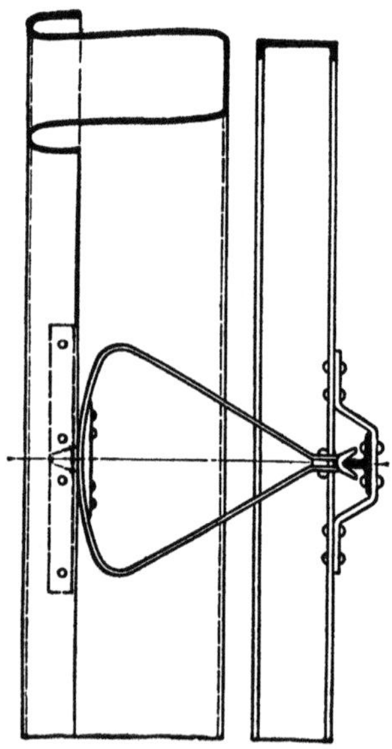

Fig. 366.

Ist der Reibungskoeffizient μ im Verhältnis zu μ_0 erheblich größer, als in der Figur angegeben, so wird eine Abkürzung des Rücklaufs notwendig, wenn der Kern nicht zu weit zurückgenommen werden soll.

Der bei jedem Hube zurückgelegte Förderweg berechnet sich

in ganz ähnlicher, nur bedeutend einfacherer Weise wie bei den Schüttelrinnen.

Verschiedene Getriebe — wegen der Ähnlichkeit der Bewegung mit der einer Wurfschaufel von Marcus als „Wurfgetriebe" bezeichnet — können zur Anwendung kommen. Fig. 365 zeigt ein Kurbelviereck mit den zugehörigen Geschwindigkeitskurven für wagerechte und geneigte Rinnenlage. *AE* ist die treibende und sich gleichmäßig drehende, *BC* die durch die Verbindungsstange *EC* mitgeschleppte Kurbel, welche mittels der Pleuelstange *CD* an der gerade geführten Rinne angreift. Der Rücklauf, für den der obere Teil der Kurve gilt, weist höhere Geschwindigkeit auf, als der Vorlauf, ist also in diesem Falle abgekürzt.

Die Rinne selbst kann ebenso hergestellt werden wie die Schüttelrinne.

Als Unterstützung dienen ganz oder teilweise ausgeführte Rollen (Fig. 366 und 367). Auch Lenker irgend welcher Art können benutzt werden.

d) Bestimmung der Hauptabmessungen und des Kraftverbrauchs.

Als höchste zulässige Umdrehungszahl der Schüttelrinnen ist diejenige anzusehen, bei welcher die Berührung zwischen Rinne und Kern eben noch stetig erhalten bleibt. Sie findet sich, wie oben nachgewiesen, wenn in die Gleichung für den Auflagedruck:

$$N = G + \frac{G}{g} \cdot \frac{c^2}{r} \cdot \cos\varphi \cdot \operatorname{tg}\alpha$$

$\varphi = \pi$ und $N = 0$ eingesetzt wird. Dann folgt:

$$\frac{c^2}{g \cdot r} \cdot \operatorname{tg}\alpha = 1$$

und daraus:

$$n_{\max} = 30 \sqrt{\frac{1}{r \cdot \operatorname{tg}\alpha}} \quad \ldots \ldots \quad (44)$$

Durch Einsetzen dieser Werte lassen sich die oben gefundenen Gleichungen sehr vereinfachen. Es wird:

$$p = \mu \cdot g\,(1 + \cos\varphi),$$

und für die erste Wegstrecke:

$$v = \frac{r \cdot g}{c}\,\mu\,(\varphi + \sin\varphi) = c \cdot \mu \cdot \operatorname{tg}\alpha\,(\varphi + \sin\varphi),$$

$$s = r \cdot \mu \cdot \operatorname{tg}\alpha \left[\frac{1}{2}\varphi^2 - \cos\varphi + 1\right]_0^{\varphi}.$$

Innerhalb der praktisch vorkommenden Werte von φ_1 kann mit genügender Annäherung gesetzt werden:

$$\cos\varphi_1 = -0{,}90$$

$$\varphi_1 = \pi - \sin\varphi_1, \quad \text{also, da}$$

$$c\cdot\sin\varphi_1 = c\cdot\mu\cdot\operatorname{tg}\alpha\,(\varphi_1 + \sin\varphi_1):$$

$$\sin\varphi_1 = \pi\cdot\mu\cdot\operatorname{tg}\alpha$$

$$\varphi_1 = \pi\,(1 - \mu\cdot\operatorname{tg}\alpha).$$

Somit folgt:

$$v_1 = c\cdot\pi\cdot\mu\cdot\operatorname{tg}\alpha$$

$$s_1 = r\cdot\mu\cdot\operatorname{tg}\alpha\left(\frac{1}{2}\varphi_1{}^2 + 1{,}90\right).$$

Für den zweiten Abschnitt ergibt sich durch Einsetzung der gefundenen Werte:

$$v = c\cdot\mu\cdot\operatorname{tg}\alpha\,(2\,\pi - \varphi - \sin\varphi).$$

Aus dieser Gleichung folgt scheinbar, daß die Kerngeschwindigkeit für $\varphi = 2\,\pi$, d. h. im Hubwechsel, $= 0$ wird. In Wirklichkeit kann das nicht zutreffen, das Ergebnis ist vielmehr durch die oben gemachte Vernachlässigung zu erklären. Der Fehler ist indessen sehr klein, so daß mit $\varphi_2 = 2\,\pi$ gerechnet werden darf. Demnach findet sich:

$$s_2 = r\cdot\mu\cdot\operatorname{tg}\alpha\left[2\,\pi\varphi - \frac{1}{2}\varphi^2 + \cos\varphi\right]_{\varphi_1}^{2\pi}$$

$$= r\cdot\mu\cdot\operatorname{tg}\alpha\left(2\,\pi^2 - 2\,\pi\varphi_1 + \frac{1}{2}\varphi_1{}^2 + 1{,}90\right).$$

Der Gesamtweg ist demnach:

$$s = s_1 + s_2 = r\cdot\mu\cdot\operatorname{tg}\alpha\,[2\,\pi^2 + 3{,}80 - \varphi_1\,(2\,\pi - \varphi_1)].$$

Mit dem oben gefundenen Annäherungswert für φ_1 wird:

$$\varphi_1\,(2\,\pi - \varphi_1) = \pi^2\,[1 - (\mu\cdot\operatorname{tg}\alpha)^2] = \infty\, 0{,}985\,\pi^2,$$

wenn für den Ausdruck $(\mu\cdot\operatorname{tg}\alpha)^2$, dessen Betrag immer sehr klein gegenüber 1 ist, als Durchschnittswert 0,015 gesetzt wird. Damit ergibt sich schließlich:

$$\boldsymbol{s = 13{,}8\cdot r\cdot\mu\cdot\operatorname{tg}\alpha} \quad \ldots\ldots \quad (45)$$

$$\boldsymbol{v_m = 0{,}23\cdot n\cdot r\cdot\mu\cdot\operatorname{tg}\alpha.} \quad \ldots\ldots \quad (46)$$

Durch Kontrollberechnungen zeigt sich, daß diese Formel als praktisch vollkommen genau anzusehen ist. Es darf aber nicht vergessen werden, daß sie nur für die höchste zulässige Umlaufzahl Geltung hat.

Aus einigen von mir selbst gemachten Beobachtungen[1]) und Angaben von anderer Seite hat sich mit guter Übereinstimmung er-

[1]) Vgl. Dingler 1902, S. 716.

geben, daß der Reibungskoeffizient für Kohle auf Eisen bei Schüttelrinnen unter den üblichen Verhältnissen $\mu = 0,35$ gesetzt werden kann. Mit diesem Werte ist die folgende Tabelle aufgestellt worden, auf Grund deren die Höchstleistungen von Schüttelrinnen gegebener Abmessungen berechnet werden können.

Tabelle 59.

Größte Fördergeschwindigkeiten von Schüttelrinnen.

$\alpha =$	16^0		18^0		20^0	
	n_{max}	v_{max}	n_{max}	v_{max}	n_{max}	v_{max}
$r = 0{,}010$ m	560	0,129	526	0,137	498	0,146
$r = 0{,}015$ m	457	0,158	429	0,168	406	0,178
$r = 0{,}020$ m	396	0,183	372	0,195	352	0,206
$r = 0{,}025$ m	354	0,204	333	0,218	314	0,230

Mit Rücksicht auf die Massendrücke wird, namentlich wenn große schwingende Massen und keine starren Fundamente vorhanden sind, die Umlaufzahl meist niedriger gehalten. Dann sinkt die Größe des bei jedem Hube zurückgelegten Weges, die Fördergeschwindigkeit nimmt also rascher ab als die Umdrehungszahl. Man kann sich in diesem Falle, wenn keine Versuchswerte vorliegen, durch Schätzung helfen. Einen Anhalt gibt das oben durchgerechnete Beispiel, aus dessen Annahmen ($r = 0{,}015$, $\operatorname{tg} \alpha = 0{,}285$, $\mu = 0{,}4$) sich berechnet:

$$n_{max} = 459 \quad \text{und} \quad v_{max} = 0{,}180\,.$$

Für $n = 350$ fand sich $v = 0{,}132$, während Proportionalität zwischen v und n ergeben würde: $v = 0{,}137$.

Wenn sich die Umlaufzahl weit von n_{max} entfernt, so nimmt die Geschwindigkeit immer schneller ab. Die Förderung hört ganz auf, wenn nirgends mehr ein Gleiten des Körpers gegenüber der Rinne stattfindet, d. h., wenn die Beschleunigung der Rinne nirgends größer ist, als der vom Auflagedruck und der Reibung abhängige Wert der erreichbaren Kernbeschleunigung. Maßgebend ist der Hubwechsel im Punkte b, da hier die Rinnenbeschleunigung absolut genommen am größten, der Auflagedruck aber am kleinsten ist, also am leichtesten Gleiten eintreten wird. Die kleinste Umlaufzahl ergibt sich demnach unter Berücksichtigung von Gleichung 39 mit $\varphi = \pi$ aus dem Ansatz:

$$\frac{c^2}{r} = \mu \cdot \left(g - \frac{c^2}{r} \operatorname{tg} \alpha\right).$$

Daraus folgt mit Einführung des Reibungskoeffizienten der Ruhe:

$$c_{min} = \sqrt{r \cdot \frac{\mu_0 \cdot g}{1 + \mu_0 \operatorname{tg} \alpha}}$$

$$n_{min} = 30 \sqrt{\frac{\mu_0}{r(1 + \mu_0 \operatorname{tg} \alpha)}} \quad . \quad . \quad . \quad . \quad . \quad . \quad (47)$$

Bei dieser oder einer geringeren Tourenzahl wird also der Kern sich mit der Rinne hin- und herbewegen, ohne eine eigene Bewegung auszuführen.

Für die in Tabelle 59 aufgeführten Annahmen bewegt sich n_{min}, wenn $\mu_0 = 0{,}5$ gesetzt wird, zwischen 177 und 123.

Über den Einfluß einer schrägen Lage der Rinne auf die Fördergeschwindigkeit habe ich einige Beobachtungen gemacht. Bei $r = 0{,}015$ m, $\operatorname{tg} \alpha = 0{,}285$ und $n = 300$ ergab sich die Fördergeschwindigkeit für Kohle folgendermaßen:

Bei wagerechter Lage . . .	0,100 m/sek
„ 4,5 % Steigung	0,033 „
„ 4,5 % Gefälle	0,115 „

Danach wird die Förderung schon durch geringe Steigung sehr stark beeinträchtigt.

Um bei gegebener Leistung die Abmessungen berechnen zu können, hat man eine Annahme über die Höhe der geförderten Schicht zu machen. Dieselbe ist abhängig von der Natur des Materials. Mehlartige Stoffe lassen nur geringe Schichthöhe zu, weil andernfalls Verschiebungen innerhalb der Masse auftreten, welche die Förderung herunterziehen. Die Schichthöhe darf etwa gesetzt werden:[1])

Für pulverförmiges Material . .	20 bis 30 mm
„ grobkörnige bzw. kleinstückige Materialien	40 „ 60 „
„ großstückige Materialien . .	70 „ u. darüber

(mindestens gleich der Durchschnittsgröße der Stücke).

Bezeichnet

b die lichte Rinnenbreite in Metern,

s die Schichthöhe,

so ist die Förderleistung:

$$\boldsymbol{V = 3600 \cdot b \cdot s \cdot v.} \quad \text{(cbm/st)} \quad . \quad . \quad . \quad . \quad (48)$$

Die Fördergeschwindigkeit schwankt bei ausgeführten Rinnen zwischen 0,10 und 0,20 m/sek. Unter Zugrundelegung eines Mittelwertes von 0,15 m/sek ergeben sich für verschiedene Schichthöhen folgende Leistungen:

---

[1]) Vgl. Buhle, Techn. Hilfsmittel III, S. 294.

Tabelle 60.

Leistungen von Schüttelrinnen (cbm/st) bei $v = 0{,}15$ m/sek.

	$b = 0{,}200$	0,300	0,400	0,600	0,800	1,000
$s = 0{,}025$	2,7	4,0	5,4	8,1	10,8	13,5
0,050	5,4	8,1	10,8	16,2	21,6	27,0
0,075	8,1	12,1	16,2	24,3	32,4	40,5

Die Tiefe der Rinne ist von der Schichthöhe abhängig und pflegt zwischen 100 und 200 mm zu liegen.

Über die Propellerrinnen von Marcus werden folgende Angaben gemacht:[1])

Tabelle 61.

Trogbreite unten (mm)		200	250	330	400	500	600
Trogbreite oben (mm)		350	400	500	600	700	850
Trogtiefe (mm) . . .		150	150	175	200	200	250
Leistung (t/st)	Kohle	5 bis 8	9 bis 14	15 bis 23	24 bis 36	37 bis 55	56 bis 80
	Koks	2 bis 4	5 bis 7	8 bis 12	13 bis 20	21 bis 32	33 bis 50
	Steine und Erz .	9 bis 14	15 bis 23	24 bis 36	37 bis 55	56 bis 80	81 bis 120
	Getreide	6 bis 10	11 bis 16	17 bis 25	26 bis 40	41 bis 60	61 bis 90
Kraftverbrauch für je 10 m Lange (PS) .		0,8	1,0	1,2	1,5	1,8	2,1

Die Leistungsangaben gelten für Rinnen bis zu 50 m Länge bei ungefähr halber Füllung des Troges. Die Fördergeschwindigkeit berechnet sich mit dieser Annahme zu 0,10 bis 0,30 m/sek. Die Umdrehungszahlen liegen zwischen 85 und 50, werden aber bei sehr langen Rinnen noch weiter ermäßigt, ebenso bei Förderung fein gemahlener Stoffe.

Der Kraftverbrauch der Schwingeförderrinnen setzt sich zusammen aus der Arbeit, die zur Überwindung der Reibung zwischen Rinnenboden und Fördergut nötig ist, und derjenigen, welche zur Beschleunigung der hin- und hergehenden Massen verbraucht wird. Erstere ist bei den Rinnen mit unveränderlichem Auflagedruck:

$$A = G \cdot \mu \cdot s,$$

für die Schüttelrinne dagegen gilt:

$$dA = N \cdot \mu (ds_r - ds),$$

[1]) Nach Buhle, Techn. Hilfsmittel III, S. 114.

wenn mit s_r der Weg der Rinne bezeichnet wird, also:

$$A = \frac{r}{c}\mu\left[\int N \cdot v_r d\varphi - \int N \cdot v \cdot d\varphi\right].$$

Für den einfachsten Fall der höchsten Umlaufzahl kann man sich von dem Wert von A unschwer ein Bild machen. Aus den Figuren 354 und 355, welche diesen Spezialfall wenigstens angenähert darstellen, sowie aus Fig. 368 geht hervor, daß die zu der Kurve $N \cdot v$ gehörige Fläche zwischen 0 und π von der $N \cdot v_r$ — Fläche subtrahiert, zwischen π und 2π aber zu ihr addiert werden muß, da hier die $N \cdot v_r$ — Fläche negativ wird. Nun sind die $N \cdot v$ — Flächen für beide Weghälften praktisch gleich groß, sie fallen also vollständig aus der Rechnung heraus, und es ergibt sich, da auch die beiden $N \cdot v_r$ — Flächen gleich groß sind, die Reibungsarbeit für einen Hub als:

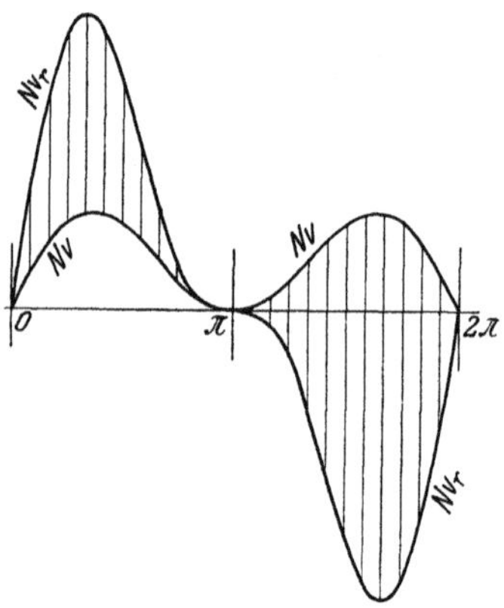

Fig. 368.

$$A = 2\frac{r}{c} \cdot \mu \int_0^\pi N \cdot v_r \cdot d\varphi = 2G\mu r \int_0^\pi (1 + \cos\varphi)\sin\varphi d\varphi,$$

$$A = 2G \cdot \mu \cdot r \quad \quad (49)$$

Der Weg des Kernes bei einem Hube war gefunden zu

$$s = 13{,}8 \cdot r \cdot \mu \cdot \operatorname{tg}\alpha.$$

Wäre das Gut ohne Veränderung des Auflagedruckes durch die Rinne geschleift worden, so wäre demnach die Reibungsarbeit gewesen:

$$A_i = G \cdot \mu \cdot s = 13{,}8 \cdot G \cdot \mu^2 \cdot r \cdot \operatorname{tg}\alpha,$$

somit ist das Verhältnis der wirklichen Reibungsarbeit zu der bei einfachem Gleiten geleisteten Arbeit:

$$\frac{A}{A_i} = \frac{1}{6{,}9 \cdot \mu \cdot \operatorname{tg}\alpha}.$$

Für $\mu = 0{,}35$ und $\alpha = 18^0$ ist beispielsweise

$$\frac{A}{A_i} = 1{,}28.$$

Aus der Gleichung geht hervor, daß die Reibungsarbeit bei der Schüttelrinne verhältnismäßig um so größer ist, je kleineren

Wert der Reibungskoeffizient und der Winkel α haben, je geringer also die beschleunigende Kraft ist. Dieser Schluß läßt sich übrigens auch ohne Rechnung ziehen. Man stelle sich vor, daß das Produkt $\mu \cdot \operatorname{tg} \alpha$ sehr klein sei. Dann wird sich die Rinne beständig unter dem Fördergut hin- und herbewegen, während dieses nur ganz langsam vorrückt. Die von der Rinne geleistete Reibungsarbeit muß demnach im Verhältnis zur Nutzarbeit einen sehr großen Wert annehmen.

Der spezifische Widerstand wäre bei einfachem Fortschleifen $= \mu$. In Wirklichkeit ist er im Verhältnis $\frac{A}{A_1}$ größer, also, wenn noch der Wirkungsgrad des Antriebes berücksichtigt wird:

$$w = \frac{\mu}{\eta \cdot 6{,}9 \mu \cdot \operatorname{tg} \alpha} = \frac{1}{6{,}9 \cdot \eta \cdot \operatorname{tg} \alpha} \quad . \quad . \quad . \quad . \quad (50)$$

Er ist demnach unabhängig von Reibungskoeffizienten.

Zu beachten ist, daß diese Betrachtungen nur für einen Spezialfall — n_{max} — gelten. Immerhin gestatten sie eine Beurteilung der Verhältnisse auch für die Fälle der Praxis, wo n etwas unter n_{max} bleibt. Für pulverförmige Stoffe treffen sie indessen auch nicht mit Annäherung zu, da hier für die inneren Verschiebungen eine beträchtliche Arbeitsmenge aufzuwenden ist.

Die zur Beschleunigung der schwingenden Massen vom Gewichte G_s in der ersten Hälfte eines jeden einfachen Hubes aufgewandte Arbeit ist

$$\frac{G_s \cdot c^2}{2g}.$$

Diese könnte während der Verzögerungsperiode zum Teil wieder gewonnen werden. Nach den wenigen Angaben, die mir vorliegen, scheint es jedoch, als ob die gesamte Beschleunigungsarbeit verloren ginge, also zur Überwindung der Lagerreibung und zum Hervorrufen von Schwingungen in der Stützkonstruktion verwandt würde.

Die Arbeit $\frac{G_s \cdot c^2}{2g}$ wird in der Sekunde $\frac{2 \cdot n}{60}$ mal aufgewandt, ihr Betrag ist also, in PS ausgedrückt:

$$\frac{G_s}{g} \frac{c^2}{2} \cdot \frac{2 \cdot n}{60} \cdot \frac{1}{75} = \frac{G_s \cdot n^3 \cdot r^2}{4030000}.$$

Für je 1000 kg schwingender Masse ist also an der Antriebswelle zu leisten:

$$N_s = \infty \frac{n^3 \cdot r^2}{4000} \cdot \quad (\mathrm{PS/t}) \quad . \quad . \quad . \quad . \quad . \quad (51)$$

Der Widerstandskoeffizient ist, wenn $\eta = 0,75$ gesetzt wird, nach obiger Gleichung:

$$\alpha = 16^0 \quad 18^0 \quad 20^0$$
$$w = 0,67 \quad 0,60 \quad 0,53.$$

Damit läßt sich der gesamte Kraftverbrauch berechnen als:

$$N = N_s \cdot \frac{G_s}{1000} + \frac{w \cdot Q \cdot L}{270}. \quad . \quad . \quad . \quad . \quad . \quad (52)$$

Ich bemerke ausdrücklich, daß die Werte für N_s und w noch nicht genügend durch Versuche kontrolliert werden konnten, und bitte daher, sie mit Vorsicht anzuwenden. Ich führe sie an, weil ich glaube, daß die Überlegungen, die zu ihrer Aufstellung geführt haben, zutreffen, so daß der Praktiker imstande sein wird, sie nach seinen Erfahrungen zu berichtigen. Ich bemerke noch einmal, daß für pulverförmige Stoffe w bedeutend höher eingesetzt werden muß.

Beispiel. Eine Schüttelrinne von 40 m Länge soll in der Stunde 30 t Kohle von 70 mm mittlerer Stückgröße fördern.

Mit Rücksicht auf die große Leistung wird die Geschwindigkeit $v = 0,18$ gewählt. Wie aus Tabelle 59 hervorgeht, kann diese Geschwindigkeit mit $\alpha = 20^0$ und $r = 0,020$ m bequem erreicht werden. Die erforderliche Umdrehungszahl wäre, Proportionalität vorausgesetzt:

$$352 \frac{0,18}{0,206} = 308.$$

Zur Sicherheit sei $n = 320$ gewählt.

Die Breite der Rinne ergibt sich mit einer Schichthöhe von 0,080 und $\gamma = 0,8$ zu:

$$b = \frac{30}{0,8 \cdot 3600 \cdot 0,08 \cdot 0,18} = 0,725 \text{ m}.$$

Wird die Bordhöhe zu 150 mm, die Blechstärke zu 3 mm gewählt, so berechnet sich das Gewicht der schwingenden Teile zu etwa 1150 kg.

Der Kraftbedarf ist also:

$$N = \frac{1,15 \cdot 320^3 \cdot 0,020^2}{4000} + \frac{0,53 \cdot 30 \cdot 40}{270} = 3,8 + 2,4$$
$$= 6,2 \text{ PS},$$

$$\text{somit } \varkappa = \frac{6,2 \cdot 270}{30 \cdot 40} = 1,40.$$

Über die Propellerrinnen von Marcus sind schon in Tabelle 61 einige Angaben gemacht. Obwohl der Wirkungsgrad des Antriebes mit Rücksicht auf das ungleich günstigere Verhältnis zwischen Hub und Wellendurchmesser günstiger sein sollte und die Umlaufzahlen niedriger sind, scheint der Kraftverbrauch ungefähr derselbe zu sein, wie bei Schüttelrinnen. Für obiges Beispiel ergibt sich:

$$N = 4 \cdot 1{,}5 = 6{,}0\,\mathrm{PS}.$$

e) Anwendbarkeit.

Die Schwingeförderrinne ist, obwohl der Arbeitsvorgang kompliziert erscheint, einfach in der Ausführung, daher niedrig im Preis, auch verursacht sie nur sehr geringe Bedienungs- und Unterhaltungskosten. Empfindliche, wartungsbedürftige Teile sind lediglich die Lager der Kurbelwelle. An Betriebssicherheit steht die Schwingeförderrinne bei sachgemäßer Ausführung vielleicht unter allen stetig arbeitenden Fördermitteln obenan. Die namentlich bei den Schüttelrinnen hohe Umlaufzahl der Welle gestattet den Antrieb vom Motor oder von der Transmission auf einfachste Weise durch einen Riemen abzunehmen, verlangt aber andererseits sehr kräftige Ausführung der Lagerböcke und ihrer Unterstützung, wodurch der Antrieb teuer wird im Verhältnis zum Ganzen.

Der Kraftverbrauch ist bei schmalen Rinnen infolge der großen Leerlaufarbeit verhältnismäßig hoch, bei großen Leistungen indessen mäßig, wenn man ihn mit dem von Kratzern vergleicht. Den Schnecken ist die Schüttelrinne in den meisten Fällen inbezug auf den Kraftverbrauch weit überlegen.

Oben wurde gezeigt, daß die Reibungsarbeit bei der Schüttelrinne in der Regel größer ist, als wenn das Fördergut durch die Rinne gleiten würde. Daraus ist zu schließen, daß auch die Abnutzung der Rinnenbleche, sowie der Abrieb, den das Material er-

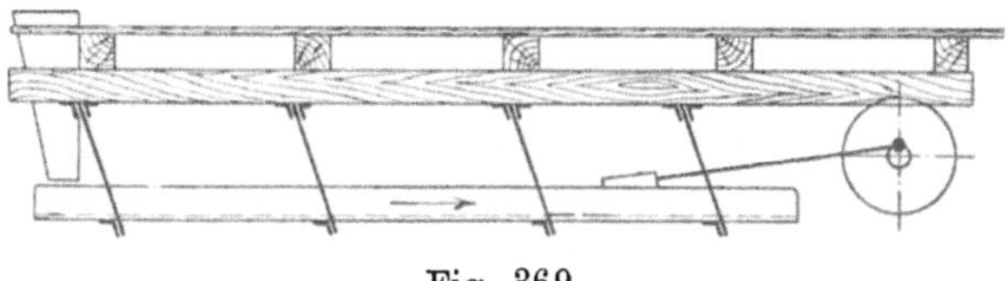

Fig. 369.

leidet, entsprechend größer sein müssen. Tatsächlich zeigt die Erfahrung, daß die Rinne durch harte, scharfkantige Stoffe, wie Koks, stark mitgenommen wird. Eine Schädigung des Fördergutes infolge Durcheinanderschüttelns findet indessen nicht statt, solange Schichthöhe und Umlaufzahl nicht unzulässig gesteigert werden, vielmehr wird das Gut in ruhiger Schicht fortbewegt. Bei den Rinnen mit unverändertem Auflagedruck liegen die Verhältnisse nicht wesentlich anders.

Da der Widerstandskoeffizient kleiner ist als bei Kratzern, so ist entsprechend geringere Abnutzung zu erwarten.

Förderrinnen sind für ähnliche Verhältnisse zu empfehlen wie Schnecken, werden indessen für wesentlich höhere Leistungen und größere Förderlängen benutzt, auch beschränkt die Natur des Fördergutes ihre Anwendbarkeit nicht. Für unzugängliche Plätze erscheinen sie nicht selten noch besser geeignet als jene, da sie weniger Wartung bedürfen und betriebssicherer sind. So zeigt Fig. 369, wie die Rinne unter der Decke aufgehängt, Fig. 370[1]), wie sie zur Förderung in engen, unbegehbaren Kanälen benutzt werden kann.

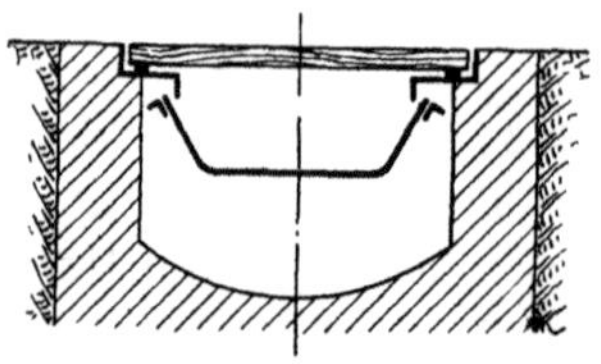

Fig. 370.

Zu erwähnen ist, daß Förderrinnen zuweilen an Stelle von Sortierbändern in Aufbereitungen benutzt werden.

15. Kapitel.

Förderung mit Hilfe von Wasser und Luft.

Das Material wird bei dieser Art der Förderung in einen Strom von Wasser oder Luft eingeführt, in demselben schwimmend fortgetragen und am Bestimmungsort wieder ausgeschieden.

Erwünscht ist, daß das Material ein nicht viel größeres spezifisches Gewicht hat als die Förderflüssigkeit, so daß es sich leicht mit ihr mischt und darin schwebt. Andernfalls kann eine dauernd gute Mischung nur bei großer Stromgeschwindigkeit erhalten bleiben, besonders bei Horizontalförderung, wo das Material Neigung hat, sich auf dem Boden des Leitungsrohres oder Kanales abzusetzen. Der großen Geschwindigkeit entspricht ein hoher Kraftverbrauch. Rauhe, faserige Körper von geringer Dichte sind leichter wagerecht zu fördern, als glatte, schwere Körner.

Wasser als Förderflüssigkeit kommt in ausgedehntem Maße bei Baggerarbeiten zur Anwendung. Der Schlamm wird durch eine Pumpe vom Grunde abgesaugt und, mit Wasser vermischt, durch eine Leitung von oft beträchtlicher Länge nach der Ablagerungsstelle gedrückt. Zu erwähnen ist ferner das sog. Spülversatzverfahren, das Ausfüllen verlassener Gruben durch Einschwemmen von Schlamm oder taubem Gestein, endlich der Abbau goldhaltigen Gesteins mit Hilfe von Druckwasserstrahlen.[2])

[1]) Nach Buhle, Techn. Hilfsmittel III, S. 111.
[2]) Vgl. Buhle, Techn. Hilfsmittel III, S. 270.

Diese Fördermethoden können hier nicht näher besprochen werden, da sie in Spezialwerke über Grundbau bzw. Bergbau gehören.

Buhle erwähnt, daß in Amerika Versuche gemacht worden sind, um zu Staub zerkleinerte Kohle mit Wasser gemischt, in langen Leitungen fortzuschaffen.[1]) Am Bestimmungsort setzt sich die Kohle in Klärbecken ab. Die schon in den neunziger Jahren angestellten Versuche scheinen nicht ungünstig ausgefallen zu sein, indessen ist von einer Ausführung im Großen noch nichts bekannt geworden.

Ein Gemisch von Wasser und Luft dient bei dem auf Schiffen vielfach angewandten Ascheejektor der Howaldtswerke als Förderflüssigkeit (Fig. 371). Betriebsmittel ist Druckwasser von $6^1/_2$ bis 13 Atm. Spannung. Dieses tritt durch das in einer Düse endigende Rohr D_e in den Ejektor ein, mischt sich hier mit der durch das Schnüffelventil V, gegebenenfalls auch durch die Reinigungsklappe K angesaugten Luft und reißt die Asche, welche durch einen Trichter eingefüllt wird, mit sich fort. In dem Trichter liegt ein Rost, der die gröbsten Schlackenstücke ausscheidet. Ein Deckel E verhindert das Übertreten von Seewasser in den Schiffsraum während des Stillstandes.

Fig. 371.

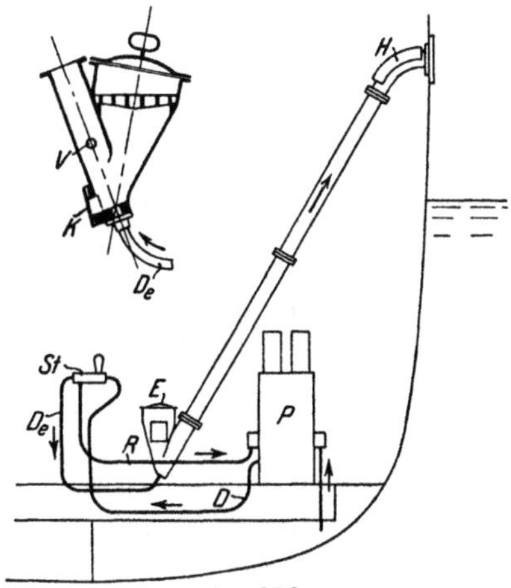

Fig. 372.

Fig. 372 zeigt schematisch die Gesamtanordnung für Handelsschiffe. Von der Pumpe P strömt das Druckwasser durch Rohr D zu dem Steuerkolben St und bei nicht eingeschaltetem Ejektor durch das Rohr R zur Pumpe zurück. Umstellen eines Hahnes bewirkt selbsttätiges Umsteuern des Differentialkolbens, so daß das Wasser durch D_e zum Ejektor strömt. Die Auswurfleitung mündet oberhalb des Wasserspiegels. Starke Beanspruchung erleidet vornehmlich der Krümmer H, in den daher eine auswechselbare Hartgußschale eingelegt wird.

Das Gebiet der eigentlichen Luftförderung ist einstweilen noch im Alleinbesitz einzelner Firmen und der Konkurrenz nur in sehr beschränktem Maße zugänglich, obwohl sich eine Reihe darauf bezüglicher Ideen in der Patentliteratur finden. In Deutschland beschäftigt sich mit dem Bau von Vorrichtungen zum Entladen

[1]) Z. d. V. d. I. 1900, S. 1097.

von Seeschiffen nur G. Luther, und zwar nach der Bauart von Duckham, mit der Einrichtung von Luftförderungen für Gerste und Malz in Brauereien außerdem Oscar Bothner.

Es kann entweder mit Unterdruck oder mit Überdruck gearbeitet werden. Ein grundsätzlicher Unterschied zwischen beiden Fördermethoden ist nicht vorhanden, denn auf die Bewegung der Luft ist nur der Druckunterschied, nicht die absolute Höhe des Druckes von Einfluß. Die Entscheidung zwischen Saug- und Druckluft geschieht daher nach praktischen Gesichtspunkten. Läßt sich das Gebläse besser am Anfang als am Ende der Leitung unterbringen, so ist Druckluft, im anderen Falle Saugluft zweckmäßiger, weil sonst eine besondere Leitung neben dem Förderrohr gelegt werden muß. Hieraus geht auch hervor, daß Druckluft dann am Platze zu sein pflegt, wenn von einem Orte aus nach verschiedenen Richtungen, Saugluft, wenn von verschiedenen Orten nach einem Punkt gefördert werden soll. Von Einfluß ist ferner die Länge des Förderweges. Bothner gibt an, daß das Saugsystem bei Entfernungen bis zu 150 m, das Drucksystem bis zu 300 m anwendbar ist, während bei noch längeren Wegen beide Systeme kombiniert werden. Dann steht entweder ein Druckgebläse am Anfang und ein Sauggebläse am Ende der Leitung, oder es wird ein Gebläse in die Mitte der Leitung gesetzt.

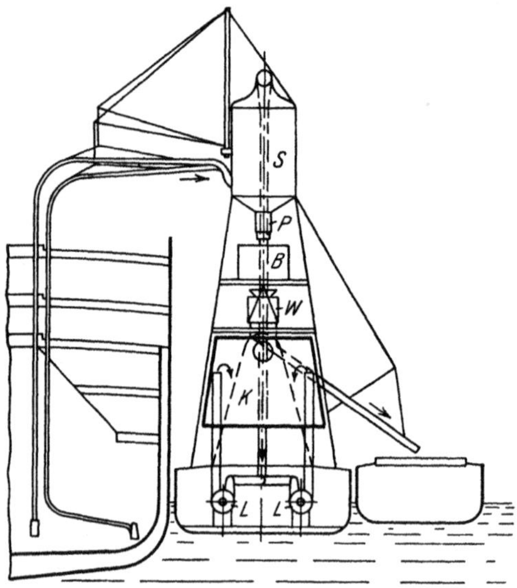

Fig. 373.

Die allgemeine Anordnung eines „pneumatischen Getreidehebers“ nach Bauart Duckham-Luther gibt Fig. 373 im Schema wieder.

Die Einrichtung ist auf einem pontonartigem Fahrzeuge montiert. Unten im Schiff stehen die Dampfkessel und die Luftpumpen L, die durch eine Leitung mit der auf einem Turmgerüst untergebrachten Saugkammer S verbunden sind und in ihr ein Vakuum aufrecht erhalten. An S schließen sich eine Anzahl von Rohren mit biegsamen Zwischenstücken an, die in das Schiff gesenkt werden und in ununterbrochenem Strom das Getreide zur Saugkammer befördern.

Aus dieser wird es durch eine Art Schleuse *P* ohne Störung des Vakuums fortdauernd abgezogen. Das Getreide gelangt in den Behälter *B* und nach Passieren der Dezimalwagen *W*, die der Schiffsschwankungen wegen pendelnd aufgehängt sind, durch ein Fallrohr in den Leichter, der beladen werden soll.

Der feine Staub wird bis zur Pumpe mitgerissen und in die im unteren Teile des Turmes durch Blechverkleidung hergestellte große Staubkammer *K* geblasen, wo er sich infolge der verminderten Luftgeschwindigkeit absetzt. Die gereinigte Luft strömt durch ein

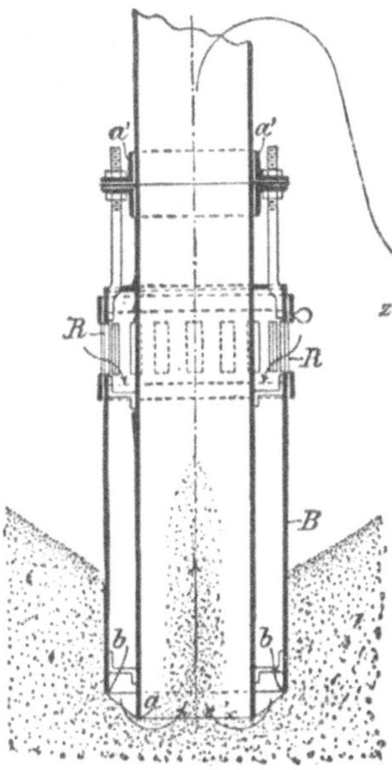

Fig. 374.

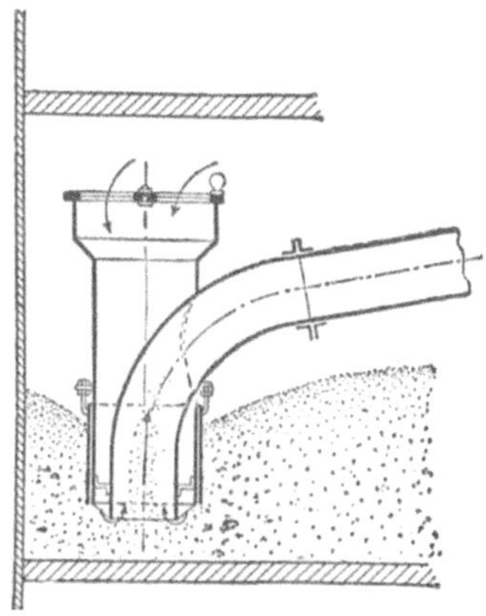

Fig. 375.

weites Rohr ins Freie. Statt dessen kann man auch die Luft von der Pumpe direkt zu einem Staubvertilger führen, oder zu einem Staubfänger, der den Staub dem Getreide wieder beizumengen gestattet. Dies wird zuweilen gewünscht, damit das Getreide nicht an Gewicht verliert.

Die wichtigsten Teile einer solchen Anlage sind die Saugdüsen und die Saugkammer.

Fig. 374 zeigt die Konstruktion der Saugdüse.[1]) Das Saugrohr ist von einem zylindrischen Mantel umgeben, durch den die Luft eintritt, und dessen Unterkante *b* gegenüber der Rohrkante *a* durch Schrauben eingestellt werden kann. Durch Verstellen des Schiebers *R*

[1]) Nach Z. d. V. d. I. 1898, S. 923 (Buhle).

läßt sich ferner die Schlitzweite und damit die zugeführte Luftmenge regeln.

Eine andere Form der Saugdüse, die sich zur Einführung in niedrige Schiffsräume eignet, gibt Fig. 375. Der zylindrische Schieber ist hier durch einen Flachschieber ersetzt.

Fig. 376 veranschaulicht die Konstruktion der Saugkammer mit Schleuse und anschließender Druckluftförderung. Der mit Getreide vermischte Luftstrom tritt bei E in die Kammer ein. Beim Verlassen des Rohres wird das Getreide und der gröbere Staub ausgeschieden, da die Luft eine scharfe Biegung nach oben machen muß, während die schwereren Teile nicht zu folgen vermögen und auf den Boden der Saugkammer fallen. Von hier gelangen sie in die jeweils offene Hälfte der Pendelschleuse P, die nach einiger Zeit das Übergewicht bekommt und die Schleuse

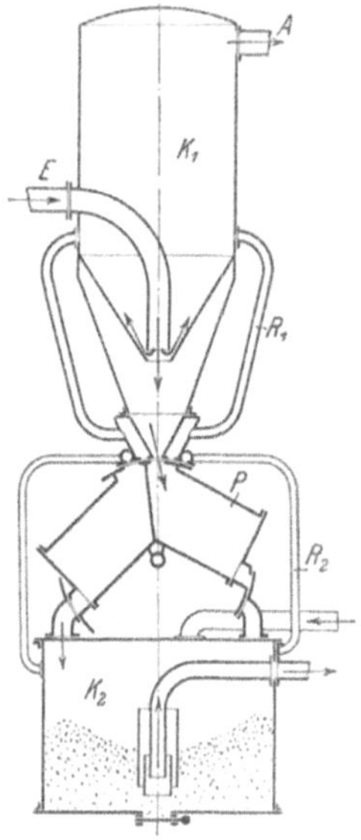

Fig. 376.

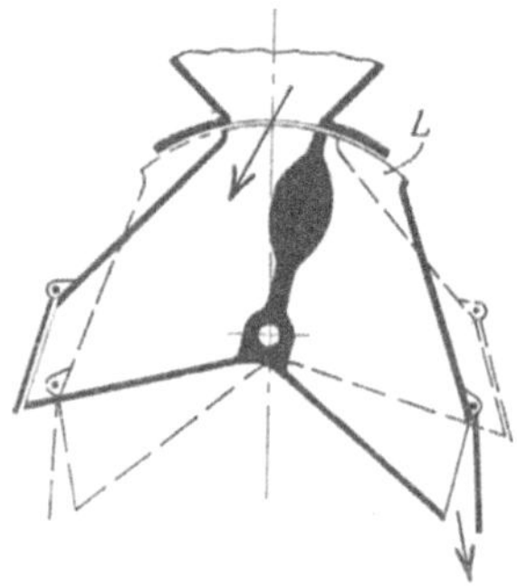

Fig. 377.

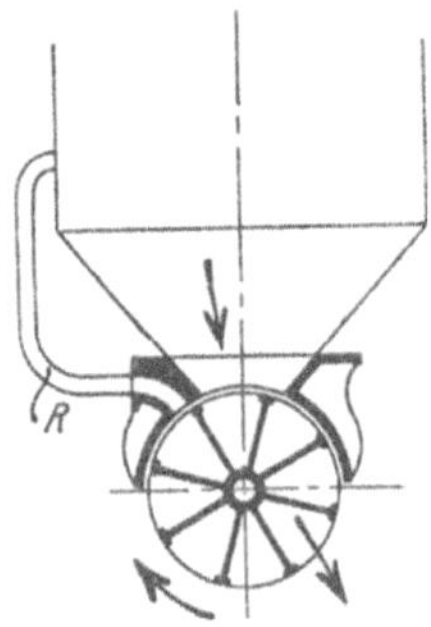

Fig. 378.

zum Kippen bringt, um sich nunmehr in die Druckkammer zu entleeren, während die andere Schleusenhälfte sich füllt. Die Rohre R_1 und R_2 bewirken schon vor Freigabe der Durchgangsöffnungen einen Druckausgleich zwischen den Schleusenhälften und der Saug- bzw. Druckkammer, damit das Getreide nicht durch die plötzlich sich ausdehnende Luft umhergeschleudert wird.[1]) Die Einführung des Getreides in das Druckrohr geschieht durch eine Düse von der oben beschriebenen Konstruktion. Das Getreide kann auch durch einen Schieber unmittelbar aus der Kammer K_2 abgezogen werden.

Eine einfachere Form der Pendelschleuse, bei welcher der Druckausgleich fehlt, ist in Fig. 377 skizziert. Die Zwischenwand ist als

[1]) Eine ausführlichere Darstellung des Vorganges findet sich in Z. d. V. d. I. 1898, S. 923 (Buhle).

Gegengewicht ausgebildet, das ein vorzeitiges Kippen verhindert. Die Klapptüren werden während des Füllens durch den äußeren Luftdruck geschlossen gehalten und öffnen sich erst, wenn die Schleusenhälfte durch den Spalt *L* mit der Außenluft in Verbindung getreten ist.

Eine andere Schleusenform, die von einer englischen Firma benutzt wird, sei an dieser Stelle erwähnt (Fig. 378).[1]) Das Getreide wird von den Zellen eines stetig umlaufenden Flügelrades aufgenommen, nachdem durch das Rohr *R* ein Druckausgleich hergestellt ist. Da die Walze Antrieb von außen erhält, können die Dichtungsflächen schärfer abschließen, als bei der Pendelschleuse, deren selbsttätiger Betrieb lockeren Gang aller Teile verlangt.

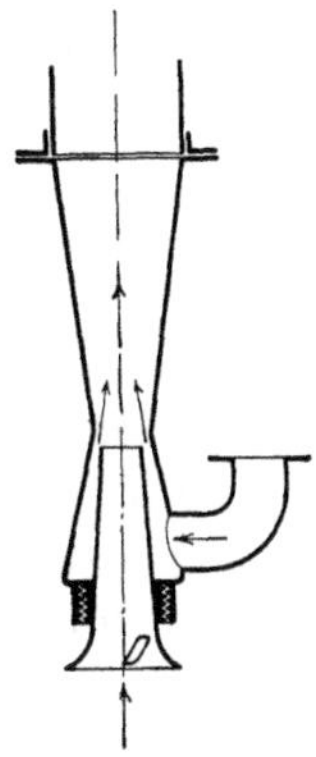
Fig. 379.

Versuchsweise ist zur Entladung von Schiffen auch Druckluft verwandt worden. Fig. 379 gibt eine für diesen Zweck konstruierte Düse wieder, der die Druckluft durch ein besonderes Rohr zugeführt wird.[2]) Die Luft erzeugt beim Ausströmen durch einen schmalen Ringspalt, dessen Weite durch Einstellen von *D* geändert werden kann, ein Vakuum, welches das Getreide in das Rohr hineinzieht.

Häufiger kommt Druckluftförderung im Innern von Gebäuden zur Anwendung, für Getreide allerdings seltener als für Gerste und Malz. Anlagen der letzteren Art finden sich vielfach in Brauereien und sind sehr einfacher Art. Bothner erzeugt die Druckluft durch ein Kapselgebläse und führt das Fördergut durch eine Speisewalze, ähnlich der in Fig. 378 skizzierten Vorrichtung, in den Luftstrom ein. Durch Verteilungsklappen kann der Strom nach verschiedenen Richtungen gelenkt werden. Es ist darauf zu achten, daß in der Leitung keine scharfen Krümmungen vorkommen, die das Malz beschädigen würden.

Der Kraftverbrauch ist bei Luftförderung sehr hoch. Bei den neueren Getreidehebern nach Bauart Duckham scheint der Kraftverbrauchskoeffizient, bezogen auf die indizierte Leistung der Dampfmaschine, etwa $\varkappa = 35$ bis 45 zu sein. Bei Annahme des mittleren Wertes ergäbe sich für eine Förderung von 100 t/st und 20 m Hubhöhe die Maschinenleistung zu

$$\frac{40 \cdot 100 \cdot 20}{270} = \sim 300 \text{ PS}_i.$$

Bei derselben Förderleistung würde ein Becherelevator etwa 10 PS verbrauchen, an der Antriebswelle gemessen.

[1]) Nach Zimmer, S. 115.
[2]) Nach Zimmer, S. 109.

Wenn trotz dieses gewaltigen Unterschiedes im Kraftverbrauch und trotz der bedeutend höheren Anlagekosten die pneumatischen Getreideheber zunehmende Anwendung finden, so ist das der Bequemlichkeit zuzuschreiben, die sie im Betriebe bieten, namentlich der Ersparnis an Arbeitskräften. Das Zuschaufeln aus den Ecken des Schiffsraumes, bei staubigem Getreide eine sehr unangenehme Arbeit, fällt fort, und an seine Stelle tritt nur das Handhaben der Saugdüsen, die sich in jeden Winkel einführen lassen. Die Saugrohre können durch eine enge Öffnung in den Schiffsraum eintreten und gestatten daher, die Luken bei schlechtem Wetter zuzudecken, sind auch dem übrigen Ladeverkehr nicht im Wege.

Die pneumatische Malzförderung beansprucht erheblich weniger Kraft. Der Einfluß der Krümmungen und Steigungsverhältnisse kann nach den wenigen vorliegenden Angaben nicht festgestellt werden, doch scheint im Mittel $k = 10$ bis 15 zu sein. Dieser immer noch sehr hohe Wert hat auf die Anwendbarkeit des Systems verhältnismäßig wenig Einfluß, da es sich meist nur um kleine Leistungen, etwa 2 bis 4 t/st handelt. Namentlich bei schwierigen Förderwegen leistet die Luftförderung ausgezeichnete Dienste, da sich die Rohrleitungen ganz beliebig führen lassen und wenig Platz beanspruchen. Wartungs- und Unterhaltungskosten sind äußerst gering.

III. Hilfsvorrichtungen.

16. Kapitel.

Hilfsmittel für die Zu- und Abführung des Fördergutes.

a) Rohre und Rinnen.

Rohre und Rinnen werden meistens mit dem geringsten Gefälle angelegt, das mit Rücksicht auf sicheres Abgleiten zulässig erscheint. Kommt das Material mit beträchtlicher Geschwindigkeit an und ist der Weg kurz, so kann die Neigung kleiner sein als im umgekehrten Falle. Üblich ist bei eisernen Rohren, den Neigungswinkel folgendermaßen zu wählen:

Getreide 35^0, Kohle 40^0, Erz 45^0.

Unter günstigen Verhältnissen dürfen diese Werte um 2 bis 3^0 unterschritten werden. Sie erheblich zu überschreiten, ist nur bei solchen Materialien zulässig, deren Qualität durch den Sturz nicht geschädigt wird. Wenn empfindliche Körper steil abwärts befördert werden müssen, so kann man sich mit einer Wendelrutsche helfen, d. h. man verlegt die Rinne nach einer Schraubenlinie, deren Steigungswinkel dem normalen Gefällwinkel entspricht.

Fig. 380.

Einfacher, wenn auch nicht so wirksam, ist ein durch Querleisten unterbrochenes Rohr nach Fig. 380. Ein anderes Mittel bildet die Verwendung eines umgekehrten Becherwerkes, dessen Bewegung durch das niedergehende Gut hervorgerufen und mit einer Bremse oder durch Verbindung mit einem anderen Förderer geregelt wird. Soll ein Haufen aufgeschüttet werden, so kann auch ein glattes, senkrechtes Rohr zur Anwendung kommen, das stets gefüllt gehalten wird, so daß das Material nur in dem Maße langsam nachrutscht, wie es unten weggezogen wird. Becherwerk sowohl wie Rohr lassen sich aufziehbar einrichten — letzteres in Form eines Teleskoprohres —, so daß Haufen von beliebiger Höhe aufgeschüttet werden können. Die Querschnittsfläche des Rohres ist je nach Leistung und Stückgröße so zu wählen, daß keine Verstopfungen eintreten können. Das kleinste vorkommende Maß dürfte etwa 100 qcm sein. Dies ist aber nur zulässig bei nicht backenden, von Verunreinigungen — wie z. B. Getreidehalmen — freien Körpern. Bei größeren Leistungen kann, wenn das Fördergut mit der Geschwindigkeit c ankommt und diese nicht durch Stoß vernichtet wird, der Querschnitt in qm aus der Formel

$$f = 2\frac{V}{3600\cdot c} \quad \text{bis} \quad 3\frac{V}{3600\cdot c}$$

berechnet werden, wo $c \leqq 2$ m/sek zu setzen ist. Natürlich sind immer die Abmessungen der größten vorkommenden Stücke zu berücksichtigen. Bei bedeutender Stückgröße werden Rohre überhaupt möglichst vermieden und statt dessen offene Rinnen benutzt, so daß die Bedienungsmannschaft dem Fluß des Materials nachhelfen kann.

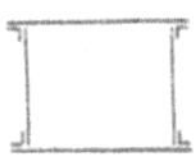
Fig. 381.

Fig. 382.

Fig. 383.

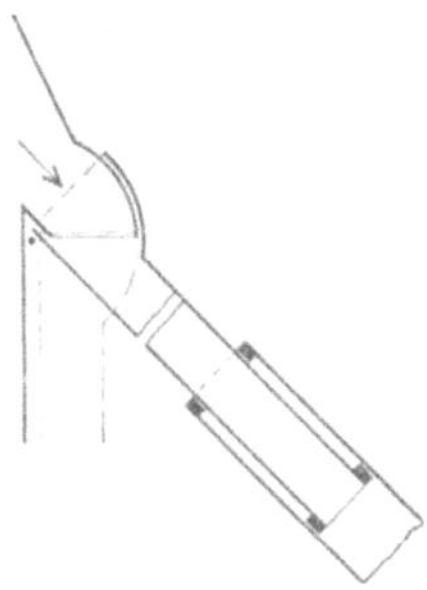
Fig. 384.

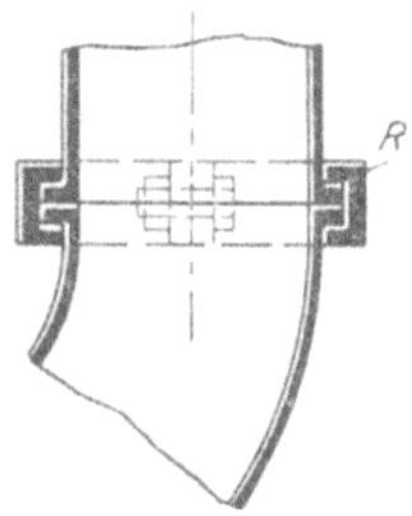

Fig. 385.

Der Querschnitt des Rohres ist ein Rechteck oder ein Kreis (Fig. 381 und 382). Erstere Form wird meist so hergestellt, daß wenigstens die Bodennieten außerhalb des Rohres liegen. Die innenliegenden Nietköpfe werden zweckmäßig versenkt. Runde Rohre, deren Naht nach oben gelegt werden muß, sind leichter an Gewicht, billiger herzustellen und setzen dem Gleiten weniger Widerstand entgegen. Da jedoch der Anschluß an die Aufgabe- oder Abwurfstutzen der Förderer in der Regel durch ein gußeisernes Übergangsstück hergestellt werden muß, so sind sie nur bei größeren Längen vorteilhaft. Knicke in der Leitung sind bei runden Rohren sehr bequem durch gußeiserne Krümmer zu überwinden. In Getreidespeichern und Mühlen finden sich häufig mit dünnem Blech ausgeschlagene rechteckige Holzrohre.

Offene Rinnen sind für nicht stäubendes Material zu gebrauchen. Sie erhalten gewöhnlich Rechteckquerschnitt und werden aus einem Stück gebogen. Fig. 383 zeigt den Querschnitt einer tragbaren Rinne mit rundem Boden, die zur Verteilung des Förderguts auf

Lagerplätzen bestimmt ist.[1]) Die Wulste an den oberen Ecken dienen als Handleisten.

Fig. 384 gibt ein Beispiel für ein an beiden Enden gelenkig befestigtes Teleskoprohr, wie es namentlich bei Schiffselevatoren zur Anwendung kommt. Das Rohr ist rund, nur die Anschlüsse sind rechteckig.

Um das Gut von einem Orte aus mehreren Förderern oder verschiedenen Stellen des Lagers zuzuleiten, werden vielfach drehbare Rohre nach Fig. 385 oder 386 benützt. In beiden Fällen ist der Ring *R* geteilt. Eine andere Möglichkeit ist die, den Krümmer zu teilen. In Fig. 387 schließt an das an Rollen aufgehängte drehbare Stück eine verstellbare Rinne an. Fig. 388 zeigt endlich ein biegsames Gliederrohr, das zusammengeschoben werden kann. Es ist für die Beladung von Eisenbahnwagen bestimmt.

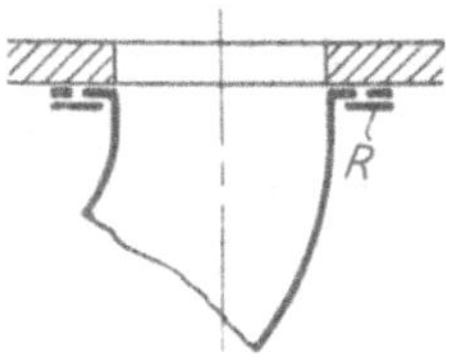

Fig. 386.

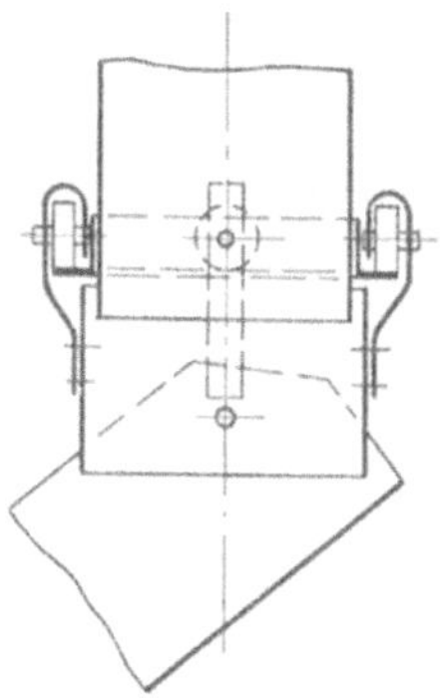

Fig. 387.

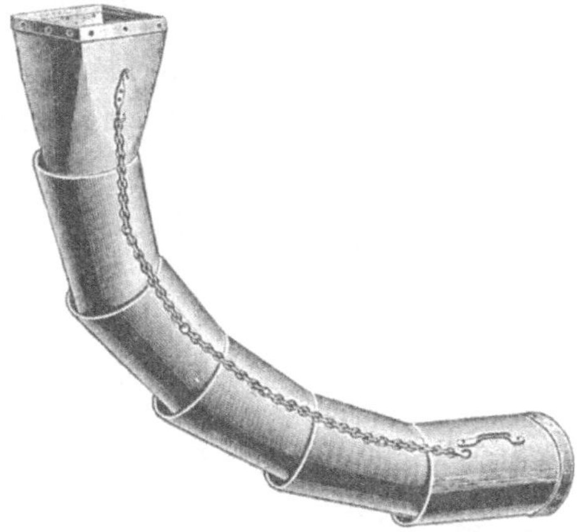

Fig. 388.

b) Verschlüsse.[2])

Zu unterscheiden ist zwischen Klappen- und Schieberverschlüssen.

Fig. 389 zeigt eine Klappe einfachster Art, die nur bei leerem Behälter geschlossen werden kann und sich beim Zufallen selbsttätig verriegelt.

[1]) D. R. P. 171831.

[2]) Die Verschlüsse fur Behalteröffnungen sind gewissermaßen als Aufgabevorrichtungen anzusehen und müssen haufig mit den Forderern zusammen entworfen werden, was ihre Besprechung an dieser Stelle rechtfertigt.

Sehr beliebt ist die Anordnung nach Fig. 390, wo der Drehpunkt unter der Auslauföffnung liegt, so daß die Klappe gleichzeitig als Rinne für das ausfließende Gut dient. Einen Abschluß ergibt schon die wagerechte Stellung des Bodenbleches, da das Material sich unter seinem natürlichen Böschungswinkel anstaut. Vollständiges Heben der Klappe wird durch das darauf lastende Material erschwert, weshalb häufig außer dieser Vorrichtung ein Schieberverschluß, etwa nach Fig. 398, zur Anwendung kommt.

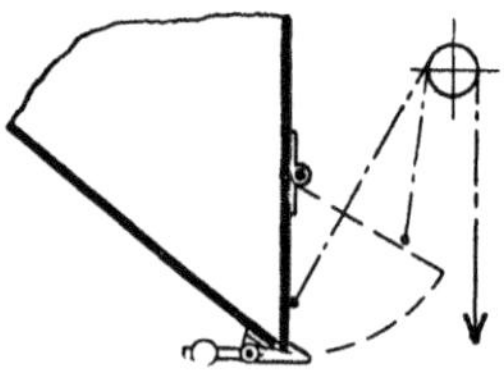

Fig. 389.

In den beiden angeführten Fällen wurde die Klappe durch eine nahe der Vorderkante angreifende Kette mit Gegengewicht bewegt. Ist das Drehmoment nicht groß, so läßt sich die Klappe bequemer an einer runden oder einer vierkantigen Welle mit angedrehten Zapfen befestigen (Fig. 391 und 392). Erstere Form ist vorzugsweise für Rohrgabelungen, letztere für eigentliche Behälter-

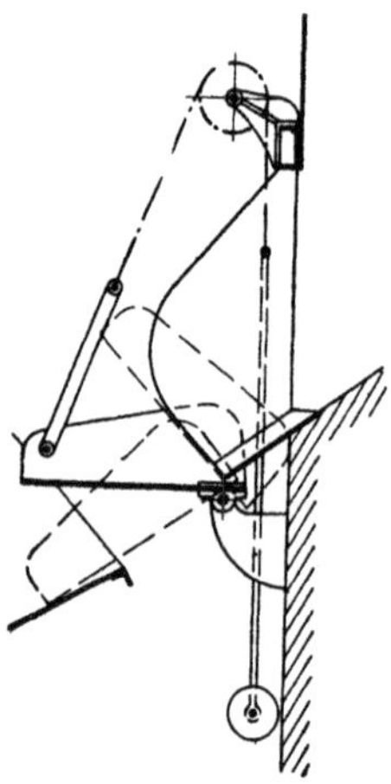

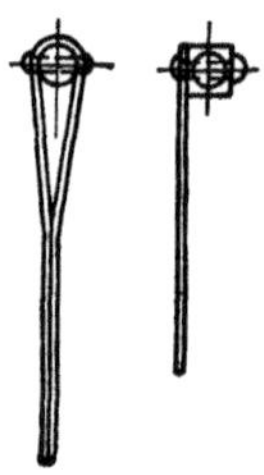

Fig. 391. 392.

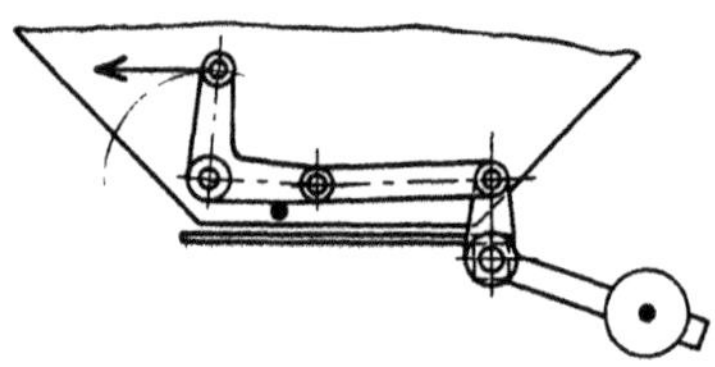

Fig. 393.

Fig. 390.

Fig. 394.

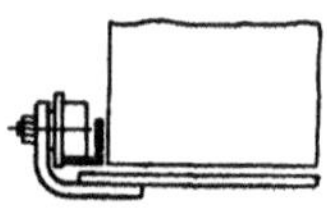

Fig. 395.

verschlüsse geeignet. Fig. 393 veranschaulicht die Verriegelung einer solchen Klappe mittels Kniehebel in einer für Wägebehälter passenden Form. Ein leichter Zug in der Richtung des Pfeiles gibt die Klappe frei, die sich unter dem Druck des herausstürzenden Materials öffnet, um sich nach der Entleerung unter Einwirkung des Gegengewichtes selbsttätig zu schließen und zu verriegeln. Die Gewichtswirkung darf bei geöffneter Klappe nicht zu stark sein, da sonst der Schluß vorzeitig erfolgt.

Schieber nehmen weniger Höhe weg als Klappen und sind allgemeiner verwendbar. Fig. 394 zeigt einen Flachschieber, der bei kleinem Bewegungswiderstand einen einfachen Handgriff erhält, sonst mit Hebel oder Zahnstange bewegt wird.[1] Beim Verschieben ist die Reibung gegenüber dem darauf lastenden Material, sowie gegenüber den Gleitbahnen zu überwinden, ferner etwaige Klemmwiderstände. Es ist nicht üblich, den Schieber mit Laufrollen zu versehen, weil die Laufbahnen zu sehr verschmutzen. Vorkommenden

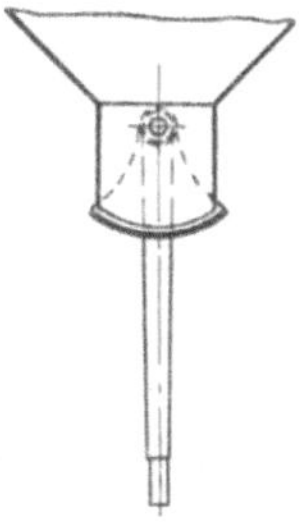

Fig. 396.

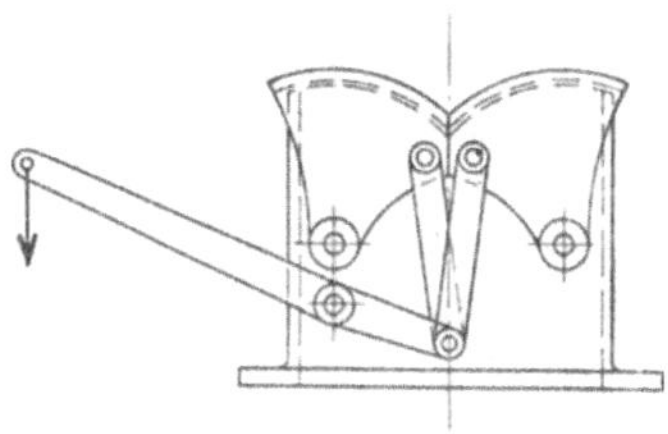

Fig. 397.

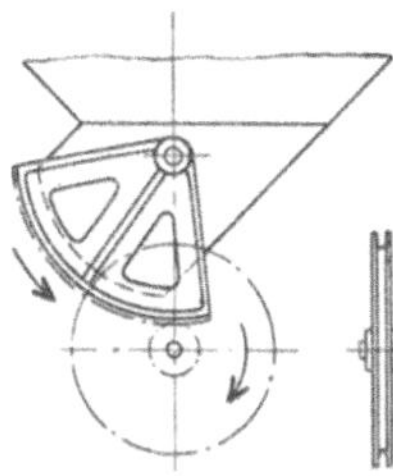

Fig. 398.

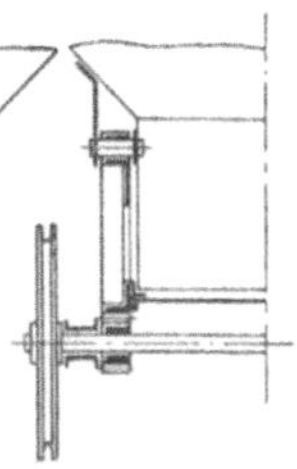

Fig. 399.

Falles müssen die Laufbahnen geschützt angeordnet werden (Fig. 395). Sehr große Flachschieber werden zuweilen hydraulisch oder elektrisch bewegt.

Der Widerstand vermindert sich ungefähr auf die Hälfte, wenn der Schieber zylindrisch gestaltet und an einem Zapfen aufgehängt wird. Man kann diese Form etwa als Drehschieber bezeichnen. Aus den Fig. 396 und 397, die einen einfachen und einen doppelten

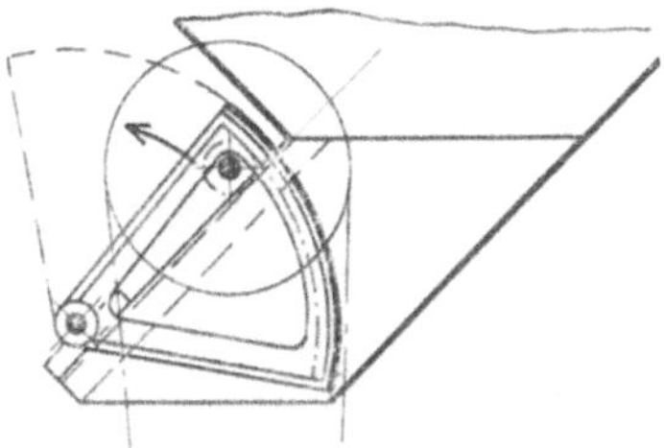

Fig. 400.

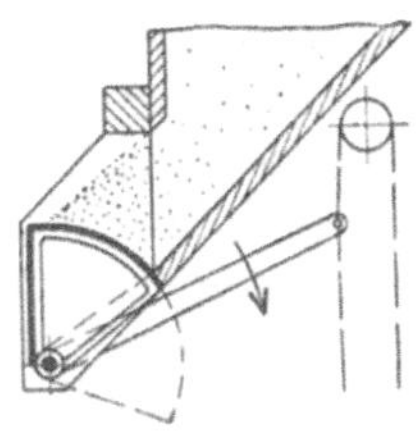

Fig. 401.

Drehschieber mit Hebelantrieb zeigen, geht hervor, daß der Platzbedarf größer ist als beim Flachschieber, da an den pyramidenförmigen Behälterboden ein prismatischer Stutzen angesetzt werden muß.

Fig. 398 bis 401 veranschaulichen die Anwendung von Drehschiebern bei seitlichem Abfluß des Materials. Die zweite Anordnung (Fig. 400) ist bequemer auszuführen als die erste, dagegen läßt sich schwerer ein dichter Schluß herstellen, wenn große harte

[1]) Vgl. Fig. 112.

Stücke vorkommen. Die dritte (Fig. 401) dagegen ist für große Stücke besonders geeignet, weil der Zwangschluß fortfällt.[1])

Für die Bemessung der Größe des Auslasses sind Durchflußmenge und Stückgröße, daneben auch die Neigung des Materials zum Backen, maßgebend. Für Getreide wird ein Quadrat von 150 bis 250 mm Seitenlänge in der Regel genügen, Nußkohle verlangt 200 bis 300 mm, Würfelkohle 350 bis 500 mm Seitenlänge, Förderkohle, Erze, Kalkstein u. dgl. bis zu 0,4 qm Fläche, wenn der Ausfluß störungsfrei vor sich gehen soll. Manche großstückigen, zum Backen neigenden Erze sind so schwer abzuziehen, daß auf Lagerung in Hochbehältern überhaupt verzichtet wird. Jedenfalls ist in einem solchen Falle dafür Sorge zu tragen, daß der Behälterinhalt von außen mit Stangen aufgelockert werden kann (vgl. unten Fig. 404).

Wird mit Rücksicht auf die Stückgröße die Öffnung weiter gemacht, als der gewünschten Durchflußmenge entsprechen würde — und das ist bei groben Stoffen fast immer der Fall —, so muß der Zufluß zum Förderer entweder von Hand oder durch eine der im folgenden besprochenen, selbsttätig arbeitenden Vorrichtungen geregelt werden.

c) Selbsttätige Aufgabevorrichtungen.

Selbsttätige Aufgabevorrichtungen sind, wenn es sich nicht um leicht fließendes Material handelt oder ein Mann zur Überwachung der Materialzufuhr angestellt wird, unbedingt nötig bei Förderern, die keine Überlastung vertragen, insbesondere bei ablenkbaren Becherwerken. In anderen Fällen, z. B. bei den gewöhnlichen Elevatoren, ist ihre Aufgabe die, Kraftverbrauch und Abnutzung zu verringern. Nicht selten wird indessen die Anwendung solcher Apparate dadurch verhindert, daß sie eine gewisse Bauhöhe erfordern, die zu erheblichen Mehrkosten für Gründungen oder Gebäude Veranlassung geben kann.

Eine Regelvorrichtung einfachster Art ist in Fig. 402 und 403 skizziert[2]), und zwar in der Anwendung auf einen Schlepper. Der Überschuß an Fördergut wird hier durch eine oder mehrere Reihen von Zinken zurückgehalten, die, wenn ihre eigene Schwere nicht genügt, durch besonders angebrachte Gewichte belastet sein können und sich auf Querleisten legen, dabei den gewünschten Querschnitt freigebend. Tritt nun an irgend einer Stelle ein größerer Brocken auf, so wird die betreffende Zinke zurückgedrückt und

---

[1]) Vgl. auch Z. d. V. d. I. 1901, S. 338.

[2]) D. R. P. 146651.

läßt das Stück passieren. Statt der Rechen kann auch eine gewichtsbelastete Klappe von der Breite des Förderers verwandt werden, indessen gibt diese in jedem Falle den ganzen Querschnitt frei, so daß die Förderung weniger gleichmäßig wird. In Fig. 402 ist der Fall angenommen, daß die Materialaufgabe an verschiedenen Stellen und in verschiedener Richtung stattfinden soll. Daher ist der Füllrumpf- fahrbar gemacht, mit Wechselklappe versehen und symmetrisch ausgeführt.

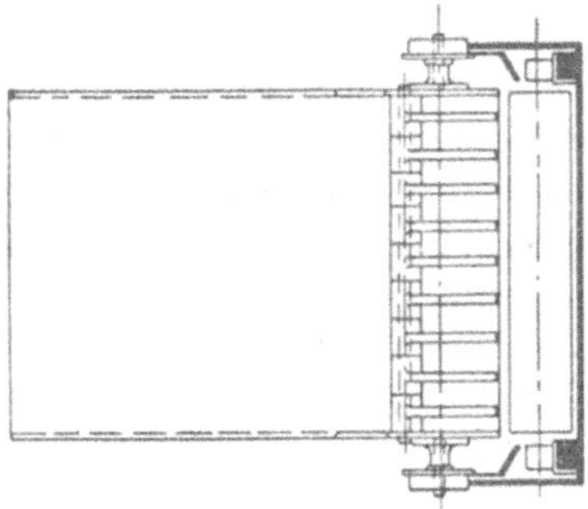

Fig. 403.

Die übrigen bekannten Aufgabevorrichtungen werden von außen angetrieben, und zwar meist von dem Förderer selbst, zuweilen aber auch durch einen besonderen Motor. Im ersteren Falle wird der Antrieb wenn möglich von einer Leitrolle, sonst von dem geraden Strang abgenommen, z. B. mittels eines in die Kette eingreifenden Rades. Bei Kettenelevatoren läßt sich die beste Wirkung erzielen, wenn die Spannvorrichtung nach oben verlegt und die untere Rolle mit geringem Spielraum zwischen Becher und Schöpftrog fest gelagert wird, so daß einerseits alles Wühlen im Material fortfällt und sich andererseits ein bequemer Antrieb für den Speiseapparat ergibt. Bei Gurtelevatoren ist das nicht gut möglich. Unruh & Liebig verwenden in diesem Falle zur Übertragung eine Stange, die von einer auf der Kopfwelle sitzenden Kurbel auf und ab bewegt wird.

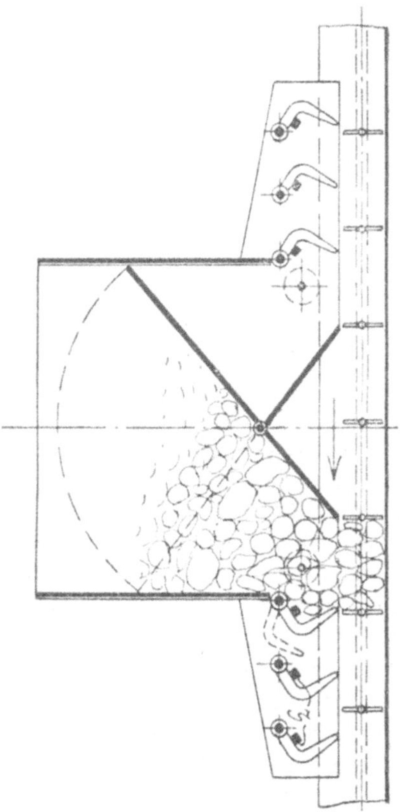

Fig. 402.

Als gleichzeitig einfachste und in gewisser Hinsicht vollkommenste Aufgabevorrichtung dieser Art darf vielleicht die stetig

umlaufende zylindrische Walze gelten, die in Fig. 404 in der von Hoover & Mason für die Entladung von Erzbehältern benutzten Anordnung skizziert ist.[1]) Die Trommel bewegt sich an der unteren Kante des schrägen Behälterbodens ohne Spielraum vorbei und lädt weit genug aus, um dem unter seinem natürlichen Böschungswinkel sich lagernden Fördergut eine Stütze zu bieten. Die Öffnungen *ab* und *ac* müssen weit genug sein, um die größten Stücke durchzulassen. Der erforderliche Durchmesser der Trommel ist vom Böschungswinkel abhängig und wird bei Erz etwa gleich der dreifachen Öffnungsweite *ac* gemacht. Versetzt man die Trommel in Umdrehung, so wird das Erz durch Reibung mitgenommen und fällt über die Trommel hinweg in den Wagen bzw. auf den Förderer.

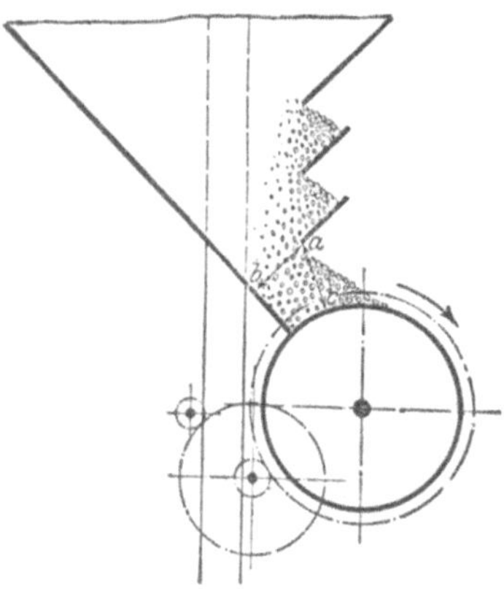

Fig. 404.

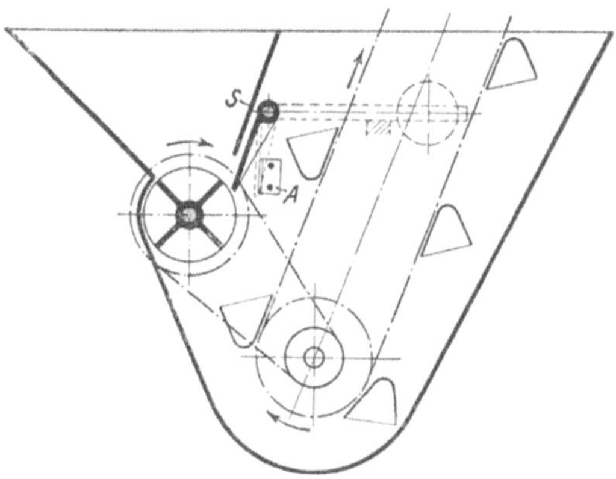

Fig. 405.

Sollte es sich infolge von Gewölbebildung stauen, so können durch die Öffnungen in der vorderen Behälterwand Stangen eingeführt und das Fördergut losgebrochen werden. Übermäßig große Klumpen werden durch einen Rost oberhalb des Behälters zurückgehalten.

Mit der Trommel verwandt ist das häufiger benutzte Flügelrad. Fig. 405 gibt eine Ausführungsart von Stotz wieder, die sich dadurch auszeichnet, daß das überflüssige Material, statt von einem festen Abstreifer, durch eine gewichtsbelastete Klappe zurückgehalten wird, die größeren, harten Stücken gegenüber nachgeben kann, bis sie auf den Anschlag *A* trifft. Dadurch werden Brüche mit Sicherheit vermieden. Ein Schutzdach *S* dient dazu, die Klappe von dem Druck des Trichterinhalts teilweise zu entlasten. Die Übersetzung läßt sich so bestimmen, daß dem Vorübergang eines

[1]) D. R. P. 139380.

Bechers jedesmal eine Vierteldrehung der Trommel entspricht, so daß jeder Becher sein bestimmtes Quantum unmittelbar zugemessen erhält. Die Klappe kann auch unterhalb der Trommel liegen, doch würde sich dann im vorliegenden Falle ein weniger einfacher Antrieb ergeben, da die Drehrichtung umzukehren wäre.

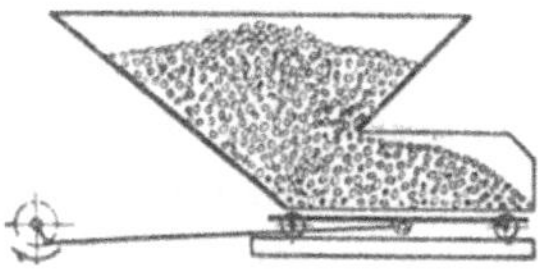

Fig. 406.

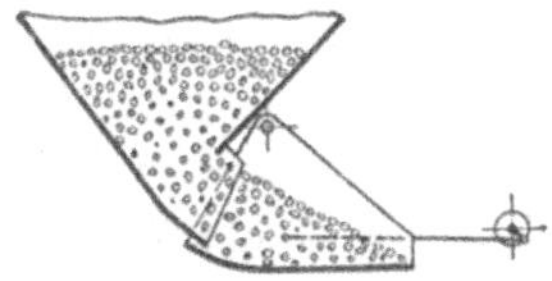

Fig. 407.

Ähnlich wie das Flügelrad wirkt das Schöpfrad, eine mit Elevatorbechern besetzte Scheibe.[1]) Beide Vorrichtungen sind dann besonders zweckmäßig, wenn in verschiedenen Behältern gelagerte Materialien in einem bestimmten Mischungsverhältnis demselben Förderer zugeführt werden sollen.

Häufiger als die Speiseapparate mit Drehbewegung werden, ihres geringen Platzbedarfs wegen, solche mit schwingender Bewegung ausgeführt.

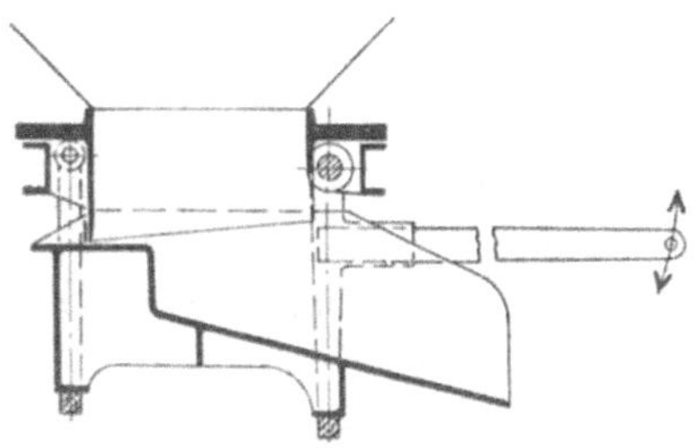

Fig. 408.

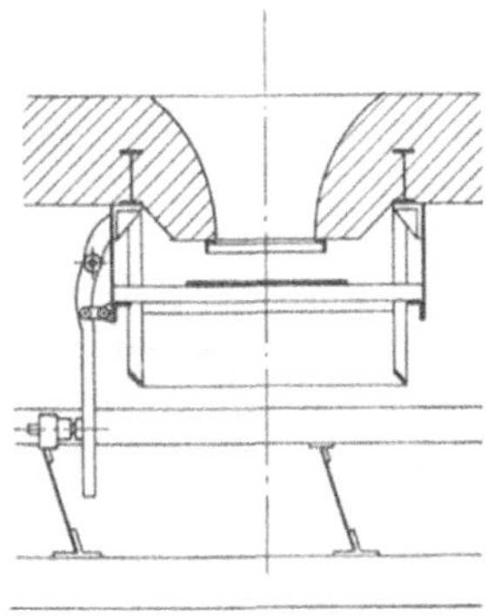

Fig. 409.

Für die Beschickung von Schnecken und anderen Förderern von geringer Leistung werden zuweilen flachliegende Schieber verwandt, die mit einer zur Aufnahme der Kohle bestimmten Aussparung versehen sind und horizontal hin und herbewegt werden. Tritt die Aussparung unter den Siloauslauf, so füllt sie sich mit Kohle, die, wenn der Schieber herausgezogen wird, in den Schneckentrog fällt. Die Vorrichtung kann auch dazu benutzt werden, die

[1]) Vgl. Luther, S. 110.

verbrauchte Menge zu messen, ist indessen nur bei feinem Material verwendbar.

Sehr beliebt sind schwingende Tische oder Rinnen nach Fig. 406 bis 408, da sie bei jedem Material betriebssicher arbeiten und einfach auszuführen sind. Das Fördergut wird bei der Vorwärtsbewegung des durch Exzenter oder Kurbel bewegten Tisches durch Reibung mitgenommen, während der Behälterinhalt nachsinkt. Beim Rückgang kann es dem Tische nicht folgen, fällt also über die vordere Kante herunter. Der Tisch wird auf Rollen gestützt (Link Belt Co.), an einem Zapfen drehbar befestigt (Webster) oder an Lenkerstangen aufgehängt (Unruh & Liebig). Die Ausflußmenge kann durch Verstellen des Hubes geändert werden.

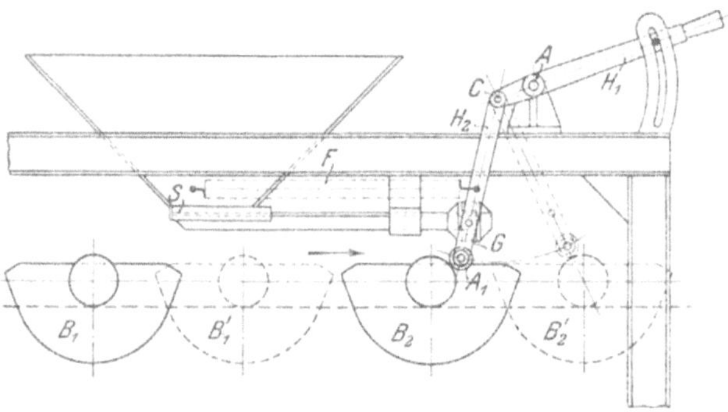

Fig. 410.

Der in Fig. 409 wiedergegebene Rütteltisch wird zur Beschickung von Schüttelrinnen verwandt.[1]) Er besteht aus einem Blech, das in geringer Entfernung unter der Mündung des Behälters an Federn aufgehängt ist und den Ausfluß der Kohle hindert. Im Betriebe erteilt die Rinne dem Tisch eine Rüttelbewegung, so daß der Zusammenhang der Kohle aufgehoben wird, und diese auf allen Seiten über den Rand des Tisches herunterfließt. Durch Verstellen des Anschlages kann die Berührung zwischen Rinne und Tisch und damit der Zufluß unterbrochen werden.

Bei einzelnen amerikanischen Förderern dienen zur Beschickung schräge Rinnenstücke, die an einem Ende drehbar aufgehängt und am anderen durch den Kettenstrang auf- und niederbewegt werden, so daß sich die Neigung der Rinne periodisch ändert.

Alle bisher besprochenen Speiseapparate — außer dem Schieber — arbeiten mehr oder weniger stetig und eignen sich nicht für Fälle, wo der Zufluß abwechselnd freigegeben und vollständig abgesperrt

[1]) D. R. P. 121426 (B. A. M. A. G.).

werden muß. Diese Aufgabe wird bei den Kurvenbecherwerken von Schenck, deren Becher sich mit größeren Zwischenräumen folgen, in der Weise gelöst, daß nach Fig. 410 ein Schieber S durch Vermittlung des Hebels H_2 von den Laufrollen des Förderers aufgezogen und dann durch eine Feder F wieder in die Schließstellung geschnellt wird. Durch den Hebel H_1 kann die Kontaktrolle A_1 höher oder tiefer gestellt und so die Öffnungsdauer verändert, bzw. der Füllapparat ganz ausgeschaltet werden. Bei kleinstückigem Material, wie Nußkohle, für den der Förderer vorwiegend verwendet wird, arbeitet die Vorrichtung durchaus zufriedenstellend. Eingeklemmte Holzstücke u. dgl. pflegen allerdings geringe Materialverluste zu verursachen.[1])

An die Stelle einer dieser Vorrichtungen kann ein kurzes Stück eines beliebigen Förderers treten, der schwere Belastung verträgt. Sehr gut eignet sich beispielsweise ein kurzes eisernes Band mit Seitenleisten, das aus einer großen Öffnung das Material abziehen und, obwohl selbst hoch beladen, durch Wahl einer niedrigen Geschwindigkeit auf beliebig kleine Leistungen eingestellt werden kann. Das Band wird ansteigend verlegt, so daß keine Höhe verloren geht. Zur Beschickung von Förderbändern, auch von Elevatoren, dienen vielfach kurze Schüttelrinnen, die von einer Leitrolle des Hauptförderers aus angetrieben werden. Sie erhalten meist Gefälle behufs Erhöhung der Leistung.[2]) Auch Schnecken werden in dieser Weise verwandt, besonders für Elevatoren.

17. Kapitel.

Wägevorrichtungen.

Wenn das Material im Verlaufe des Fördervorganges gewogen werden soll, so kann entweder ein Stück des Förderers ausgeschnitten und an einer Wägemaschine aufgehängt werden, die das darüber gehende Gewicht fortlaufend registriert, oder man läßt das Material einen Behälter passieren, der gefüllt, bei Erreichung eines bestimmten Gewichtes vom Zufluß abgeschnitten und dann entleert wird, worauf das Spiel von neuem beginnt. Da sowohl oberhalb wie unterhalb des Wägebehälters ein Füllrumpf liegen muß, so nimmt diese zweite Art der Wägung ziemlich viel Höhe in Anspruch, indessen gibt sie genauere Resultate. Wo es auf Schonung des Materials ankommt, ist die erste Wägemethode vorzuziehen. Man kann die eine Art von

1) Vgl. auch Z. d. V. d. I. 1908, S. 123 u. f., Fig. 15 und 16.
2) Vgl. Dingler 1902, S. 747.

Wagen etwa als Dauerwagen, die andere als Behälterwagen bezeichnen.

Die einzige bisher bekannt gewordene Dauerwage wird in Deutschland von Schenck hergestellt — unter dem Namen „Automatische Conveyorwage" — und ist in England und Amerika als

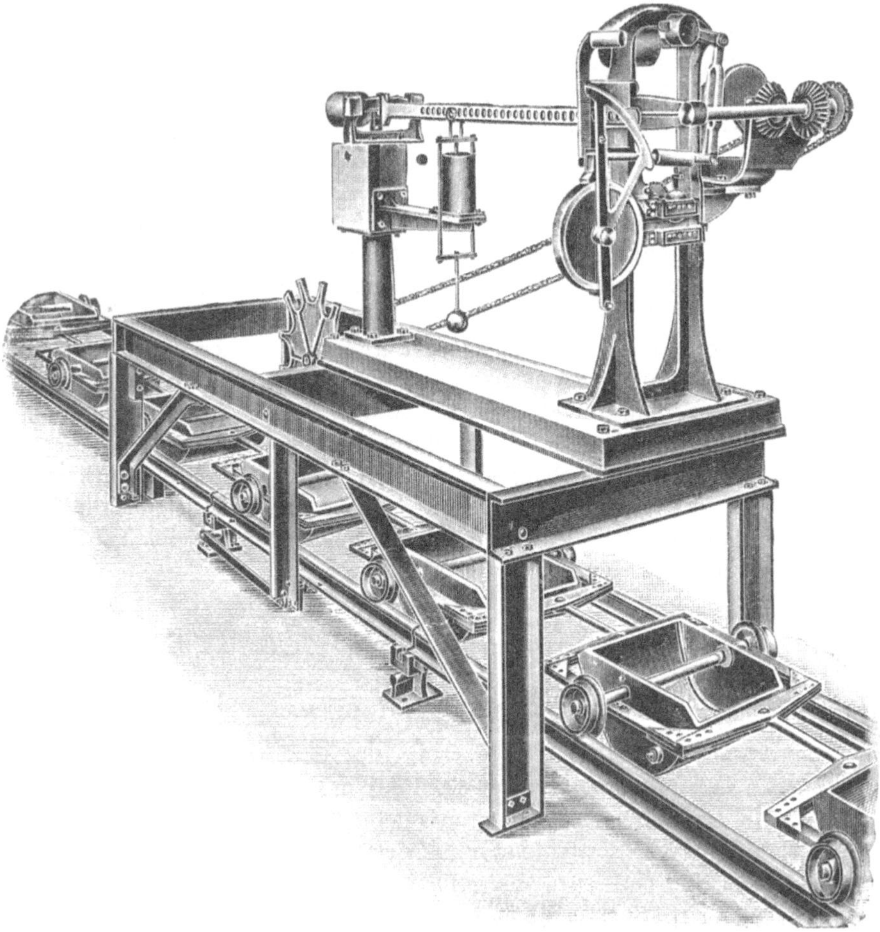

Fig. 411.

„Blake-Denison-Wage" bekannt[1]) (Fig. 411 und 412). Es wird jedesmal das Gewicht eines bestimmten Abschnittes des Förderers — in Fig. 411 das von zwei Bechern — registriert. Als Mittel hierzu dienen die beiden unrunden Scheiben S_1 und S_2, deren Welle von

[1]) D. R. P. 141382 und 141545

dem Förderer aus angetrieben wird. Gegen beide Scheiben legen sich Rollenhebel, die mit dem Kurvenstück *K* und dem Klemmhebel *H* verbunden sind. Im Augenblick sind beide in ihre äußerste Lage nach links gedrückt und der Waghebel *B* kann sich frei bewegen. Nach einer Vierteldrehung fällt *H* nach rechts und klemmt den Waghebel in der seiner augenblicklichen Belastung entsprechenden Stellung fest. Gleich darauf geht auch *K* nach rechts, aber nur soweit, als es der Waghebel gestattet. Damit ist die eigentliche Wägung vollzogen, und es folgt nun das Registrieren, indem *K* durch die Scheibe S_2 wieder um dieselbe Strecke nach links ge-

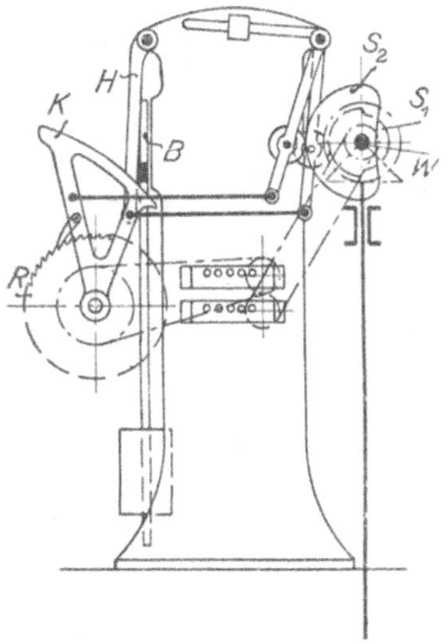

Fig. 412.

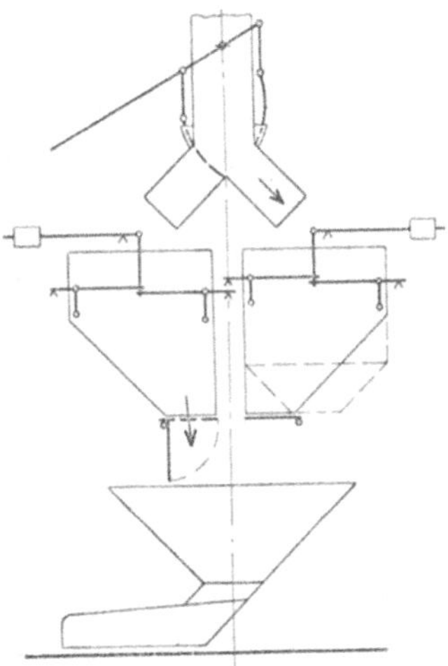

Fig. 413.

schoben wird, und diese Bewegung mittels Sperrklinke, Sperrad und Kettengetriebe auf einen Umdrehungszähler überträgt. Durch Anwendung mehrerer gegeneinander versetzter, sehr fein geteilter Sperräder ist für möglichst große Genauigkeit dieser Übertragung Sorge getragen. Nun wird auch *B* wieder frei, und das Spiel beginnt von neuem, nachdem die beiden nächsten Becher auf die Wagenbrücke getreten sind. Eine Dämpferpumpe mildert den Stoß beim Überschreiten der Fugen.

Der Umdrehungszähler registriert nicht nur die Nutzlast, sondern auch die tote Last des Becherwerks. Man könnte diese zwar durch ein Gegengewicht ausgleichen, hat aber aus praktischen Gründen davon abgesehen und wendet statt dessen einen zweiten Zähler an, welcher von der Welle *W* mit solcher Übersetzung angetrieben wird, daß er das Leergewicht registriert. Das Nutzgewicht ergibt sich, wenn die Angaben beider Zähler voneinander abgezogen werden. Bei Leerlauf schalten beide gleich schnell vorwärts.

Anlaß zu Fehlern gibt bei dieser Wägemethode einmal die Ungleichheit der Kettenspannung, die beim Niederdrücken der Wagenbrücke eine nach oben gerichtete Komponente hat, bei Förderbändern auch die Gurtsteifigkeit. Ferner ist der tote Gang der Sperradübertragung von Einfluß. Immerhin wird eine Genauigkeit von 2 bis 3 % erreicht, die beispielsweise im Kesselhausbetrieb in Anbetracht der wesentlich größeren Gewichtsunterschiede, die gelegentlich infolge von Nässe der Kohle auftreten können, hinreichend erscheint.

Die Anordnung einer nicht selbsttätigen Behälterwage ist in Fig. 413 schematisch skizziert. Das aus einem Vorratsbehälter von oben her zuströmende Fördergut wird durch Umstellen der Schieber abwechselnd dem rechten und dem linken Wägebehälter zugeführt. Die Füllungen werden einzeln angezeigt und gleichzeitig fortlaufend addiert. Die Verschlußklappe, die von dem Wärter durch einen einfachen Handgriff geöffnet wird, schließt sich nach der Entleerung selbsttätig. Ein Mann kann selbst bei sehr großen Leistungen die Wage bequem bedienen.

Die Zwillingsanordnung ermöglicht einen raschen und ziemlich stetigen Betrieb, doch genügt für kleine Leistungen auch ein einzelner Wägebehälter. Der untere Füllrumpf, aus dem das Material durch einen Förderer abgezogen wird, muß wenigstens eine, besser zwei Behälterfüllungen aufnehmen können. Werden die Behälter, wie punktiert angedeutet, symmetrisch ausgeführt, so ergeben sich größere Abmessungen für den Füllrumpf, als im anderen Falle. Doch ist diese Anordnung insofern zweckmäßiger, als sie den bei der Entleerung unsymmetrischer Behälter auftretenden Rückstoß vermeidet.

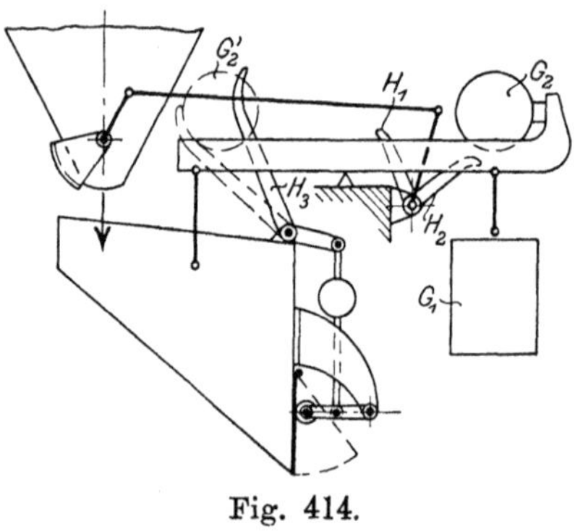

Fig. 414.

Die automatischen Behälterwagen sind zum größten Teil sehr kompliziert. Ihre Wirkung beruht darauf, daß die Kippbewegung, welche der Waghebel macht, sobald der gefüllte Behälter das Übergewicht erhält, zum Auslösen irgend einer Kraft benutzt wird, die den Zufluß abschneidet und den Auslaß des Behälters öffnet, während nach der Entleerung das Belastungsgewicht den ursprünglichen Zustand wieder herstellt.

Fig. 414 zeigt schematisch eine besonders einfache Konstruktion dieser Art, die in England unter dem Namen „Simplex-Wage" auf dem Markte ist.[1]) Das Belastungsgewicht wird durch eine Kugel G_2 und ein schweres Gewicht G_1 gebildet. Bei leerem Behälter neigt sich der Waghebel nach rechts. Nach vollendeter Füllung kippt der Balken, erhält Gefälle nach links, und bringt dadurch die Kugel G_3 ins Rollen, die zunächst gegen den Arm H_1 des festgelagerten Gabelhebels trifft und, indem sie diesen herumwirft, den Einlaufschieber schließt. Am Ende der Bahn wird der Hebel H_3 mitgenommen und dadurch die Auslaufklappe freigegeben. Nach geschehener Entleerung kippt der Hebel wieder, so daß die Kugel zurückläuft und die Klappe sich selbsttätig verriegeln kann. Darauf wird durch die Kugel der Hebel H_2 mitgenommen und dadurch der Einlauf geöffnet, so daß das Spiel von neuem beginnen kann.

In Deutschland erfreuen sich die automatischen Behälterwagen von Reuther & Reisert — „Chronos-Wagen" — eines besonders guten Rufes. Die Konstruktion ist zu kompliziert, als daß sie hier wiedergegeben werden könnte. Eine für die Wägung stückigen Materials wichtige Neuerung ist die, daß an die Stelle des schwer beweglichen Schiebers, der den Einlauf zu den Wägebehältern regelt, und der beim Kippen des Wagebalkens selbsttätig geschlossen werden muß, eine kurze Schüttelrinne tritt, deren Antrieb sich ohne großen Kraftaufwand ausrücken läßt.

[1]) Nach Zimmer, S. 392.

Verzeichnis vorhandener Literatur.

Titel des Werkes	Im Text bezeichnet mit
M. Buhle, Transport- und Lagerungseinrichtungen für Getreide und Kohle	—
M. Buhle, Technische Hilfsmittel zur Beförderung und Lagerung von Sammelkörpern (Massengütern), Band I, II, III .	Buhle, Techn. Hilfsmittel.
Ad. Ernst, Die Hebezeuge	Ernst, Hebezeuge.
Des Ingenieurs Taschenbuch, herausgegeben vom Verein Hütte	Hütte.
G. Luther, Die Konstruktion und Einrichtung der Speicher	Luther.
C. Michenfelder, Neuere Transport- und Hebevorrichtungen	—
G. F. Zimmer, The mechanical handling of material	Zimmer.
Benutzte Zeitschriften:	
Dinglers polytechnisches Journal	Dingler
Stahl und Eisen	Stahl und Eisen
Journal für Gasbeleuchtung und Wasserversorgung	vollem Namen
Zeitschrift des Vereines deutscher Ingenieure	Z. d. V. d. I.
Engineering News	Eng. News
Iron Age	Iron Age.

Verzeichnis der im Buche genannten Firmen.

Name der Firma	Im Text bezeichnet mit
Berlin-Anhaltische Maschinenbau-Aktien-Gesellschaft, Dessau und Berlin	B. A. M. A. G.
Adolf Bleichert & Co., Leipzig-Gohlis . . .	Bleichert.
Oscar Bothner, Maschinenfabrik, Leipzig . .	Bothner.
Emil Bousse, Berlin	Bousse.
Gebr. Commichau, Magdeburg-Sudenburg .	Gebr. Commichau.
Continental-Caoutchouc- und Guttapercha-Compagnie, Hannover	Continental-Caoutchouc-Co.
C. Eitle, Stuttgart	Eitle.
Wilhelm Fredenhagen, Maschinenfabrik und Eisengießerei, Offenbach a. M.	Fredenhagen.
Fr. Gebauer, Berlin	Gebauer.
Maschinenfabrik Geislingen, Geislingen . .	vollem Namen.
Maschinen- und Dampfkesselfabrik Guilleaumewerke, Neustadt a. d. Haardt	Guilleaumewerke
Howaldtswerke, Kiel	Howaldtswerke.
Maschinenbauanstalt Humboldt, Kalk b. Köln	Humboldt.
A. W. Kaniss, Wurzen	Kaniss.
Maschinenfabrik u. Mühlenbauanstalt G. Luther, A.-G., Braunschweig und Darmstadt . .	Luther.
Muth-Schmidt, Maschinenfabrik, Berlin . .	Muth-Schmidt.
Ingenieur Hermann Marcus, Köln	Marcus.
Eisenwerk (vorm. Nagel & Kaemp) A.-G., Hamburg	Nagel & Kaemp.
Gebr. Pfeiffer, Kaiserslautern	Gebr. Pfeiffer.
J. Pohlig, Aktiengesellschaft, Köln	Pohlig.
G. Polysius, Eisengießerei und Maschinenfabrik, Dessau	Polysius.
Quadratseilfabrik „Patent Bek", Mannheim .	vollem Namen.
Hennefer Maschinenfabrik C. Reuther & Reisert, Hennef a. d. Sieg	Reuther & Reisert.
Carl Schenck, Eisengießerei und Maschinenfabrik, Darmstadt	Schenck.

Name der Firma	Im Text bezeichnet mit
H. August Schmidt, Spezialfabrik für Transportanlagen, Wurzen in Sachsen . . .	H. Aug. Schmidt.
Conrad Scholtz, Hamburg-Barmbeck . . .	Scholtz.
Schüchtermann & Kremer, Dortmund . . .	vollem Namen.
Fabrik technischer Gewebe A. Seyffert, Wurzen in Sachsen	Seyffert.
Wilhelm Stöhr, Offenbach a. M.	Stöhr.
A. Stotz, Eisengießerei und Apparatebauanstalt, Stuttgart	Stotz.
Peniger Maschinenfabrik und Eisengießerei A.-G., Abteilung Unruh & Liebig, Leipzig	Unruh & Liebig.
Gebrüder Weismüller, Maschinenfabrik, Frankfurt a. M.-Bockenheim	Gebr. Weismüller.
Eugen Kreiss, Hamburg	Kreiss.
H. W. Caldwell & Son Co., Chicago	Caldwell.
M. Garland Co., Bay City, Michigan . . .	Garland.
Hoover & Mason, Chicago	Hoover & Mason.
C. W. Hunt Co., New-York (in Deutschland vertreten durch J. Pohlig, Köln) . . .	Hunt.
Jeffrey Manufacturing Co., Columbus, Ohio .	Jeffrey.
Link Belt Engineering Co., Philadelphia Link Belt Machinery Co., Chicago (in Deutschland vertreten durch Wilhelm Fredenhagen, Offenbach a. M.).	Link Belt Co.
John A. Mead Manufacturing Co., New York	Mead.
Ridgway Belt Conveyor Co , New York . .	Ridgway.
Robins Conveying Belt Co., New York . . (in Deutschland vertreten durch Muth-Schmidt, Berlin).	Robins.
Webster Manufacturing Co., Chicago . . .	Webster.
G. F. Zimmer, Consulting Engineer, London .	Zimmer.

Die Werkzeugmaschinen und ihre Konstruktionselemente. Ein Lehrbuch zur Einführung in den Werkzeugmaschinenbau. Von Fr. W. Hülle, Ingenieur, Oberlehrer an der Kgl. höheren Maschinenbauschule in Stettin. Zweite, verbesserte und erweiterte Auflage. Unter der Presse.

Die Technologie des Maschinentechnikers. Von Ingenieur Karl Meyer, Professor, Oberlehrer an den Kgl. Vereinigten Maschinenbauschulen zu Cöln. Mit 377 Textfiguren. In Leinwand gebunden Preis M. 8,—.

Über Dreharbeit und Werkzeugstähle. Autorisierte deutsche Ausgabe der Schrift: „On the art of cutting metals" von Fred. W. Taylor, Philadelphia. Von A. Wallichs, Professor an der Technischen Hochschule zu Aachen. In Leinwand gebunden Preis M. 14,—.

Kondensation. Ein Lehr- und Handbuch über Kondensation und alle damit zusammenhängenden Fragen, einschließlich der Wasserrückkühlung. Für Studierende des Maschinenbaues, Ingenieure, Leiter größerer Dampfbetriebe, Chemiker und Zuckertechniker. Von F. J. Weiß, Zivilingenieur in Basel. Mit 96 Textfiguren. In Leinwand gebunden Preis M. 10,—.

Das Trocknen mit Luft und Dampf. Erklärungen, Formeln und Tabellen für den praktischen Gebrauch. Von E. Hausbrand, Kgl. Baurat. Dritte, vermehrte Auflage. Mit Textfiguren und 3 lithographierten Tafeln. In Leinwand gebunden Preis M. 5,—.

Die Dampfkessel. Ein Lehr- und Handbuch fur Studierende Technischer Hochschulen, Schüler Höherer Maschinenbauschulen und Techniken, sowie für Ingenieure und Techniker. Bearbeitet von F. Tetzner, Professor, Oberlehrer an den Königlichen vereinigten Maschinenbauschulen zu Dortmund. Dritte, verbesserte Auflage. Mit 149 Textfiguren und 38 lithographierten Tafeln. In Leinwand gebunden Preis M. 8,—.

Anleitung zur Durchführung von Versuchen an Dampfmaschinen und Dampfkesseln. Zugleich Hilfsbuch für den Unterricht in Maschinenlaboratorien technischer Schulen. Von Franz Seufert, Ingenieur, Lehrer an der Kgl. höheren Maschinenbauschule zu Stettin. Mit 36 Textfiguren. In Leinwand gebunden Preis M. 1,60.

Technische Messungen, insbesondere bei Maschinenuntersuchungen. Zum Gebrauch in Maschinenlaboratorien und für die Praxis. Von Anton Gramberg, Dipl.-Ing., Dozent an der Technischen Hochschule zu Danzig. Mit 181 Textfiguren. In Leinwand gebunden Preis M. 6,—.

Technische Untersuchungsmethoden zur Betriebskontrolle, insbesondere zur Kontrolle des Dampfbetriebes. Zugleich ein Leitfaden für die Arbeiten in den Maschinenbaulaboratorien technischer Lehranstalten. Von Julius Brand, Ingenieur, Oberlehrer der Königlichen vereinigten Maschinenbauschulen zu Elberfeld. Zweite, vermehrte und verbesserte Auflage. Mit 301 Textfiguren, 2 lithographierten Tafeln und zahlreichen Tabellen. In Leinwand gebunden Preis M. 8.—.

GPSR Compliance

The European Union's (EU) General Product Safety Regulation (GPSR) is a set of rules that requires consumer products to be safe and our obligations to ensure this.

If you have any concerns about our products, you can contact us on ProductSafety@springernature.com

In case Publisher is established outside the EU, the EU authorized representative is:

Springer Nature Customer Service Center GmbH
Europaplatz 3
69115 Heidelberg, Germany

Batch number: 10682323

Printed by Printforce, the Netherlands